Methodik zur Prozesssynchronisierung in der Auftragsabwicklung des industriellen Werkzeugbaus

Von der Fakultät für Maschinenwesen
der Rheinisch-Westfälischen Technischen Hochschule Aachen
zur Erlangung des akademischen Grades eines
Doktors der Ingenieurwissenschaften
genehmigte Dissertation

vorgelegt von

Moritz Rittstieg

Berichter:

Prof. Dr.-Ing. Dipl.-Wirt. Ing. Günther Schuh
Prof. Dr.-Ing. Dr.-Ing. E.h. Dr. h.c. Dr. h.c. Fritz Klocke

Tag der mündlichen Prüfung: 21. Mai 2012

ERGEBNISSE AUS DER PRODUKTIONSTECHNIK

Moritz Rittstieg

Methodik zur Prozesssynchronisierung in der Auftragsabwicklung des industriellen Werkzeugbaus

Herausgeber:
Prof. Dr.-Ing. Dr.-Ing. E.h. Dr. h.c. Dr. h.c. F. Klocke
Prof. Dr.-Ing. Dipl.-Wirt.Ing. G. Schuh
Prof. Dr.-Ing. C. Brecher
Prof. Dr.-Ing. R. H. Schmitt

Band 18/2012

WZL RWTHAACHEN

Fraunhofer IPT

Bibliografische Information der Deutschen Nationalbibliothek
Die Deutsche Nationalbibliothek verzeichnet diese Publikation in der Deutschen Nationalbibliografie; detaillierte bibliografische Daten sind im Internet über http://dnb.ddb.de abrufbar.

Moritz Rittstieg:

Methodik zur Prozesssynchronisierung in der Auftragsabwicklung des industriellen Werkzeugbaus

1. Auflage, 2012

Gedruckt auf holz- und säurefreiem Papier, 100% chlorfrei gebleicht.

Apprimus Verlag, Aachen, 2012
Wissenschaftsverlag des Instituts für Industriekommunikation und Fachmedien an der RWTH Aachen
Steinbachstr. 25, 52074 Aachen
Internet: www.apprimus-verlag.de, E-Mail: info@apprimus-verlag.de

Druck: KN Digital Printforce GmbH, Stuttgart

ISBN 978-3-86359-074-1

D 82 (Diss. RWTH Aachen University, 2012)

Vorwort

Die vorliegende Dissertation entstand während meiner Tätigkeit als wissenschaftlicher Mitarbeiter am Lehrstuhl für Produktionssystematik des Werkzeugmaschinenlabors WZL der Rheinisch-Westfälischen Technischen Hochschule (RWTH) Aachen.

Mein besonderer Dank gilt dem Inhaber des Lehrstuhls für Produktionssystematik, Herrn Professor Günther Schuh, für das in mich und meine Arbeit gesetzte Vertrauen und dafür, dass er mir die Promotion ermöglicht hat. Das von ihm geschaffene Umfeld war die wesentliche Grundlage zum Gelingen dieser Arbeit.

Mein weiterer Dank gilt Herrn Professor Fritz Klocke für die Übernahme des Korreferats. Ebenso bedanke ich mich bei Frau Professor Spiess als Vorsitzende der Prüfungskommission und Herrn Professor Stumpf für die Übernahme des Beisitzes.

Die Zusammenarbeit, die das Fraunhofer-Institut für Produktionstechnologie IPT und das WZL gemeinsam mit der Branche Werkzeugbau pflegen, war eine zentrale Voraussetzung für den erfolgreichen Abschluss meiner Dissertation. Die Intensivierung dieser Zusammenarbeit durch die im Jahr 2010 gegründete WBA Aachener Werkzeugbau Akademie GmbH hat die Möglichkeiten des Austauschs deutlich erweitert und mir zusätzliche Einblicke in die Branche gewährt, die in die Erstellung der Dissertation eingeflossen sind.

Das Gelingen der anwendungsorientierten, wissenschaftlichen Arbeit führe ich darauf zurück, dass ich die eigenen Überlegungen in zahlreichen Industrieforschungsprojekten mit verschiedensten Werkzeugbauunternehmen entwickeln, diskutieren und verifizieren konnte. Mein Dank gilt allen Beteiligten für die wertvolle Unterstützung.

Maßgeblichen Anteil an dieser Dissertation hatten zudem zahlreiche Kolleginnen, Kollegen und studentische Mitarbeiter an WZL und IPT. Mein besonderer Dank gilt an dieser Stelle dem Geschäftsführenden Oberingenieur am WZL und Geschäftsführer der WBA, Herrn Dr.-Ing. Wolfgang Boos und meinem engen Freund seit ersten Studientagen und Institutskollegen, Herrn Dr.-Ing. Kristian Kuhlmann.

Schließlich bedanke ich mich herzlich bei meinem privaten Umfeld, insbesondere bei meiner Familie und meiner lieben Frau Ulla, für ihre Unterstützung während der Erarbeitung dieser Dissertation.

Aachen, im Mai 2012 Moritz Rittstieg

I Inhaltsübersicht

II Inhaltsverzeichnis

III Abbildungsverzeichnis

IV Abkürzungsverzeichnis

Aufl.	Auflage
AV	Arbeitsvorbereitung
awf	aachener werkzeug- und formenbau
BPI	Business Process Improvement
bspw.	beispielsweise
bzgl.	bezüglich
bzw.	beziehungsweise
ca.	circa
CAD	Computer Aided Design
CAM	Computer Aided Manufacturing
DIN	Deutsches Institut für Normung
Dipl.	Diplom
DPO	Diplomprüfungsordnung
Dr.	Doktor
EIP	Excellence in Production
et al.	und andere
f.	folgende
ff.	fortfolgende
FPS	Ford Produktionssystem
ggf.	gegebenen Falles
Hrsg.	Herausgeber
i. A. a.	in Anlehnung an
i. d. R.	in der Regel
Ing.	Ingenieur
ISO	International Organization for Standardization
JIT	Just in Time
KMU	kleine und mittlere Unternehmen
KPI	Key Performance Indicator
KVP	kontinuierlicher Verbesserungsprozess
MA	Mitarbeiter
Matr.-Nr.	Matrikelnummer
MOTION	Model for Transforming, Identifying and Optimizing Core Processes
NC	Numerical Control
Nr.	Nummer
o. V.	ohne Verfasser
PE	Produktentwicklung
PEP	Produktentstehungsprozess
PPS	Produktionsplanung und -steuerung
Prof.	Professor
RWTH	Rheinisch-Westfälische Technische Hochschule Aachen
S.	Seite
SE	Simultaneous Engineering
SF	Serienfertigung
SOP	Start of Production
TPS	Toyota Production System

u. a.	unter anderem
u. U.	unter Umständen
überarb.	überarbeitete
VDI	Verein Deutscher Ingenieure
VDMA	Verband Deutscher Maschinen- und Anlagenbau
vgl.	vergleiche
vs.	versus
WEP	Werkzeugerstellungsprozess
Wirt.-Ing.	Wirtschaftsingenieur
WS	Wertschöpfung
WZB	Werkzeugbau
WZL	Werkzeugmaschinenlabor WZL der RWTH Aachen
z. B.	zum Beispiel
z. T.	zum Teil

1 Einleitung

1.1 Ausgangssituation

Die Branche Werkzeugbau befindet sich in einer Phase fundamentalen Wandels.[1] Die überlagernden Trends der „Globalisierung der Märkte“ sowie der „Produktderivatisierung“ führen dazu, dass sich die Rahmenbedingungen der Werkzeugherstellung drastisch verändern.[2] Um dem steigenden Wettbewerbsdruck zu begegnen, sind für den Werkzeugbau an Hochlohnstandorten neue Strategien gefragt, die es ermöglichen, dem Werkzeugbaukunden trotz der im internationalen Vergleich vorhandenen Faktorkostennachteile auch zukünftig ein überlegenes Angebot zu bieten.[3] Aktuelle Studien identifizieren schnelle, zuverlässige und effiziente Prozesse in der Auftragsabwicklung als Schlüssel zur Sicherung des Unternehmenserfolgs.[4] Handlungsleitendes Paradigma ist die Industrialisierung der Traditionsbranche Werkzeugbau, die den Übergang von der werkstattorientierten, handwerklich geprägten Fertigung von Werkzeugen als Unikate zur industriellen Werkzeugherstellung beschreibt.[5]

Die Globalisierung eröffnet dem deutschen Werkzeugbau neue Marktchancen, ist jedoch ebenso mit einer signifikanten Ausweitung des Werkzeugangebots durch neue Marktteilnehmer insbesondere aus dem Bereich osteuropäischer und asiatischer Niedriglohnländer verbunden.[6] Während noch vor wenigen Jahren von dem massiv geförderten Aufbau von Werkzeugbaukapazitäten in Niedriglohnländern aufgrund der technologischen Höherwertigkeit deutscher Werkzeuge geringe Gefahr ausging, führt der rasante technologische Aufholprozess zu zunehmender Vergleichbarkeit der Produkte. Die Folge ist eine signifikante Erhöhung des Wettbewerbsdrucks auf globalen Werkzeugmärkten.[7] Einer Umfrage aus dem Jahr 2010 zufolge beabsichtigen ca. 70% der befragten Werkzeugbauunternehmen das Angebot „technologisch anspruchsvollerer/komplexerer Werkzeuge“ als Reaktion auf den gestiegenen Wettbewerbsdruck.[8] Dies kann jedoch aufgrund des begrenzten Marktbedarfs im Bereich höchstanspruchsvollster Werkzeuge ebenso wie der Preiswettbewerb keine Lösung für die Summe der Unternehmen der Werkzeugbaubranche in Deutschland sein.[9]

Neue Chancen zur Differenzierung gegenüber Wettbewerbern bieten die sich verändernden Kundenanforderungen an die Werkzeugherstellung. Der die Globalisierung überlagernde Trend der Produktderivatisierung beschreibt den rapiden Anstieg von Produktvarianten im Zuge einer zunehmenden Individualisierung der Produktion. Für die Betriebsmittelherstellung, der der Werkzeugbau zuzurechnen ist, führen der erhöhte Werkzeugbedarf und verkürzte Produktentwicklungszyklen und -lebensdauern zu hohem Zeitdruck sowie erhöhter Projektkomplexität. Werkzeugprojekte werden zunehmend früher, d. h. bei niedrigerem Produktreifegrad und schlechterer Datenqualität, gestartet. Obwohl Iterationen und Änderungen

[1] Vgl. Schuh, G./Haefke, B. et al. (Strategien im Werkzeugbau) 2008, S. 421.
[2] Vgl. Schuh, G./Boos, W. et al. (Synchronisierung im industriellen WZB) 2011, S. 375.
[3] Vgl. Menezes, J. (Mold Making) 2004.
[4] Vgl. Klocke, F./Schuh, G. et al. (Zukunftsstudie Werkzeug- und Formenbau) 2005, S. 11.
[5] Vgl. Schuh, G./Boos, W. (Operative Exzellenz) 2010, S. 7.
[6] Vgl. Schuh, G. (Werkzeugbau 2.0) 2010.
[7] Vgl. Klocke, F./Schuh, G. et al. (Werkzeugbau in China) 2006, S. 13ff.
[8] Vgl. Schuh, G./Boos, W. (Operative Exzellenz) 2010, S. 15.
[9] Vgl. Schuh, G./Boos, W. et al. (Synchronisierung im industriellen WZB) 2011, S. 379.

im Werkzeugherstellungsprozess dadurch zunehmen, tolerieren die auf kürzeste „Time-to-Market" ausgelegten Projektpläne der Produktentwicklung durch Simultaneous Engineering und die Minimierung von Puffern keinen zeitlichen Verzug. Die sinkenden Gesamtstückzahlen aufgrund der erhöhten Variantenanzahl und der gesunkenen Lebensdauern tragen ebenfalls zum wirtschaftlichen Druck auf sämtliche Betriebsmittel bei.

Für den Werkzeugbau lässt sich dies in der Anforderung zusammenfassen, qualitativ hochwertige Werkzeuge in allen Bereichen der Bedarfspyramide trotz gestiegener Projektkomplexität, geringerem Produktreifegrad und schlechter Datenqualität in kürzester Durchlaufzeit, bei hoher Termintreue anhand von wettbewerbsfähigen Prozessen zu geringen Kosten herzustellen.[10] Um an Hochlohnstandorten dem Kunden zukünftig ein überlegenes Angebot bieten zu können und den Unternehmenserfolg zu sichern, stehen Unternehmen der Technologiebranche Werkzeugbau vor der Herausforderung, neben der Höherwertigkeit der Produkte die Höherwertigkeit der Herstellungsprozesse zu gewährleisten.[11] (Abbildung 1-1)

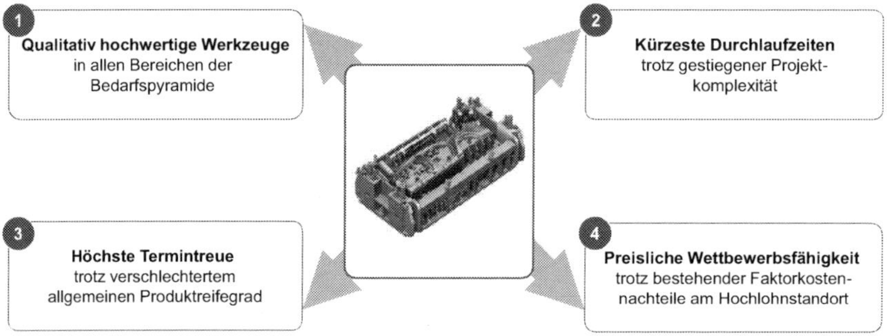

Abbildung 1-1: Prozessleistungsfähigkeit als Schlüssel für Wettbewerbsfähigkeit[12]

Die Prozessleistungsfähigkeit im Werkzeugbau ist hingegen aktuell als gering einzuschätzen. Durch Auswertungen aus dem Wettbewerb „Excellence in Production", in dem das Werkzeugmaschinenlabor WZL der RWTH Aachen mit dem Fraunhofer IPT jährlich den „Werkzeugbau des Jahres" kürt, lässt sich die geringe Leistungsfähigkeit und Produktivität der Werkzeugfertigung belegen. So liegt selbst die durchschnittliche Termintreue der besten Werkzeugbauunternehmen im deutschsprachigen Raum bei ca. 75% und damit bei einem vergleichsweise geringen Wert.[13] Die spezifische Durchlaufzeit, gemessen als intern generierter Wert pro Tag, stagniert seit Jahren auf niedrigem Niveau. Auch die durchschnittlich realisierte jährliche Senkung der Werkzeugkosten eines vergleichbaren Werkzeugs, Indikator steigender Produktivität, liegt mit ca. 4% unter dem jährlichen Verfall normierter Werkzeugpreise. Als Gründe der vergleichsweise niedrigen Leistungsfähigkeit der Prozesse sowie der geringen Produktivität lassen sich die hohe Komplexität, fehlende Wiederholhäufigkeit und hohe Prozessvarianz als charakteristische Eigenschaften der Unikatfertigung kundenindividueller Werkzeuge identifizieren.[14] Auf diese Eigenschaften ist es ebenso zurückzu-

[10] Vgl. Schuh, G./Boos, W. et al. (Synchronisierung im industriellen WZB) 2011, S. 377.
[11] Vgl. Schuh, G./Boos, W. (Operative Exzellenz) 2010, S. 1.
[12] AWK Expertenvortrag „Synchronisierung im industriellen Werkzeugbau"; Referent: Michael Breme, Leiter Audi Werkzeugbau Center of Excellence, Aachen, den 27. Mai 2011.
[13] Vgl. Wettbewerb „Excellence in Production" zum „Werkzeugbau des Jahres", 2011.
[14] Vgl. Tracht, K. (Planung und Steuerung des WZB) 2001, S. 15ff.

führen, dass der mit der Industrialisierung verbundene Leistungs- und Produktivitätszuwachs in weiten Teilen der produzierenden Industrie bisher am Werkzeugbau vorbeigegangen ist.[15]

Die Umsetzung der Industrialisierung im Werkzeugbau ist deshalb Schlüssel zur Steigerung der Wettbewerbsfähigkeit am Hochlohnstandort Deutschland.[16] Sie beinhaltet im Kern den Paradigmenwechsel von einer traditionell handwerklich und werkstattorientierten Ausrichtung der Fertigung von Unikaten hin zur Übertragung moderner Konzepte der Produktstrukturierung und des Komplexitätsmanagements sowie von Prozess- und Fertigungsorganisationskonzepten aus der Serienfertigung. Als Kernelemente der industriellen Wertschöpfungsgestaltung im Werkzeugbau tragen Produkt- und Prozessstandardisierung zur Beherrschung der charakteristischen Komplexität der Auftragsabwicklung durch Schaffung von Wiederholhäufigkeit im Werkzeug- und Teilespektrum sowie auf Prozessebene bei.[17] Die Verwendung standardisierter Komponenten und Prozesse für die auftragsindividuelle Werkzeugfertigung erlaubt es, trotz des Unikatcharakters der Produkte Lern- und Skaleneffekte zu erschließen.[18] Darauf aufbauend ermöglicht die inhaltliche und zeitliche Synchronisierung von Prozessschritten die Schnelligkeit und Zuverlässigkeit der Auftragsabwicklung signifikant dadurch zu verbessern, dass Liegezeiten und Störungen weitgehend vermieden werden. Dies erfolgt bei gleichzeitiger Steigerung von Effizienz und Wirtschaftlichkeit durch verringerte Such- und Abstimmungsaufwendungen sowie reduzierte Bestände.[19] Erfolgreiche Umsetzungsbeispiele weisen bereits das enorme Potenzial zur Realisierung einer signifikanten Steigerung von Prozessleistungsfähigkeit und Produktivität nach, das mit der Industrialisierung im Werkzeugbau verbunden ist.[20]

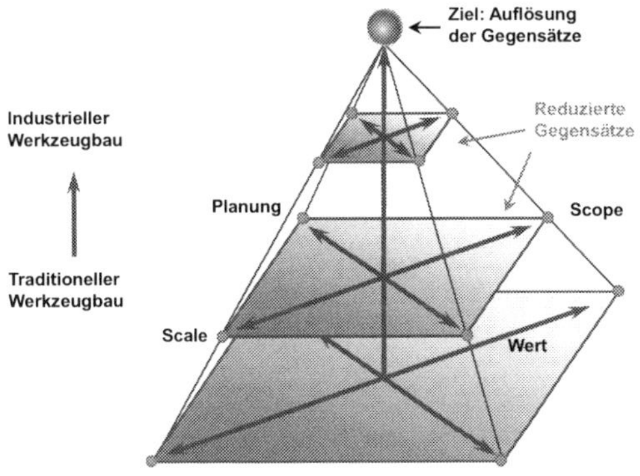

Abbildung 1-2: Polylemma der Produktionstechnik des Aachener Exzellenzclusters

Die gleichzeitige Optimierung dieser zentralen Zielgrößen der Produktionstechnik erlaubt eine Einordnung der Industrialisierung im Werkzeugbau in das Polylemma der Produktions-

[15] Vgl. Klotzbach, C. (Industrieller Werkzeugbau) 2006, S. 3.
[16] Vgl. Schuh, G./Boos, W. (Operative Exzellenz) 2010, S. 21.
[17] Vgl. Schuh, G./Boos, W. et al. (Synchronisierung im industriellen WZB) 2011, S. 382ff.
[18] Vgl. Boos, W. (Modulare Werkzeuge) 2008, S. 52.
[19] Vgl. Schuh, G./Boos, W. et al. (Synchronisierung im industriellen WZB) 2011, S. 382ff.
[20] Vgl. Schuh, G./Boos, W. (Operative Exzellenz) 2010, S. 21ff.

technik, dessen Auflösung zentrale Vision des DFG-Exzellenzclusters „Integrative Produktionstechnik an Hochlohnstandorten“[21] in Aachen ist. (Abbildung 1-2)

Die Ebenen des dargestellten Polylemmas werden durch die Dilemmata „Scale vs. Scope“ und „Planung vs. Wert“ aufgespannt. Innerhalb einer Ebene gilt der als „Zielkonflikt der Produktionstechnik“ bekannte Zusammenhang, dass sich die zentralen Zielgrößen des Produktionsmanagements (Zeit, Kosten, Qualität) nicht gleichzeitig optimieren lassen.[22] Die Eigenschaft eines industriellen Werkzeugbaus durch Komplexitätsbeherrschung und Standardisierung von Produkt und Prozessen Scale trotz der grundsätzlichen Scope-Ausrichtung bei der Fertigung kundenindividueller Unikate zu realisieren, um aufbauend auf der verringerten Planungskomplexität eine wertorientierte, schnelle und flexible Herstellung nach Kundenwunsch anhand von synchronen Prozessen und Fließfertigung umzusetzen, entspricht im Vergleich zur handwerklichen Werkzeugherstellung der angestrebten Reduktion der Zielkonflikte in der Produktionstechnik.

1.2 Zielsetzung

Die übergeordnete Zielsetzung dieser Dissertation ist es, einen Beitrag zur Umsetzung der Industrialisierung im Werkzeugbau zu leisten, um die Wettbewerbsfähigkeit der Werkzeugfertigung durch leistungsfähige und produktive Prozesse signifikant zu steigern.

Ausgangspunkt dieser Arbeit ist die aufgezeigte Diskrepanz zwischen der Forderung nach leistungsfähigen und produktiven Prozessen für eine wettbewerbsfähige Werkzeugherstellung und deren mangelhaften Schnelligkeit, Zuverlässigkeit und Effizienz in der betrieblichen Praxis. Trotz der bekannten Potenziale der Industrialisierung erfolgt die Verbreitung in der Praxis nur langsam, beschränkt auf einige wenige, zumeist große Werkzeugbaubetriebe. Selbst erfolgreiche Werkzeugbauunternehmen scheitern vielfach bei der Umsetzung.[23] Die Analyse der Gründe des Scheiterns sowie der Erfahrungsaustausch mit Experten in Forschungs- und Beratungsprojekten offenbaren die mangelnde Berücksichtigung der unternehmerischen Rahmenbedingungen und Synchronisierungsvoraussetzungen in der heterogenen Werkzeugbaubranche sowie fehlende Systematik im Vorgehen als zentrale Hindernisse der erfolgreichen Ausgestaltung und Umsetzung der Industrialisierung.[24]

Die mit der Industrialisierung im Werkzeugbau verbundenen Potenziale werden mehrheitlich durch die Synchronisierung der Prozesse realisiert. Es handelt sich bei der Prozesssynchronisierung deshalb um die Königsdisziplin innerhalb des Konzepts der Industrialisierung.[25] Unter führenden Experten der Branche besteht Einigkeit, dass sich die Prozesssynchronisierung in jedem Werkzeugbau realisieren lässt, jedoch nicht in jedem Werkzeugbau gleich.[26] Ihre Umsetzung stellt höchste Anforderungen, da neben den unternehmerischen Rahmenbedingungen ebenfalls die Synchronisierungsvoraussetzungen analysiert und berücksichtigt werden müssen. Hieraus leitet sich die konkrete Zielsetzung dieser Dissertation ab.

---

[21] DFG-Exzellenzcluster „Integrative Produktionstechnik in Hochlohnländern“, Aachen, 2008-2011.
[22] Vgl. Eversheim, W. (Organisation in der Produktionstechnik) 1996, S. 225ff.
[23] Vgl. Analyseergebnis des Wettbewerbs *Excellence in Production* (EIP) 2010.
[24] Vgl. Fazit 1. Expertengespräch „Synchronisierung im Werkzeugbau“ in Frankfurt, 8. Oktober 2010.
[25] Vgl. Schuh, G./Boos, W. et al. (Synchronisierung im industriellen WZB) 2011,
[26] Vgl. Fazit 2. Expertengespräch „Synchronisierung im Werkzeugbau“ in Frankfurt, 24. Februar 2011.

Zielsetzung dieser Dissertation ist es, eine anwendungsorientierte Methodik für die Prozesssynchronisierung in der Auftragsabwicklung des industriellen Werkzeugbaus zu entwickeln.

Um den Betrachtungsbereich einzugrenzen und den Forschungsprozess auszurichten, empfiehlt KUBICEK die Formulierung grundlegender Forschungsfragen.[27] Nachdem die Ausgangssituation beschrieben wurde, lässt sich entsprechend der abgeleiteten Zielsetzung folgende grundlegende und für die Erstellung dieser Dissertation handlungsleitende Forschungsfrage formulieren:

„Wie muss eine Methodik für die Prozesssynchronisierung in der Auftragsabwicklung des industriellen Werkzeugbaus gestaltet sein?“

Eine Konkretisierung der Forschungsfrage durch Unterforschungsfragen erfolgt in Unterkapitel 3.6.

1.3 Wissenschaftstheoretische Einordnung der Arbeit

Die vorliegende Arbeit ist dem Bereich der Ingenieurwissenschaften zuzuordnen. Die wissenschaftstheoretische Einordnung der Arbeit in das Spektrum der Wissenschaften gibt Aufschluss über die grundlegende Erkenntnisperspektive sowie über die zugrunde liegende Argumentationslogik, aus der sich das forschungsmethodologische Vorgehen ableitet.

Einordnung in das Spektrum der Wissenschaften

Ausgangspunkt für die Erläuterung der dieser Dissertation zugrunde liegenden Erkenntnisperspektive ist die Einordnung der Arbeit in das Spektrum der Wissenschaften. Hierfür wird der Ansatz von ULRICH und HILL aufgegriffen, die eine Unterteilung der Wissenschaften in Formal- und Realwissenschaften vornehmen.[28] (Abbildung 1-3)

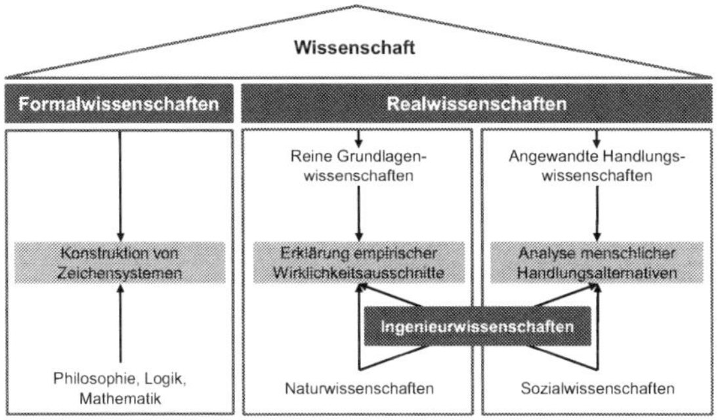

Abbildung 1-3: Wissenschaftssystematik[29]

[27] Vgl. Kubicek, H./Köhler, R. (Heuristische Bezugsrahmen) 1977, S. 25.
[28] Vgl. Ulrich, P./Hill, W. (Wissenschaftstheoretische Grundlagen) 1976, S. 305.
[29] I. A. a. Zohm, F. (Management von Diskontinuitäten) 2003, S. 6; vgl. Ulrich, P./Hill, W. (Wissenschaftstheoretische Grundlagen) 1976, S. 305.

Im Bereich der Formalwissenschaften wird primär das Ziel verfolgt, Zeichensysteme mit Regeln zu Verwendungsregeln zu konstruieren (z. B. Mathematik, Logik, Philosophie).[30] Untersuchungsgegenstand sind abstrakte, nicht real existierende Objekte sowie deren Beziehungen. Dadurch fokussiert der Beweis der Richtigkeit in Formalwissenschaften auf die Prüfung logischer Widersprüche.[31]

Ziel der Realwissenschaften ist es dagegen, beobachtbare Phänomene und empirisch nachweisbare Wirklichkeitsausschnitte zu beschreiben, zu erklären und zu gestalten.[32] Innerhalb der Realwissenschaften werden die reinen Grundlagenwissenschaften, zu denen die naturwissenschaftlichen Disziplinen (z. B. Physik, Chemie, Biologie) gehören, und die angewandten Handlungswissenschaften (z. B. Soziologie) unterschieden.[33] In den Grundlagenwissenschaften entsteht eine Problemstellung im Theoriezusammenhang als Versuch, die Diskrepanz zwischen Theorie und Beobachtung zu erklären. Untersuchungsgegenstand ist somit die Realität selbst.[34] Dagegen befassen sich angewandte Handlungswissenschaften mit Erkenntnissen über das Verhalten von Menschen als Individuen (Psychologie), in Interaktion (Sozialpsychologie) oder als Gesellschaft (Soziologie).[35] Der Kategorie der angewandten Sozialwissenschaften ist nach gängiger Meinung auch die Betriebswirtschaftslehre zuzuordnen.[36] Die erlebbare Realität wird dabei als Ausgangspunkt für die Analyse menschlicher Handlungsalternativen gesehen mit dem Ziel, zukünftige Realitäten zu gestalten[37] und Probleme des praktisch handelnden Menschen durch Entscheidungsmodelle zu lösen. Der wissenschaftliche Erkenntnisgewinn ist in den angewandten Handlungswissenschaften weniger am Zuwachs der Erkenntnissicherung ausgerichtet, als vielmehr am Verständniszuwachs durch die Entwicklung von Modellen und Methodiken für eine zu gestaltende Realität orientiert.[38]

Die Ingenieurwissenschaften in ihrer Gesamtheit bewegen sich im Allgemeinen in einer Schnittmenge zwischen den Disziplinen der Grundlagenwissenschaften und den angewandten Handlungswissenschaften.[39] Während die große Anzahl von grundlagenorientierten Forschungsarbeiten den reinen Grundlagenwissenschaften zuzuordnen ist, findet sich der organisationstheoretische Teil der Ingenieurwissenschaften bei den angewandten Handlungswissenschaften wieder. Durch die Wandlung der Betriebswirtschaftslehre von einer rein ökonomischen Gestaltungslehre zu einer interdisziplinären Führungslehre, die mit einer deutlichen Aufweitung ihres Objektbereichs verbunden ist, existiert eine große Nähe zwischen beiden Wissenschaften.[40] An der Schnittstelle zwischen Betriebswirtschaftslehre und organisationstheoretischen Ingenieurwissenschaften hat sich eine Führungs- und Manage-

[30] Vgl. Ulrich, P./Hill, W. (Wissenschaftstheoretische Grundlagen) 1976, S. 305.
[31] Vgl. Schanz, G. (Führungsforschung) 1987, S. 2189f.
[32] Vgl. Schanz, G. (Führungsforschung) 1987, S. 2039.
[33] Vgl. Ulrich, P./Hill, W. (Wissenschaftstheoretische Grundlagen) 1976, S. 305.
[34] Vgl. Ulrich, H. (Systemorientiertes Management) 2001, S. 172ff.
[35] Vgl. Schanz, G. (Führungsforschung) 1987, S. 2039.
[36] Vgl. Ulrich, P./Hill, W. (Wissenschaftstheoretische Grundlagen) 1976, S. 305.
[37] Vgl. Ulrich, H. (Management) 1984.
[38] Vgl. Kubicek, H./Köhler, R. (Heuristische Bezugsrahmen) 1977, S. 7.
[39] Vgl. Ulrich, H. (Betriebswirtschaftslehre) 1971, S. 47.
[40] Vgl. Zohm, F. (Management von Diskontinuitäten) 2003, S. 6f.

mentlehre entwickelt, die sich mit den Problemen der Gestaltung, Lenkung und Entwicklung zweckgerichteter sozio-technischer Systeme befasst.[41]

Die vorliegende Arbeit ist innerhalb der Ingenieurwissenschaften den angewandten Handlungswissenschaften zuzuordnen. Der grundlagenorientierte, technische Blickwinkel auf die Organisation der Auftragsabwicklung im Werkzeugbau spielt dabei eine untergeordnete Rolle. Im Mittelpunkt der Arbeit steht die methodikgestützte Lösung einer beobachtbaren Problematik des praktischen menschlichen Handelns, der Gestaltung synchroner Wertschöpfungsprozesse im Rahmen der Synchronisierung der Auftragsabwicklung im industriellen Werkzeugbau, für die eine Entscheidungs- und Gestaltungssystematik geschaffen werden soll. Diese Einordnung ermöglicht die Berücksichtigung von Erkenntnissen der betriebswirtschaftlichen Wissenschaftsdiskussion zur Beschreibung des Forschungsprozesses.[42]

Nach der wissenschaftlichen Einordnung der Arbeit in den Bereich der Ingenieurwissenschaften bzw. der Zuordnung zu den angewandten Handlungswissenschaften mit den sich daraus ergebenden Implikationen für die zugrunde liegende Argumentationslogik wird im Folgenden die Forschungsmethodologie und damit die Vorgehensweise zur Gewinnung von Erkenntnissen beschrieben. Die Erkenntnis beginnt nach POPPER „nicht mit der Wahrnehmung, Beobachtung oder Sammlung von Daten und Tatsachen, sondern mit Problemen".[43] Durch die Zuordnung dieser Arbeit zu den angewandten Handlungswissenschaften steht der praktische Nutzen der gewonnenen Erkenntnisse im Vordergrund. Der Fokus bei der Problemauswahl liegt daher auf Fragestellungen des praktisch handelnden Menschen, für deren Lösung in der Theorie kein ausreichendes Wissen zur Verfügung steht.[44] Es wird somit ein pragmatisches Wissenschaftsziel verfolgt.[45]

Um das formulierte pragmatische Wissenschaftsziel zu erreichen, ist die Auswahl einer geeigneten Forschungsstrategie erforderlich. Der Argumentation von ULRICH folgend wird eine Übertragung der Prüfstrategie empirischer Forschung mit ihren deduktiv-numologischen Erklärungsansätzen und der zugrunde liegenden formal verfahrenstechnischen Orientierung vor dem Hintergrund des pragmatischen Wissenschaftsziels als hinderlich angesehen.[46] Vor diesem Hintergrund hat sich in den Handlungswissenschaften eine eigene Forschungsmethodologie entwickelt, die als explorative Forschung bezeichnet wird. Charakteristisches Merkmal der explorativen Forschung ist, dass die Empirie nicht auf die Überprüfung theoriegeleiteter Hypothesen beschränkt bleibt, sondern das systematische Erfahrungswissen als Ausgangspunkt theoretischer Aussagen und der Entwicklung wissenschaftlicher Aussagesysteme genutzt werden kann.[47] Gemäß der vorgenommenen Einordnung folgt die vorliegende Arbeit dem forschungsmethodischen Ansatz der explorativen Forschung. Dem Forschungsvorgehen wird dazu als forschungsmethodologisches Vorgehen der Forschungszyklus nach TOMCZAK[48] zugrunde gelegt.

---

[41] Vgl. Bleicher, K. (Management) 2004, S. 288; Ulrich, H. (Systemorientiertes Management) 2001, S. 105.
[42] Vgl. Hill, W./Ulrich, P. (Betriebswissenschaftliche Konzeptionen) 1979, S. 163.
[43] Vgl. Maus, H./Fürstenberg, F./et al. (Logik der Sozialwissenschaften) 1969, S. 104.
[44] Vgl. Ulrich, H. (Management) 1984, S. 172.
[45] Vgl. Kubicek, H./Köhler, R. (Heuristische Bezugsrahmen) 1977, S. 5.
[46] Vgl. Ulrich, H. (Management) 1984, S. 174f.
[47] Vgl. Kromrey, H. (Empirische Sozialforschung) 1991, S. 14.
[48] Vgl. Tomczak, T. (Forschungsmethoden) 1992, S. 83f.

Das zugrunde gelegte Ablaufschema des Forschungsvorgehens ist in Abbildung 1-4 veranschaulichend dargestellt.

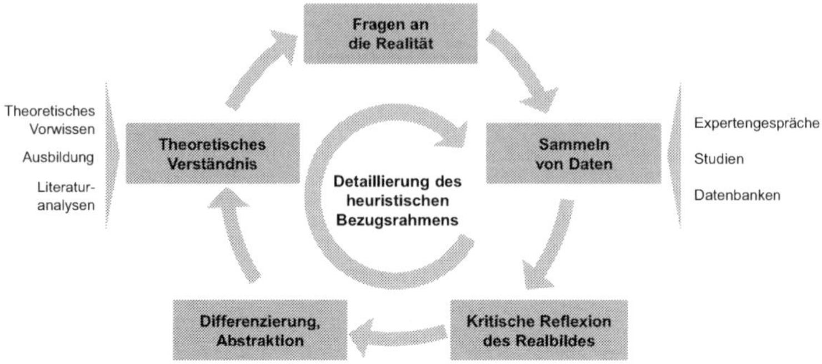

Abbildung 1-4: Forschungsmethodologisches Vorgehen[49]

Die Erarbeitung wissenschaftlicher Aussagen findet dementsprechend als iterativer Lernprozess statt, der von theoretischen Absichten geleitet wird und auf systematischem Erfahrungswissen basiert.[50] Der iterative Lernprozess adressiert dabei sowohl die Gewinnung von Erfahrungswissen als auch dessen Umsetzung in Form von neuen theoriebasierten Aussagen. Ziel des Vorgehens ist es, durch die Formulierung von Forschungsfragen an die Realität und dem Verarbeiten der gewonnenen Erkenntnisse der Theorie zu neuen Fragen und schließlich zu neuen Erkenntnissen der Realität zu gelangen.[51]

Im Zentrum des gewählten explorativen Forschungsprozesses steht ein heuristischer Bezugsrahmen, der das Vorverständnis des Forschers expliziert, den Forschungsprozess lenkt und eine Orientierung für die Lösung praxisrelevanter Probleme bietet.[52] (Abbildung 1-5) Der heuristische Bezugsrahmen der vorliegenden Dissertation basiert auf der in Unterkapitel 1.1 im Rahmen der Beschreibung der Ausgangssituation erläuterten Problemstellung.

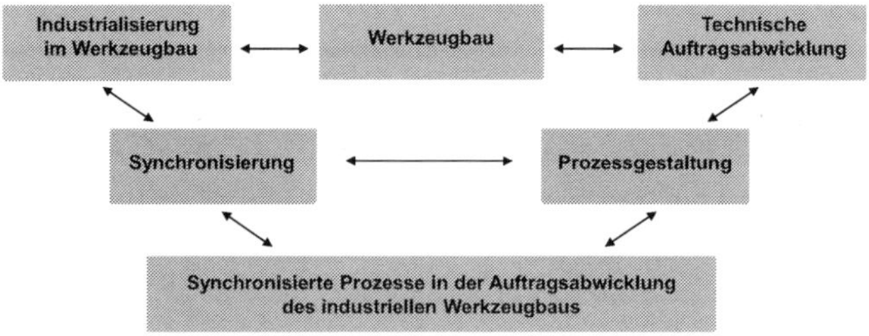

Abbildung 1-5: Heuristischer Bezugsrahmen

[49] I. A. a. Kubicek, H./Köhler, R. (Heuristische Bezugsrahmen) 1977, S. 14; Tomczak, T. (Forschungsmethoden) 1992, S. 84; Zohm, F. (Management von Diskontinuitäten) 2003, S. 9.
[50] Vgl. Kubicek, H./Köhler, R. (Heuristische Bezugsrahmen) 1977, S. 13.
[51] Vgl. Kubicek, H./Köhler, R. (Heuristische Bezugsrahmen) 1977, S. 14.
[52] Vgl. Tomczak, T. (Forschungsmethoden) 1992, S. 84; Kubicek, H./Köhler, R. (Heuristische Bezugsrahmen) 1977, S. 16.

Wesentliche Bestandteile sind die Objekte „Werkzeugbau“ und „Technische Auftragsabwicklung“, die im Kontext der Industrialisierung im Werkzeugbau unter Berücksichtigung bestehender Ansätze zur Prozessgestaltung die Grundlage für die Erarbeitung einer Methodik zur Prozesssynchronisierung in der Auftragsabwicklung bilden.

1.4 Aufbau der Arbeit

Der Forschungsmethodologie der explorativen Forschung folgend, orientiert sich der Aufbau der Arbeit am Forschungsprozess für angewandte Forschung nach ULRICH. Nach der Analyse der Realität werden analytisch induktiv Regeln und Modelle abgeleitet, die anschließend wieder Evaluierung in der Praxis finden.[53] Die Dissertation gliedert sich in sieben Kapitel.

Mit dem **ersten Kapitel** wurde die Problemstellung aus der Beschreibung der Ausgangssituation abgeleitet, die Zielsetzung der Arbeit definiert und die Forschungskonzeption erläutert. Die Forschungsfrage wurde abgeleitet und das forschungsmethodische Vorgehen und der inhaltliche Lösungsweg dargestellt, der sich in dem Aufbau der Arbeit widerspiegelt.

Der weitere Aufbau der Arbeit sowie der Bezug der vorliegenden Dissertation zu dem Forschungsprozess der angewandten Forschung nach ULRICH ist Abbildung 1-6 zu entnehmen.

Abbildung 1-6: Aufbau der Arbeit

Das **zweite Kapitel** führt die relevanten Grundlagen der Themenstellung der vorliegenden Dissertation ein. Dazu werden für die Themenfelder Synchronisierung, Auftragsabwicklung, Werkzeugbau und Industrialisierung die zugrunde gelegten Begrifflichkeiten definiert und eine Einordnung in den Kontext der Aufgabenstellung dieser Arbeit vorgenommen. Auf Basis der Grundlagen wird der Handlungsbedarf aus der Praxis für die methodische Unterstützung der Synchronisierung der Auftragsabwicklung im industriellen Werkzeugbau spezifiziert.

[53] Vgl. Ulrich, P./Hill, W. (Wissenschaftstheoretische Grundlagen) 1976, S. 305.

Im **dritten Kapitel** werden problemrelevante Theorien des Gestaltungsbereichs dargestellt und für den Betrachtungsfokus analysiert. Dazu werden auf Grundlage des abgeleiteten Handlungsbedarfs aus der Praxis Anforderungen an eine Methodik zur Synchronisierung der Auftragsabwicklung im industriellen Werkzeugbau formuliert, die der Analyse bestehender Ansätze des Prozessmanagements, der prozessorientierten Reorganisation sowie weiterer Ansätze der Wertschöpfungsgestaltung zugrunde gelegt werden. Abschließend wird der Forschungsbedarf aus der Theorie abgeleitet und die Forschungsfrage konkretisiert.

Das **vierte Kapitel** beinhaltet die auf Grundlage der in den Kapiteln zwei und drei beschriebenen Betrachtungs- und Gestaltungsbereiche vorgenommene Konzeption der Methodik. Auf Grundlage der Systemtechnik und der Modellierung wird ein geeigneter Ordnungsrahmen abgeleitet, der anschließend zur Strukturierung des entwickelten Vorgehens dient.

Im **fünften Kapitel** erfolgt eine Konkretisierung der Methodik durch die Detaillierung der Methodikbausteine. Die einzelnen Schritte und Vorgehensweisen müssen dabei dem Handlungsbedarf und der Anwendung durch den Praktiker gerecht werden. Abschließend führt die Integration der Methodikbausteine die verschiedenen Schritte zu einer im Sinne der Forschungsfrage zielführenden Methodik zusammen.

Das **sechste Kapitel** enthält die Prüfung der praktischen Relevanz der entwickelten Methodik im Anwendungszusammenhang. Anhand von drei Fallbeispielen wird das Vorgehen zur Synchronisierung der Auftragsabwicklung im industriellen Werkzeugbau verifiziert und im Anschluss kritisch reflektiert.

Das abschließende **siebte Kapitel** fasst die zentralen Erkenntnisse der Dissertation zusammen und enthält einen Ausblick auf mögliche weitere Forschungsansätze.

2 Grundlagen von Betrachtungs- und Gestaltungsbereich

Im zweiten Kapitel werden zunächst Betrachtungs- und Gestaltungsbereich der Arbeit vorgestellt. Der Betrachtungs- und Gestaltungsbereich der vorliegenden Dissertation ist die Branche Werkzeugbau, die aufgrund ihrer Schlüsselposition zwischen Produktentwicklung und Serienfertigung eine zentrale Rolle in der industriellen Produktion einnimmt.[54] Bei der Synchronisierung der Wertschöpfungsprozesse der Auftragsabwicklung handelt es sich um ein organisatorisches Thema, das dem Gesamtkonzept der Industrialisierung im Werkzeugbau zuzuordnen ist.

Zunächst wird ein einheitliches Grundverständnis für die zentralen Elemente der Dissertation Prozesssynchronisierung, Auftragsabwicklung, Werkzeugbau und Industrialisierung im Werkzeugbau geschaffen. Ein präzises Begriffsverständnis ist eine wichtige Grundlage für den wissenschaftlichen Diskurs. Ein einheitliches Verständnis stellt eine Grundvoraussetzung einer wissenschaftlichen Arbeit dar.[55] Darauf aufbauend werden der Stand der Umsetzung sowie die zentralen Herausforderungen der Synchronisierung im industriellen Werkzeugbau aufgezeigt. Auf dieser Grundlage wird abschließend der Handlungsbedarf aus der Praxis abgeleitet, der durch die Lösungsentwicklung im Rahmen dieser Dissertation adressiert wird.

2.1 Prozesssynchronisierung

Synchronität beschreibt einen Zustand, in dem zwei oder mehr Vorgänge aufeinander abgestimmt sind, ohne Verluste oder zeitlichen Verzug zu schaffen.[56] Die verschwendungsfreie Abstimmung ohne Verluste und zeitlichen Verzug stellt in der Wissenschaft einen Idealzustand dar, der sich auf die internen Wertschöpfungsprozesse von Unternehmen übertragen lässt.

Die Prozesssynchronisierung dient der Verbesserung der Koordination von arbeitsteiligen Wertschöpfungsaktivitäten in Unternehmen. Da in den Wissenschaften kein einheitliches Begriffsverständnis existiert, wird zunächst ein allgemeines Begriffsverständnis auf Basis von Anwendungen der Synchronisierung im Kontext verschiedener Disziplinen erarbeitet, das anschließend im weiteren Verlauf dieser Arbeit zugrunde gelegt wird.

2.1.1 Definition der relevanten Begrifflichkeiten

Der Begriff der „**Synchronisierung**“ oder auch der „**Synchronisation**“ hat den griechischen Ursprung „sýn“ (zusammen) und „chrónos“ (Zeit).[57] Dem Wortursprung entsprechend handelt es sich bei einer Synchronisierung um das Herstellen von Gleichzeitigkeit oder Gleichlauf.[58] Folglich kann von einer zeitlichen Abstimmung bestimmter Vorgänge gesprochen werden, welche deren Reihenfolge bzw. deren Gleichlauf genau festlegt.

---

[54] Vgl. Ritz, P. (Änderungen im Werkzeugbau) 1999, S. 10f.; Pollack, A. (Strategische Planung) 1995, S. 11f.
[55] Vgl. Schanz, G. (Methodologie für Betriebswirte) 1988, S. 17.
[56] I. A. a Arnold, D./Isermann, H. et al. (Handbuch Logistik) 2008, S. 589.
[57] Vgl. o.V. (Meyers großes Taschenlexikon) 1995, S. 261.
[58] I. A. a. o.V. (Meyers großes Taschenlexikon) 1995, S. 261.

Der DUDEN definiert Synchronität oder Synchronismus als Gleichlauf oder übereinstimmenden Bewegungszustand, Synchronisierung als Vorgang zur Herstellung von Gleichlauf.[59] Eine erweiterte Beschreibung der Elemente von Synchronisierung sowie eine Ausweitung der Begriffsdefinition auf Prozesse unternimmt der BROCKHAUS. Er definiert Synchronisation als gleichzeitigen Eintritt von Ereignissen bzw. Gleichlauf mehrerer Vorgänge bzw. nebenläufiger Prozesse, die sich gegenseitig bedingen.[60]

In der Physik wird bspw. die Bewegung zweier Pendel als synchron bezeichnet, wenn sie in Frequenz und Phase übereinstimmen.[61] In der Musik ist der Dirigent (lateinisch: dirigere für ausrichten) der Taktgeber, dessen Hauptaufgaben in der Organisierung des metrischen Verlaufs der Musik sowie in der Kontrolle der Realisierung des in der Partitur vorgeschriebenen Klangs liegen. Demnach bedeutet Synchronisierung in der Musik, dass alle Elemente eines Chors, Orchesters, u. a. zeitlich und inhaltlich aufeinander abgestimmt ineinandergreifen, um das gewünschte Klangbild zu erzeugen.[62] Im Film und insbesondere in der Filmtechnik werden hingegen unter Synchronisation alle Maßnahmen verstanden, die zur gleichzeitigen Wiedergabe von Bild und Ton, also deren zeitliche Übereinstimmung, dienen.[63]

Der Begriff „**Prozess**" ist ebenfalls nicht eindeutig definiert. In der Literatur sowie in der betrieblichen Praxis finden verschiedene, sich thematisch jedoch stark ähnelnde Begriffe Verwendung, die sich nicht klar voneinander abgrenzen lassen. So gibt es sich inhaltlich stark ähnelnde Definitionen von GAITANIDES[64], HARRINGTON[65], HAUSER[66], MAYER[67], HAMMER U. CHAMPY[68], HINTERHUBER ET AL.[69], DAVENPORT[70], RÜEGG-STÜRM[71] und der DIN ISO 9000:2000[72], die weitgehend mit der Definition nach SCHUH[73] übereinstimmen, der im Rahmen dieser Arbeit gefolgt wird. Nach SCHUH verfolgt ein Prozess unter Verwendung von Ressourcen das Ziel der Transformation von immateriellem Input in einen prozessspezifischen Output. Immaterielle In- und Outputs fassen in diesem Zusammenhang bspw. Software, Informationen und Dienstleistungen zusammen. Durch diese Definition lassen sich technische Prozesse, die einen materiellen Input als Teil eines technischen Transformationsprozesses in einen prozessspezifischen materiellen Output überführen, wie dies bspw. bei der maschinellen Bearbeitung der Fall ist, abgrenzen. Im weiteren Verlauf der Arbeit werden, der Prozessdefinition von SCHUH folgend, die Begriffe Prozess, Geschäftsprozess, Unternehmensprozess und Wertschöpfungsprozess synonym verwendet.

---

59 Vgl. o.V. (Duden) 2003,
60 Vgl. o.V. (Brockhaus) 2001, S. 450.
61 Vgl. Bennett, M./Schatz, M. F. et al. (Huygens´s clocks) 2002, S. 563.
62 Vgl. Jaeger, S./Ely, N. (Atlantisbuch der Dirigenten) 1985, S. 27.
63 Vgl. Radmann, F. (Filmsynchronisation) 2003, S. 3f.
64 Vgl. Gaitanides (Prozessorganisation) 2007, S. 65.
65 Vgl. Harrington (Business Process Improvement) 1991, S. 9.
66 Vgl. Hauser (Bewertung von Unternehmensprozessen) 1996, S. 14 ff.
67 Vgl. Mayer (Prozesskostenrechnung) 1998, S. 6.
68 Vgl. Hammer; Champy (Business Reengineering) 2003, S. 52.
69 Vgl. Hinterhuber, et al. (Unternehmenswert und Lean Management) 1994, S. 82.
70 Vgl. Davenport (Process innovation) 1997, S. 5.
71 Vgl. Rüegg-Stürm (Das neue St. Galler Management-Modell) 2003, S. 66.
72 Vgl. Deutsches Institut für Normung (Qualitätsmanagementsysteme) 2000, S. 18.
73 Vgl. Schuh; Kampker (Handbuch Produktion und Management) 2011, S. 363.

2.1.2 Prozesssynchronisierung im Produktionsmanagement

Innerhalb produzierender Unternehmen besteht die zentrale Aufgabe des Produktionsmanagements in der zielorientierten Planung und Steuerung industrieller Wertschöpfungsprozesse unter Berücksichtigung der Organisation, Informationsversorgung und Kontrolle.[74] SCHUH erweitert diese Definition des Produktionsmanagements, indem nicht mehr nur die innerbetriebliche Planung und Steuerung, sondern darüber hinaus die Planung und Steuerung von Produktionsnetzwerken berücksichtigt wird.[75]

Innerhalb des Produktionsmanagements kommt der Prozesssynchronisierung vor allem in Bezug auf die Koordination arbeitsteiliger Wertschöpfungsaktivitäten als Idealzustand eine zentrale Rolle zu. Die **Prozesssynchronisierung** im Kontext des Produktionsmanagements beschreibt die inhaltliche und zeitliche Abstimmung verteilt vorgenommener Arbeitsinhalte innerhalb eines technischen Systems mit dem Ziel höchstmöglicher Effizienz unter Vermeidung von Verschwendung und zeitlichem Verzug.[76]

Das Konzept der Prozesssynchronisierung ist vor allem in der Serienfertigung weit verbreitet. Die Wurzeln der Prozesssynchronisierung im Produktionsmanagement gehen auf Toyota und das Toyota Production System (TPS) zurück. Prozesssynchronisierung ist ein zentrales Element des TPS sowie daraus abgeleiteter Konzepte, wie z. B. des Lean Managements, dem derzeitigen Handlungsparadigma produzierender Unternehmen.[77] Die Leitideen eines synchronen Produktionssystems sind die Fertigung im Kundentakt sowie das Just-in-Time-Prinzip. Der zugrunde liegende Gedanke der Fertigung im Kundentakt ist die Ausrichtung der Produktionsrate sowie der gesamten Prozesskette der Wertschöpfung an dem Takt der Kundennachfrage. Die Grundidee hinter dem Just-in-Time-Prinzip besteht darin, die aufeinanderfolgenden Produktions- und Transportprozesse so zu synchronisieren, dass jeder Prozess das Material genau dann bereitstellt, wenn es durch den jeweiligen Nachfolgeprozess benötigt wird.[78] Zentrales Zielbild ist es, ein Produktionssystem zu schaffen, welches vollkommen frei von Verschwendung ist und sich im Fluss befindet.[79]

Die Implementierung eines synchronen Produktionssystems führt nach YAGYU zu Erfolgen hinsichtlich Produktivität, Lagerhaltung und Durchlaufzeiten.[80] Ein Unternehmen ist in diesem Zusammenhang als organisches System anzusehen, in dem die einzelnen Teilsysteme ihre Informationen und Materialien immer abgestimmt auf die aktuelle Situation erhalten und weitergeben. Ähnlich wie in den meisten organischen Systemen beruht das Funktionieren des Gesamtsystems nicht auf einer zentralen Steuerung und Koordination aller Prozesse.[81] Vielmehr dienen die Leitprinzipien Fertigung im Kundentakt und Just-in-Time dazu, das selbstständige Handeln und den Informationsaustausch zwischen einzelnen Teilsystemen nach den vorgegebenen Leitlinien dezentral zu organisieren, wobei die Funktion des Ge-

[74] I. A. a. Burckhardt, W. (Handbuch Produktion) 2001, S. 18f.; Hachtel, G./Holzbauer, U. (Management für Ingenieure) 2010, S. 67ff.; Dyckhoff, H. (Grundzüge der Produktionswirtschaft) 2003, S. 6ff.
[75] Vgl. Schuh, G./Gierth, A. (Einführung) 2006, S. 3.
[76] I. A. a. Arnold, D./Isermann, H. et al. (Handbuch Logistik) 2008, S. 589.
[77] Vgl. Takeda, H. (Das synchrone Produktionssystem) 2006, S. 15ff.; Schuh, G./ Wiegand, B. (4. Lean Management Summit) 2007, Backcover.
[78] Vgl. Bretzke, W.-R./Barkawi, K. (Nachhaltige Logistik) 2010, S. 137.
[79] Vgl. Rother, M./Harris, R. (Kontinuierliche Fließfertigung organisieren) 2004, S. 13.
[80] Vgl. Yagyu, S. (Das synchrone Managementsystem) 2007, S. 45.
[81] Vgl. Thielmann, L. (Das Ur-Gesetz des Lebens) 2003, S. 41ff.

samtsystems im Mittelpunkt steht. Dies beschränkt sich nicht nur auf die produzierenden Unternehmensbereiche, sondern ist auf die indirekten Unternehmensbereiche mit ihren Stützprozessen und der Steuerung sowie die Zulieferer des Unternehmens auszudehnen.[82]

Die Schnittstelle zu den Zulieferern wird durch die Forderung Just-in-Time adressiert. Im Idealfall ist kein Lagerbestand zwischen den Prozessen notwendig.[83] So werden die eigenen Prozesse sowohl untereinander als auch mit denen der Zulieferer synchronisiert, sodass deren Prozessketten reibungs- und verschwendungsfrei in die eigenen Prozesse münden.[84] Neben dem perfekten zeitlichen Ineinandergreifen von Fertigungs- und Logistikprozessen dehnt sich die Prozesssynchronisierung im Produktionsmanagement ebenfalls in die indirekten Bereiche aus und umfasst kurzum sämtliche Unternehmensprozesse.[85] Die Prozesssynchronisierung ermöglicht eine Abstimmung aufeinanderfolgender Wertschöpfungsschritte und demgemäß einen einheitlichen Ablauf. Primäres Ziel der Ausdehnung der Synchronisierung auf sämtliche Unternehmensbereiche sowie auf die vor- und nachgelagerten Unternehmen der eigenen Wertschöpfungskette ist eine effiziente Abwicklung frei von Verschwendung und zeitlichem Verzug.[86]

Wie beschrieben ist die synchrone Produktion mehr als die bloße Synchronisation von Prozessen, das Unternehmen muss vielmehr als System betrachtet werden. In der Systemtheorie resultiert die Komplexität eines Systems aus der Anzahl und Verschiedenartigkeit der Elemente, der Anzahl der Beziehungen zwischen diesen und der dynamischen Veränderlichkeit der Elemente und Beziehungen.[87] Aufgabe einer Synchronisierung als Koordinationsprinzip ist es deshalb, die systemische Komplexität im Unternehmen zu beherrschen bzw. zu verringern. Während die Komplexität der Unternehmensumwelt stetig zunimmt, steuern Unternehmen, die die Komplexität ihres Systems nicht beherrschen, unausweichlich auf eine Situation zu, die in einem chaotischen und ineffizienten Zustand mündet.[88] Die Synchronisation ist in diesem Zusammenhang ein Koordinationsprinzip, das das Systemverhalten prognostizierbar macht, um der Komplexität entgegenzuwirken und das System vollständig beherrschbar zu machen.[89]

In Anlehnung an WESTKÄMPER wird Prozesssynchronisierung zusammenfassend wie folgt definiert und nachfolgend dieser Arbeit zugrunde gelegt:[90]

„Prozesssynchronisierung ist die optimale zeitliche und quantitative Abstimmung von Prozessen zur Schaffung eines kontinuierlichen Flusses in der Produktion sowie, bei Betrachtung der Produktion als komplexes System, das effektive und effiziente Zusammenwirken involvierter Teilsysteme und der nötigen Planung und Steuerung."

Diese Definition stellt die Grundlage für die in Unterkapitel 3.1 vorgenommene Definition der Prozesssynchronisierung in der Auftragsabwicklung des industriellen Werkzeugbaus dar.

[82] Vgl. Dickmann, P. (Schlanker Materialfluss) 2009, S. 32.
[83] Vgl. Arnold, D./Isermann, H. et al. (Handbuch Logistik) 2008, S. 10.
[84] Vgl. Yagyu, S. (Das synchrone Managementsystem) 2007, S. 48.
[85] Vgl. Hellmich, K. P. (Kundenorientierte Auftragsabwicklung) 2003, S. 83f.
[86] Vgl. Schuh, G./Boos, W. (Operative Exzellenz) 2010, S. 43.
[87] Vgl. Lang, R. (Technologiekombination durch Modularisierung) 2000, S. 25; Dehnen, K. (Strategisches Komplexitätsmanagement) 2004, S. 30ff.
[88] Vgl. Bleicher, K. (Management) 2004, S. 51ff.
[89] Vgl. Ripp, S. (Komplexitätsbeherrschung) 2011, S. 79.
[90] I. A. a. Westkämper, E./Zahn, E. (Wandlungsfähige Produktionsunternehmen) 2009, S. 85.

2.2 Technische Auftragsabwicklung

Das folgende Unterkapitel dient der Beschreibung der technischen Auftragsabwicklung, deren Synchronisierung die Zielsetzung der Arbeit darstellt. Dazu werden zunächst relevante Auftragsabwicklungsdefinitionen und unterschiedliche Formen der Auftragsabwicklung mit ihren charakteristischen Merkmalen vorgestellt. Anschließend werden Erfolgsfaktoren und bestimmende Zielkonflikte aufgezeigt und in den Kontext der Einzel- und Kleinserienfertigung eingeordnet.

2.2.1 Definition der relevanten Begrifflichkeiten

Ein **Auftrag** ist ein organisatorisches Hilfsmittel der Betriebssteuerung, das eine beauftragte Stelle zur Ausführung einer konkreten Aufgabe auffordert.[91] Es werden externe und interne Aufträge unterschieden.[92] Externe Aufträge (Kundenaufträge) sind durch externe Kunden ausgelöste Aufforderungen an einen Lieferanten, eine spezifische Leistung bzw. ein spezifisches Gut zu erstellen.[93] Damit stellt der Kundenauftrag die Verbindung zwischen der Beschaffungslogistik des externen Kunden und der Distributionslogistik des Lieferanten dar. Interne Aufträge (Innenauftrag) werden hingegen durch betriebsinterne Stellen veranlasst.[94]

Die **Auftragsabwicklung** beinhaltet nach TRÄCKNER „alle Tätigkeiten, die zur Erledigung einer Anfrage sowie zur Erledigung eines sich u. U. ergebenden Auftrags notwendig sind".[95] Die Auftragsabwicklung ist der vom Kunden initiierte Prozess der Leistungserstellung und umfasst die dafür notwendigen Entscheidungs- und Realisationshandlungen.[96] Dies schließt Prozesse im Bereich der Auftragsanbahnung im Vorfeld eines Kundenauftrags ein. Neben den wertschöpfenden Unternehmensbereichen sind nach VDI und AWF auch die angrenzenden administrativen Bereiche Teil des Auftragsabwicklungsprozesses.[97] Weitere Ansätze definieren Auftragsabwicklung lediglich als Funktion des Vertriebs[98] bzw. als Funktion der administrativen Aufgaben.[99] In dieser Arbeit wird jedoch der umfassenden Definition der Auftragsabwicklung in direkten wie indirekten Unternehmensbereichen gefolgt.

Eine Erweiterung der Definition stellt die Unterscheidung zwischen der kaufmännischen und der **technischen Auftragsabwicklung** dar.[100] Die kaufmännische Auftragsabwicklung beinhaltet dabei die Aufgaben der Auftragsannahme sowie der kaufmännischen Bearbeitung, wie Kalkulation und Finanzbuchhaltung.[101] Der Fokus dieser Arbeit liegt auf der technischen Auftragsabwicklung, die nach EVERSHEIM die Prozesse der Unternehmensbereiche Vertrieb, Konstruktion bzw. Entwicklung, Arbeitsvorbereitung, Materialdisposition, Produktion und

---

[91] Vgl. Lackes, R./Siepermann, M. (Gabler Wirtschaftslexikon) 2010.
[92] Vgl. Pfohl, H.-C. (Logistiksysteme) 2010, S. 70.
[93] Vgl. Voigt, K. I. (Gabler Wirtschaftslexikon) 2010, Stichwort Kundenauftrag.
[94] Vgl. Pfohl, H.-C. (Logistiksysteme) 2010, S. 70; Voigt, K. I. (Gabler Wirtschaftslexikon) 2010, Stichwort Innenauftrag.
[95] Vgl. Träckner, J. H. (Auftragsabwicklung) 1990, S. 7; Bär, W. (Produktionsplanung und Auftragsbearbeitung) 1977, S. 14.
[96] Vgl. Frese, L./Noetel, W. (Kundenorientierung in der Auftragsabwicklung) 1992, S. 3.
[97] Vgl. VDI (Auftragsabwicklung) 1991, S. 10ff.; AWF (EDV-Einsatz in der Produktion) 1985, S. 122.
[98] Vgl. Gutenberg, E. (Betriebswirtschaftslehre) 1970, S. 31f.
[99] Vgl. Pfohl, H.-C. (Logistiksysteme) 2010, S. 80ff.; Filz, B. (Distributionslogistik) 1993, S. 69f.; Specht, G./Fritz, W. (Distributionsmanagement) 2005, S. 120f.
[100] Vgl. Pfohl, H.-C. (Logistiksysteme) 2010, S. 72.
[101] Vgl. Gudehus, T. (Logistik) 2010, S. 45.

Versand umfasst.[102] Im Rahmen dieser Dissertation wird in Anlehnung an EVERSHEIM die folgende Definition der Auftragsabwicklung zugrunde gelegt:

> **„Die Auftragsabwicklung umfasst alle Prozesse der Unternehmensbereiche, die vom Auftragseingang bis zum Vertrieb an der Erzeugnisherstellung beteiligt sind."**

Nachfolgend werden technische Auftragsabwicklung und Auftragsabwicklung synonym verwendet.

2.2.2 Charakteristika und Typen der Auftragsabwicklung

Die Auftragsabwicklung ist nicht homogen, sondern lässt sich in verschiedene Formen der Auftragsabwicklung aufteilen, die sich jeweils durch spezifische Charakteristika voneinander unterscheiden lassen. Im Folgenden werden die einzelnen Charakteristika anhand von zuzuordnenden Merkmalen motiviert, mit dem Ziel einer aufbauenden Typologisierung[103]. Das in Abbildung 2-1 von BÜNDENBENDER entwickelte morphologische Merkmalsschema umfasst zentrale Merkmale zur Beschreibung und Typologisierung der Auftragsabwicklung.

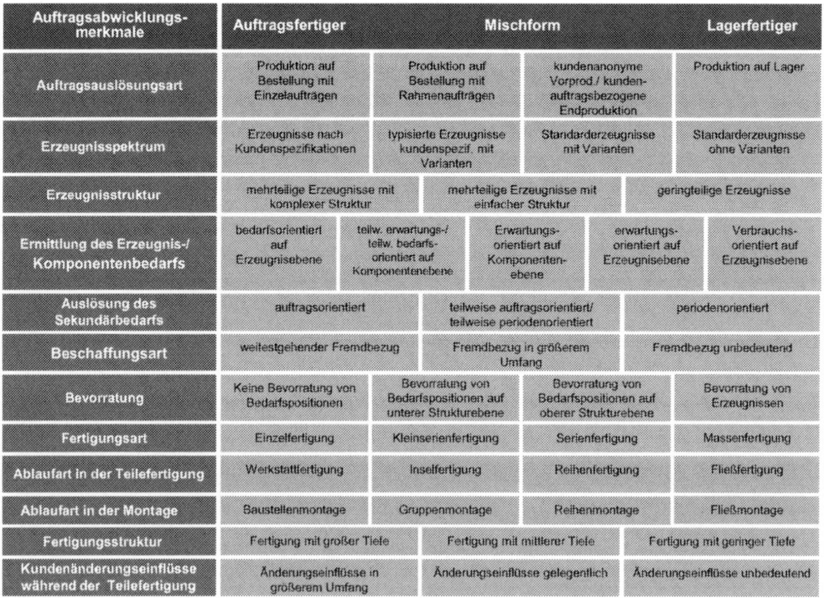

Abbildung 2-1: Morphologisches Merkmalsschema der Auftragsabwicklung[104]

[102] Vgl. Eversheim, W. (Organisation in der Produktionstechnik) 1996, S. 227; Vogel, F. O. (Technische Auftragsabwicklung) 1976, S. 6f.

[103] Anmerkung: Der Begriff der „Typologisierung" bezeichnet eine systematische Einteilung oder Einordnung von Begriffen, Gegenständen, Erscheinungen in Gruppen, die durch bestimmte Merkmale charakterisiert sind; eine Einführung in die Grundlagen der Typologisierung wird in Teilkapitel 5.1.2 vorgestellt.

[104] I. A. a. Büdenbender, W. (Ganzheitliche Produktionsplanung und -steuerung) 1991, S. 51.

Dabei beziehen sich die zwölf Merkmale auf die Auftragsinitiierung, die Ausführung der Erzeugnisse, die Durchführung der Dispositionsmaßnahmen und die Abwicklung des Fertigungsprozesses.[105] Auf Basis des morphologischen Merkmalsschemas nach BÜNDENBENDER lassen sich unternehmensübergreifend bzw. innerhalb eines Unternehmens unterschiedliche Auftragsabwicklungstypen differenzieren. Hierbei werden, hinsichtlich Merkmale und Ausprägungen, kongruente Produktionsunternehmen unter einem Auftragsabwicklungstyp verstanden.[106] Zur Klassifizierung der Unternehmen anhand ihrer Merkmale existieren unterschiedliche Möglichkeiten. In dieser Dissertation wird die Klassifizierung der verschiedenen Typen nach der Wiederholrate der Produktfertigung und dem Merkmal der Auftragsinitiierung vorgenommen, die in der Literatur verbreitet Anwendung findet.[107]

Die **Wiederholrate** beschreibt die Häufigkeit, mit der Teile mit konformer Herstellungsprozessfolge gefertigt werden.[108] Dementsprechend kann zwischen der Einzelfertigung, der Serienfertigung, der Sortenfertigung sowie der Massenfertigung unterschieden werden.[109] In der **Einzelfertigung** wird jedes Produkt individuell, den Kundenanforderungen entsprechend, gefertigt. In der erweiterten Definition wird zwischen der einmaligen und der wiederholten Einzelfertigung differenziert.[110] Diesbezüglich wird unter einem Unikat das Produkt der einmaligen Fertigung verstanden, während bei der wiederholten Einzelfertigung ein Produkt wiederkehrend in großen Zeitabständen produziert wird. Die Unikatfertigung entspricht somit einer kundenindividuellen Einmalfertigung.[111] In der **Serienfertigung** wird das gleiche Produkt in einer begrenzten Stückzahl hergestellt. Die Produkte einer Serie sind demgemäß homogen. Differierendes Kennzeichen in der Klein- und Großserienfertigung ist die Menge der erzeugten Produkte.[112] Die **Sortenfertigung** ähnelt der Serienfertigung mit dem Unterschied, dass verschiedene Varianten gleichartiger Produkte hergestellt werden. Nicht jedes Produkt benötigt einen eigenen Herstellungsprozess und unterschiedliche Fertigungssachmittel, da sich die Produkte nur geringfügig hinsichtlich Funktion, Abmessung oder Gestalt unterscheiden.[113] In der **Massenfertigung** werden gleiche Produkte in großer Stückzahl über eine unbestimmte Zeitspanne hergestellt. Im Gegensatz zur Serienfertigung wird bei der Massenfertigung keine Auflagenhöhe festgelegt.[114]

Im Hinblick auf die **Auftragsinitiierung** kann vereinfacht zwischen zwei Extremtypen der Auftragsabwicklung, dem Lagerfertiger und dem Auftragsfertiger, unterschieden werden. Daneben stellt die Überlagerung beider Ausprägungen, die sogenannte inhomogene Auftragsabwicklung z. B. des Variantenfertigers, eine Mischform der Idealtypen dar.

---

[105] Vgl. Eversheim, W. (Produktionstechnik) 2002, S. 165.
[106] Vgl. Schuh, G. (Produktionsplanung und -steuerung) 2006, S. 135.
[107] Vgl. Schuh, G. (Produktionsplanung und -steuerung) 2006, S. 572ff.; Eversheim, W. (Produktionstechnik) 2002, S. 165ff.
[108] Vgl. Gierth, M. (Selbststeuerung logistischer Prozesse) 2009, S. 99.
[109] Vgl. Vahrenkamp, R. (Produktionsmanagement) 2008, S. 3; Schiemenz, B./Schönert, O. (Entscheidung und Produktion) 2005, S. 96.
[110] Vgl. Dietrich, A. J. (Informationssysteme für Mass Customization) 2007, S. 17; Wenger, W./Habenicht, W. (Business Excellence in Produktion und Logistik) 2011, S. 189.
[111] Vgl. Wenger, W./Habenicht, W. (Business Excellence in Produktion und Logistik) 2011, S. 188ff.
[112] Vgl. Schuh, G. (Produktionsplanung und -steuerung) 2006, S. 130; Brühl, R./Stelling, J. N. et al. (Betriebswirtschaftslehre) 2002, S. 132.
[113] Vgl. Jung, H. (Allgemeine Betriebswirtschaftslehre) 2006, S. 493; Brühl, R./Stelling, J. N. et al. (Betriebswirtschaftslehre) 2002, S. 132.
[114] Vgl. Bloech, J./Bogaschewsky, R. et al. (Einführung in die Produktion) 2004, S. 258f.; Plümer, T. (Logistik und Produktion) 2003, S. 187f.

Der **Lagerfertiger** produziert kundenanonym auf Lager nach einem Programm, das auf Grundlage von Prognosen und Marktbeobachtungen erstellt wurde.[115] Es werden ausschließlich Standarderzeugnisse gefertigt, denen jegliche kunden- bzw. auftragsspezifische Forderung hinsichtlich der Erzeugniskonstruktion fehlt.[116] Dabei handelt es sich überwiegend um geringteilige oder auch mehrteilige Erzeugnisse mit einfacher Struktur. Lagerfertiger produzieren ihre Erzeugnisse überwiegend in Serien- oder Massenfertigung.[117] Störeinflüsse sind bei der Lagerfertigung unbedeutend, da die Produktion kundenanonym erfolgt, sodass die Auftragsabwicklung innerhalb der Bereiche Konstruktion, Arbeitsvorbereitung, Fertigung und Montage von Kundenänderungseinflüssen weitgehend entkoppelt ist. Dies bedingt kurze Durchlaufzeiten, die sich positiv auf die Lieferzeit auswirken.[118]

Beim **Auftragsfertiger** löst als charakteristisches Merkmal ein **kundenindividueller** Auftrag sämtliche Aktivitäten der Auftragsabwicklung, von der Anfragebearbeitung über die Konstruktion und Produktion bis hin zum Versand, aus. Es werden mehrteilige Erzeugnisse nach Kundenspezifikation bzw. typisierte Erzeugnisse mit kundenspezifischen Varianten hergestellt. Diese unterliegen schwankenden Auftragsmengen sowie komplexen Strukturen, die eine Fokussierung auf die Kernkompetenzen und folglich einen ausgeprägten Fremdbezug bewirken.[119] Der Erzeugnisbedarf wird rein bedarfsorientiert bestimmt. Die Ausprägung der Fertigungsart ist die Unikat- sowie die Einzel- und Kleinserienfertigung.[120] Der Auftragsfertiger weist einen hohen Strukturierungsgrad auf. Dabei findet die Teilefertigung nach dem Prinzip der Insel- oder **Werkstattfertigung** statt und bedingt eine hohe **Prozessvarianz**. Im Gegensatz zum Lagerfertiger wirken sich Kundenänderungseinflüsse aufgrund konstruktiver Änderungen am Produkt noch während des fortgeschrittenen Fertigungsprozesses im größeren Umfang aus. Lange Durchlaufzeiten sind die Folge.[121]

In der Praxis haben sich produkt- bzw. unternehmensspezifische **Mischformen** beider idealtypischen Ausprägungen etabliert und bilden die sogenannte inhomogene Auftragsabwicklung.[122] Diese zeichnet sich durch kundenneutrale sowie -individuelle Merkmale aus. Der Idealfall impliziert den größtmöglichen Standardisierungsgrad der Erzeugniskomponenten, sodass eine Trennung zwischen auftragsspezifischen und auftragsneutralen Aufträgen lediglich in der Endmontage stattfindet. Insbesondere Unternehmen mit ausgeprägtem Variantenspektrum zählen zu dieser Form.[123] Der sogenannte **Variantenfertiger** weist ein Erzeugnisspektrum auf, das sich aus typisierten Erzeugnissen mit kundenspezifischen Varianten und aus Standarderzeugnissen mit Varianten zusammensetzt.[124] Es wird dabei überwiegend in der Einzel- und Kleinserienfertigung, aber auch in der Serienfertigung produziert.[125]

---

[115] Vgl. Schuh, G. (Produktionsplanung und -steuerung) 2006, S. 576.
[116] Vgl. Jodlbauer, H. (Produktionsoptimierung) 2008, S. 2.
[117] Vgl. Schuh, G. (Produktionsplanung und -steuerung) 2006, S. 576.
[118] Vgl. Eversheim, W. (Produktionstechnik) 2002, S. 183ff.; Eversheim, W. (Organisation in der Produktionstechnik) 1996, S. 222f.
[119] Vgl. Schuh, G. (Produktionsplanung und -steuerung) 2006, S. 13ff.
[120] Vgl. Töpfer, A. (Betriebswirtschaftslehre) 2007, S. 472.
[121] Vgl. Eversheim, W. (Produktionstechnik) 2002, S. 167f.
[122] Vgl. Büdenbender, W. (Ganzheitliche Produktionsplanung und -steuerung) 1991, S. 3.
[123] Vgl. Büdenbender, W. (Ganzheitliche Produktionsplanung und -steuerung) 1991, S. 10.
[124] Vgl. Eversheim, W. (Produktionstechnik) 2002, S. 179.
[125] Vgl. Eversheim, W. (Organisation in der Produktionstechnik) 1996, S. 224.

2.2.3 Komplexität der Auftragsabwicklung

Der Begriff „Komplexität" gewinnt für die Charakterisierung der Auftragsabwicklung zunehmend an Bedeutung. Die Beherrschung der Komplexität der Auftragsabwicklung wird mehr und mehr zum bestimmenden Thema der Führung produzierender Unternehmen in direkten wie auch in indirekten Bereichen.[126] Die Zunahme begründet sich aus der wachsenden Dynamik, sinkenden Losgrößen bei gleichzeitig wachsender Varianz sowie ansteigender Produktkomplexität und erfordert einen erhöhten Flexibilitätsbedarf.[127] Im Folgenden wird zunächst ein Begriffsverständnis abgeleitet, bevor im Kontext von Komplexität der Auftragsabwicklung wesentliche Merkmale, Treiber und Herausforderungen von Komplexität herausgestellt werden.

Das Wort **Komplexität** leitet sich vom lateinischen „complexus" (zusammengeknüpft, verwoben oder vernetzt) ab.[128] Komplexität wird umgangssprachlich vom Handelnden als eine unverständliche oder undurchschaubare Planungs-, Entscheidungs- oder Handlungssituation empfunden.[129] Der Komplexitätsbegriff wird in der Literatur mit verschiedensten Bedeutungen verwendet.[130]

Ein Ansatz zur Einordnung von Komplexität ist die Unterscheidung von subjektiver und objektiver Komplexität einer Aufgabe nach CAMPBELL. Diese differieren einerseits durch einen personenspezifischen Anteil der Aufgabenkomplexität, wie bspw. das Methodenwissen und die Denk- und Merkfähigkeit.[131] Andererseits durch eine personenunabhängige Aufgabenteilung, die bspw. die Anzahl alternativer Ausführungsarten und die Vielfalt des zu erzielenden Ergebnisses enthält.[132] Einen funktionalorientierten Ansatz zur Beschreibung der Komplexität wählen hingegen ESPEJO ET AL., indem der Begriff der „Varietät"[133] Verwendung findet, welcher als „die Anzahl möglicher Systemzustände" verstanden wird.[134] Diesem Verständnis folgt auch ULRICH, unterscheidet jedoch zwischen zwei Dimensionen der Varietät. Die eine Dimension wird durch die Anzahl und Diversität der Beziehungen bzw. Elemente aufgespannt. Die andere Dimension adressiert die Variabilität im Zeitablauf.[135] BRONNER erweitert den Ansatz um die Transparenz des Systems und versteht unter ihr die Übersichtlichkeit über die zwei Dimensionen der Varietät. Zudem ersetzt er die Diversität durch den Begriff der Kompliziertheit.[136]

Einen vergleichbaren Ansatz verfolgt KIRCHHOF, der die strukturelle und funktionale Komplexität definiert. Seiner Erklärung folgend, beschreibt die strukturelle Komplexität die Anzahl an Zuständen eines Systems, also dessen Vielfalt. Unter funktionaler Komplexität wird die

[126] I. A. a. o. V. (CEO Study) 2010, S. 14ff.
[127] Vgl. Gottschalk, S. F. (Dedicated Flexibility) 2006, S. 180; Gierth, M. (Selbststeuerung logistischer Prozesse) 2009, S. 15.
[128] Vgl. Purle, E. (Management von Komplexität) 2004, S. 24.
[129] Vgl. Gierth, M. (Selbststeuerung logistischer Prozesse) 2009, S. 15.
[130] Vgl. Kirchhof, R. (Ganzheitliches Komplexitätsmanagement) 2003, S. 11; Bronner, R. (Komplexität) 1992, S. 1122ff.
[131] Vgl. Campbell, D. J. (Task Complexity) 1988, S. 43ff.
[132] Vgl. Campbell, D. J. (Task Complexity) 1988, S. 48ff.
[133] Vgl. o. V. (Systems Organization) 1981, S. 16.
[134] Vgl. Espejo, R. e. a. (Organizational Transformation and Learning) 1996, S. 60.
[135] Vgl. Ulrich, H./Probst, G. J. B. (Denken und Handeln) 1995, S. 61.
[136] Vgl. Bronner, R. (Komplexität) 1992, S. 1122.

situative Variationsfähigkeit eines Systems verstanden. Sie beschreibt die Verhaltensdimension.[137]

Die verschiedenen Darstellungen der Komplexität fasst GOTTSCHALK zusammen und nimmt eine Gliederung der Perspektiven auf ein komplexes System vor. Dazu unterscheidet er die Differenzierung zwischen objektiver und subjektiver Komplexität. Zusätzlich kann innerhalb dieser Sichtweise die Aufteilung zwischen struktureller und funktionaler Komplexität vorgenommen werden. Abbildung 2-2 stellt diesen Zusammenhang veranschaulichend dar.

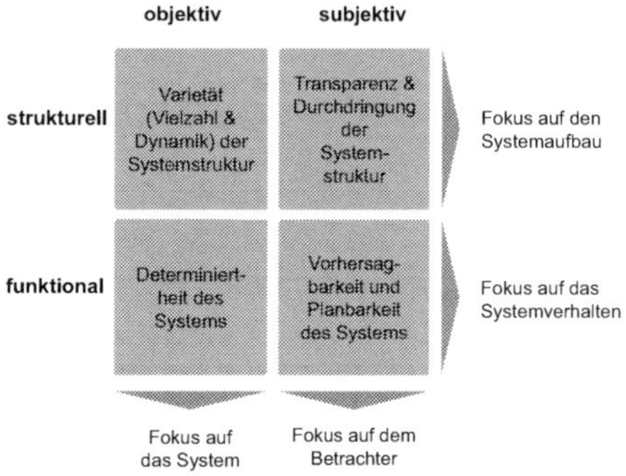

Abbildung 2-2: Perspektiven auf ein komplexes System[138]

Die erste Form ist die Perspektivenabhängigkeit des Beobachters, die sich durch eine objektive und eine subjektive Betrachtungsweise des Komplexitätsbegriffes ausdrückt. Durch die Fokussierung auf das System wird die objektive Perspektive als Systembeschreibung ausgelegt, wohingegen der Fokus der subjektiven Perspektive auf dem Betrachter des Systems und dessen Systemwahrnehmung liegt. Als zweite Form erfolgt innerhalb der beiden Betrachtungsweisen die Differenzierung in strukturelle und funktionale Komplexität. Die strukturelle Komplexität beschreibt aus objektiver Perspektive die Varietät sowie aus subjektiver Perspektive die Transparenz und Durchdringung der Systemstruktur. Demnach richtet sich der Fokus auf den Systemaufbau. Die funktionale Komplexität hingegen fokussiert auf das Systemverhalten. Die Determiniertheit wird unter objektiver sowie die Vorhersagbarkeit und Planbarkeit des Systems unter subjektiver Betrachtungsweise erfasst.[139]

In Anlehnung an GOTTSCHALK entspricht im Rahmen dieser Arbeit die Beschreibung eines komplexen Systems der objektiven Betrachtungsweise auf die strukturelle sowie funktionale Komplexität.

Für die Komplexität in der Auftragsabwicklung ergeben sich zwei Betrachtungsperspektiven. Zum einen ist die Komplexität der Prozesse zu betrachten, die sich „in der Anzahl gleicher bzw. verschiedener Elemente, in der Anzahl der gleichen bzw. verschiedenen Relationen und Operationen sowie in der Anzahl der vernetzten Ebenen“ widerspiegelt und folglich den Zusammenhang zur Variantenanzahl beschreibt.[140] Zum anderen stellt sich Komplexität als

[137] Vgl. Kirchhof, R. (Ganzheitliches Komplexitätsmanagement) 2003, S. 12ff.
[138] Vgl. Gottschalk, S. F. (Dedicated Flexibility) 2006, S. 61.
[139] Vgl. Gottschalk, S. F. (Dedicated Flexibility) 2006, S. 61.
[140] Vgl. Ebeling, W./Freund, J. et al. (Komplexe Strukturen) 1998, S. 18.

„Fähigkeit eines Systems, in einer gegebenen Zeitspanne eine große Anzahl von verschiedenen Zuständen annehmen zu können“ dar.[141] Dies impliziert die Berücksichtigung der Veränderlichkeit und verdeutlicht die fehlende Konstanz bezüglich des Systemverhaltens. Entsprechend ist neben der Anzahl und der Art der Relationen zwischen verschiedenen Elementen die zeitliche Veränderlichkeit eine weitere zentrale Eigenschaft komplexer Systeme im Kontext der Auftragsabwicklung in produzierenden Unternehmen.[142]

Nach SCHUH lassen sich entsprechend zwei Komplexitätstreiber identifizieren. Dies sind zum einen die Variantenvielfalt und zum anderen die unkalkulierbare Dynamik.[143]

Die Erhöhung der **Variantenvielfalt** begründet sich, wie beschrieben, aus der Zunahme der Individualität der Kundenanforderungen.[144] Daraus resultiert eine hohe Heterogenität der Erzeugnisse und des Ressourcenbedarfs, deren Folge eine hohe Prozessfolgenvarianz ist. Auch mehrteilige Produkte von hoher Strukturtiefe und Kompliziertheit sind als Treiber für Komplexität in der Auftragsabwicklung zu identifizieren.[145] Zudem steigt mit zunehmender Varianz die Anzahl der Arbeitsgänge je Fertigungsstufe.[146] Als Folge entstehen zusätzliche Schnittstellen und Interdependenzen sowie nur schwer abschätzbare Kosten in allen Prozessschritten der Auftragsabwicklung. Grund hierfür sind sowohl geringe Kapazitätsauslastungen und erhöhte Wegzeit- und Störzeitanteile, die infolge hoher Verlust- und Nebenzeiten auftreten, als auch steigende Prüf- und Nacharbeit.[147]

Die unkalkulierbare **Dynamik** wird durch das Eintreten unerwarteter und somit nicht planbarer Ereignisse, wie Störungen im Prozess oder vom Kunden beauftragte Auftragsänderungen, verursacht. Aufträge variieren zudem stark in ihrer Anzahl, der Dauer und dem Auftragsumfang, wodurch eine zusätzliche Dynamik entsteht.[148] Der daraus resultierende schwankende Bedarf, die unsichere Bestimmung der optimalen Bearbeitungsverfahren sowie die differierende Kapazitätsauslastung stellen zusätzliche Einflussfaktoren dar. Der ursprüngliche Prozessablauf unterliegt somit Abweichungen, die den Abgleich vorhandener Produktionskapazitäten mit dem geforderten Kapazitätsbedarf erschweren.[149]

Die sich aus der Variantenvielfalt und unkalkulierbaren Dynamik ergebende Produkt- sowie Prozesskomplexität erfordert ein hohes Maß an organisatorischer **Flexibilität**.[150] Diese ermöglicht die Festlegung alternativer Betriebsmittel in Abhängigkeit der Kapazitätssituation. Darüber hinaus begünstigt hohe Flexibilität die wirtschaftliche Bearbeitung differierender Losgrößen und die Variation der Bearbeitungsreihenfolgen eines Auftrages.[151]

[141] Vgl. Ulrich, H./Probst, G. J. B. (Denken und Handeln) 1995, S. 58.
[142] Vgl. Bandte, H. (Komplexität in Organisationen) 2007, S. 95.
[143] I. A. a. Schuh, G. (Produktkomplexität managen) 2005, S. 5.
[144] Vgl. Schuh, G./Westkämper, E. (Liefertreue) 2006, S. 7; Overmeyer, L./Nyhuis, P. et al. (Controlling) 2006, S. 205.
[145] Vgl. Konz, H. J. (Steuerung der Standplatzmontage) 1989, S. 5.
[146] Vgl. Westphal, J. R. (Komplexität in der Produktionslogistik) 2001, S. 79f.
[147] Vgl. Schmidt, V. (Arbeitsstrukturen für die Montage) 1990, S. 16ff.; Koether, R. (Verringerung von Mix-Modell-Verlusten) 1985, S. 22ff.
[148] Vgl. Eversheim, W. (Organisation in der Produktionstechnik) 1996, S. 220f.
[149] Vgl. Wiendahl, H.-H. (Situative Konfiguration des Auftragsmanagements) 2002, S. 28.
[150] Vgl. Schuh, G. (Produktkomplexität managen) 2005, S. 13.
[151] I. A. a. Wiegershaus, U. (Synchronisation) 1990, S. 34f.

2.2.4 Organisations- und Koordinationsprinzipien der Auftragsabwicklung

Entsprechend der verschiedenen Formen der Auftragsabwicklung ergeben sich unterschiedliche Anforderungen und Herausforderungen für die Organisation bzw. die Koordination der Auftragsabwicklungsprozesse.

Eine Organisation wird durch die zwei Prinzipien der **Arbeitsteilung** und der **Koordination** charakterisiert.[152] Unter **Arbeitsteilung** wird die Zerlegung einer Aufgabe in mehrere Teilaufgaben verstanden. Dabei geschieht dies bei der vertikalen Arbeitsteilung nach unterschiedlichen Tätigkeiten, bei der horizontalen Arbeitsteilung nach gleichartigen Arbeitsumfängen.[153] Die **Koordination** beschreibt die „Ausrichtung von Einzelaktivitäten an einem arbeitsteiligen System auf ein übergeordnetes Gesamtziel".[154]

Aufgrund der bereits im Zusammenhang mit der Komplexität der Auftragsabwicklung eingeführten vielschichtigen Relationen zwischen Einzelaktivitäten bei arbeitsteiliger Verrichtung existieren Schnittstellen und Interdependenzen zwischen verschiedenen an der Auftragsabwicklung beteiligten Bereichen, aus denen ein Bedarf nach Koordination resultiert.[155]

Nach KOSIOL wird aus Gründen der Komplexitätsreduzierung und Strukturierung zwischen einer **Aufbau-** und **Ablauforganisation** unterschieden.[156] Die **Aufbauorganisation** ist die strukturierende Gestaltung eines Unternehmens hinsichtlich aufgabenspezifischer Einheiten, z. B. in Abteilungen und Aufgabenbereiche. Die Zuordnung und Koordination dieser Aufgaben gibt die in einem Organigramm dargestellte Aufbaustruktur wieder. Die **Ablauforganisation** hingegen ist die strukturierende Gestaltung der Arbeitsabläufe hinsichtlich Ort und Zeit.[157] Vielfach existieren **funktionsorientierte Organisationen**, in denen die Aufbauorganisation die Ablauforganisation dominiert. Charakteristisch ist das Zusammenfassen gleichartiger Tätigkeiten, um eine Spezialisierung, eindeutige Verantwortungsbereiche sowie eine Effizienzsteigerung innerhalb der Abteilungsgrenzen zu ermöglichen.[158] Nachteilig wirken sich die mangelnde Kundenorientierung sowie Reibungsverluste an Schnittstellen aus, die intransparente innerbetriebliche Abläufe, Redundanzen und weitere Ineffizienzen zur Folge haben[159], den Koordinations- und Abstimmungsaufwand zwischen den einzelnen Abteilungen erhöhen und lange Durchlaufzeiten sowie eine schlechte Prozessqualität verursachen.[160]

Ziel des Konzepts der **Prozessorientierung** ist es, die genannten Nachteile einer funktionsorientierten Organisation durch stärkere Kunden- und Verrichtungsorientierung zu minimieren.[161] Von Prozessorientierung wird gesprochen, wenn alle unternehmerischen Handlungen an den Anforderungen der Prozesse eines Unternehmens ausgerichtet werden.[162] Viele un-

---

[152] Vgl. Kieser, A./Kubicek, H. (Organisation) 1992, S. 96.
[153] Vgl. Frese, E. (Grundlagen der Organisation) 2000, S. 54.
[154] Vgl. Frese, E. (Grundlagen der Organisation) 2000, S. 69.
[155] Vgl. Schulte-Zurhausen, M. (Organisation) 2005, S. 227f.
[156] Vgl. Kosiol, E. (Organisation) 1976, S. 32.
[157] Vgl. Wiendahl, H. P. (Betriebsorganisation für Ingenieure) 2005, S. 15ff.
[158] Vgl. Much, D. (Auftragsabwicklung und Produktionsplanung und -steuerung) 1997, S. 15.
[159] Vgl. Gaitanides, M. (Prozessorganisation) 2007, S. 2.
[160] Vgl. Eversheim, W. (Prozeßorientierte Unternehmensorganisation) 1996, S. 7.
[161] Vgl. Much, D. (Auftragsabwicklung und Produktionsplanung und -steuerung) 1997, S. 15.
[162] Vgl. Erdmann, J. (Integriertes Prozeßmanagement) 2000, S. 30.

terschiedliche Prozessdefinitionen existieren in diesem Zusammenhang. Nach DIN EN ISO 9000:2005 ist ein Prozess ein „Satz von in Wechselbeziehung oder Wechselwirkung stehenden Tätigkeiten, der Eingaben in Ergebnisse umwandelt“.[163] Die Frage, ob in einem Unternehmen ein Prozess vorliegt, lässt sich demnach mit der Suche nach den typischen konstituierenden Merkmalen eines Prozesses, dem Input, der Transformation des Inputs und dem Output, beantworten.[164] Eine **prozessorientierte Organisation** stellt die Ablauforganisation bei der Organisationsgestaltung in den Mittelpunkt. Demnach werden nicht die Funktionen, sondern die wertschöpfenden Prozesse zum strukturierenden Gestaltungsrahmen, der den Fluss von Material, Informationen, Operationen und Entscheidungen wiedergibt und somit die Leistung für den Kunden erzeugt.[165] Auf Kundenwünsche kann dadurch flexibel und schnell reagiert werden.[166] Funktionen werden in einer prozessorientierten Organisation weitgehend durch Prozesse ersetzt und Prozessverantwortliche implementiert. Mit dem daraus resultierenden Abbau von Hierarchien und Schnittstellen reduzieren sich etwaige Fehlerquellen sowie der Koordinationsaufwand.[167]

Eine Organisation prozessorientiert zu gestalten, Prozesse kontinuierlich an Veränderungen anzupassen und zu optimieren, ist Aufgabe des **Prozessmanagements**. Unter Prozessmanagement werden alle planerischen, organisatorischen und kontrollierenden Maßnahmen verstanden, um die Wertschöpfungskette eines Unternehmens zielorientiert hinsichtlich Qualität, Zeit, Kosten und Kundenzufriedenheit zu steuern.[168] Prozessmanagement hat in den letzten Jahren in Unternehmen hohe Aktualität erlangt. Viele, insbesondere große Unternehmen, haben sich aufgrund des hohen Potenzials zur Leistungssteigerung mit der Thematik auseinandergesetzt.[169] STÖGER nennt sieben Erfolgsfaktoren, die das Prozessmanagement in prozessorientierten Unternehmen auszeichnen:[170]

- Resultatorientierung
- Kundenorientierung
- Beitrag ans Ganze
- Kontrollierbarkeit, Messbarkeit, Beurteilbarkeit
- Wiederholbarkeit und Routine
- Verantwortlichkeit
- Führung

Zusammenfassend können die Realisierung der operativen und strategischen Unternehmensziele durch eine Fokussierung auf den wahrnehmbaren Kundennutzen sowie eine ziel-

[163] Vgl. Deutsches Institut für Normung (DIN EN ISO 9000:2005) 2005, S. 23.
[164] Vgl. Schuh, G./Kampker, A. et al. (Prozessmanagement) 2010, S. 327ff.
[165] Vgl. Gaitanides, M. (Prozessorganisation) 2007, S. 51.
[166] Vgl. Ahlrichs, F./Knuppertz, T. (Controlling von Geschäftsprozessen) 2006, S. 3ff.
[167] Vgl. Schmelzer, H. J./Sesselmann, W. (Geschäftsprozessmanagement) 2008, S. 75; Siebiera, G. (Prozessorientierung) 1996, S. 36.
[168] Vgl. Gaitanides, M./Scholz, R. et al. (Prozeßmanagement) 1994, S. 3.
[169] Vgl. Stöger, R. (Prozessmanagement) 2009, S. 13.
[170] Vgl. Stöger, R. (Prozessmanagement) 2009, S. 2f.

gerichtete Steuerung von Unternehmensprozessen als zentrale Ziele des Prozessmanagements formuliert werden.[171]

Im Rahmen einer Dezentralisierung der Steuerung von Prozessen sowie der Einführung der Selbststeuerung von Teilsystemen der arbeitsteiligen Wertschöpfung kann durch ein zielgerichtetes Prozessmanagement eine höhere Systemrobustheit, eine Prozessvereinfachung sowie eine Komplexitätsreduzierung bei erhöhter Prozessleistungsfähigkeit erreicht werden.[172] Für die Prozessverbesserung ist vor allem der Faktor der Wiederholrate von Bedeutung, da die verbreiteten Ansätze des Prozessmanagements und der Prozessoptimierung auf Wiederholung basierende Lern- und Skaleneffekte für die Gestaltung von Wertschöpfungsprozessen der Auftragsabwicklung mit einbeziehen. Speziell die Faktoren der Wiederholbarkeit und Routine, die direkt mit der Wiederholrate zusammenhängen, sind jedoch für bestimmte Formen der Auftragsabwicklung, wie z. B. die Einzel- und Kleinserienfertigung sowie die Unikatfertigung, als wesentliche Merkmale dieser Form der Auftragsabwicklung nicht gegeben. Mit sinkender Wiederholrate steigt die Komplexität der Auftragsabwicklung an, die Auftragsabwicklung erfolgt in Form von Projekten statt von Prozessen. Ebenso verlieren die verbreiteten Methoden des Prozessmanagements mit sinkender Wiederholrate und steigender Prozessvarianz ihre Anwendbarkeit, eine angepasste Form der Organisation und Koordination wird benötigt. [173]

Wie der „Prozessbegriff“ unterliegt der Begriff **„Projekt“** keiner allgemeingültigen Definition. Allerdings existieren kongruente Merkmale und Gemeinsamkeiten von Projekten, die eine Beschreibung möglich machen. Demnach sind Projekte terminierte, zeitbegrenzte Vorhaben, die eine hohe Komplexität aufweisen und schwierig zu planen und steuern sind.[174] Der Koordinationsbedarf sowie die komplexitätsbedingten Risiken für das Unternehmen sind hoch. Sie fördern und verursachen Veränderungen und besitzen einen innovativen statt eines repetitiven Charakters.[175] Ein weiteres charakteristisches Merkmal ist die Abstraktheit von Projekten. Während sich ein Prozess mit Aufgabentypen befasst, ist ein Projekt durch seine spezifische Aufgabe bestimmt.[176] Die zielgerichtete Planung, Steuerung und Kontrolle von Projekten wird als **Projektmanagement** definiert.[177] Die Funktion eines Managements besteht im Allgemeinen in der Planung, Steuerung und Kontrolle einer Aufgabe unter Berücksichtigung der Zielsetzung.[178] Dabei ist die Zielsetzung des Projektmanagements vielfältig. Ziele, die mit dem Einsatz von Projektmanagementmethoden assoziiert werden, sind das Erreichen einer hohen Transparenz der Projektstruktur sowie die Erfüllung von Kunden- und übergeordneten Unternehmenszielen.[179] Auch die Sicherstellung einer effektiven und zeitgerechten Kommunikation zwischen allen Projektbeteiligten und die Definition der Projektab-

[171] Vgl. Schmelzer, H. J./Sesselmann, W. (Geschäftsprozessmanagement) 2008, S. 4f.; Jochem, R./Knothe, T./ et al. (Prozessmanagement) 2010, S. 171.
[172] Vgl. Bremer Institut für Produktion und Logistik (Logistische Selbststeuerung) 2006, S. 18.
[173] Vgl. Ahlrichs, F./Knuppertz, T. (Controlling von Geschäftsprozessen) 2006,
[174] Vgl. Kuster, J./Huber, E. et al. (Handbuch Projektmanagement) 2008, S. 4; Litke, H. D. (Projektmanagement) 2007, S. 19.
[175] Vgl. Kuster, J./Huber, E. et al. (Handbuch Projektmanagement) 2008, S. 4; Litke, H. D. (Projektmanagement) 2007, S. 19.
[176] Vgl. Mou, G./Tanik, M. (Project Management) 2002, S. 6.
[177] Vgl. Vaahs, D. (Organisation) 2007, S. 193.
[178] Vgl. Aichele, C. (Intelligentes Projektmanagement) 2006, S. 31.
[179] I. A. a. Bea, F. X./Scheurer, S. et al. (Projektmanagement) 2008, S. 9; vgl. Sodeik, N. (Projektmanagement) 2008, S. 67.

wicklungsphasen, zur besseren Planung, Vorbereitung und Steuerung der Prozesse, Organisationsstrukturen und des Personalbedarfs, sind zu nennen.[180]

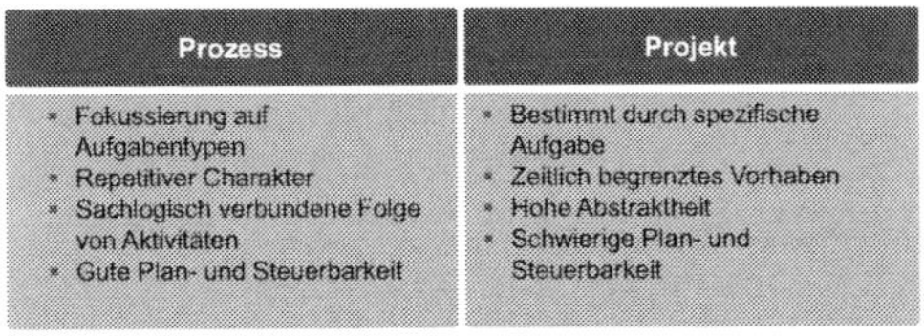

Abbildung 2-3: Gegenüberstellung der Eigenschaften von Prozessen und Projekten

Neben der prozess- und der projektorientierten Auftragsabwicklung existieren, aufgrund der beschriebenen grundlegenden Unterschiede in Bezug auf die Wiederholrate und Abstraktheit von Prozessen und Projekten (Abbildung 2-3), ebenfalls Mischformen zwischen Prozess- und Projektmanagement. Hohe Verbreitung besitzt die Forderung, eine **prozessorientierte Abwicklung von Projekten** zur Professionalisierung der Herstellungs- und Produktionsabläufe in der industriellen Wertschöpfung durchzuführen.[181] Ein durchgängiges prozessorientiertes Projektmanagement besteht aus den folgenden zwei Schritten: Der Prozessmodellierung, die als Verarbeitung von quantifizierbaren Input-Daten zu Output-Informationen verstanden werden kann sowie dem Ableiten des Projektablaufs aus den modellierten Prozessen.[182] Daraus resultiert eine Reduktion der Komplexität von Prozessen, bei gleichzeitiger Verbesserung der Steuerung und Kontrolle derselben.[183]

Die Lieferterminbestimmung und die termintreue Lieferterminerfüllung gegenüber dem Kunden für Prozesse und Projekte unter dem Einfluss von Störungen der Auftragsabwicklung zu realisieren, ist Aufgabe der operativen **Planung und Steuerung** im Unternehmen. Die zunehmende Bedeutung dieser Form der Koordination resultiert aus der stetig steigenden Komplexität einer immer stärker arbeitsteilig vorgenommenen Produktion.[184] Die Planung und Steuerung dient dazu, die Abwicklung von Prozessen oder Projekten transparent sowie verständlich zu erfassen und zu kontrollieren. Koordinationsbedarf bei der Lieferterminerfüllung tritt aufgrund von Störungen der Abwicklung auf, die durch unzureichende Stammdaten, ungenügende Rückmeldedaten und eine inkonsequente Auftragssteuerung verursacht werden.[185] Erstere führen im Planungssystem zu Fehlentscheidungen hinsichtlich vorhandener Kapazitäten. So bewirken bspw. Kapazitätsengpässe längere Durchlaufzeiten und dementsprechend verspätete Lieferungen.[186] Ursächlich für nicht rechtzeitig erkannte Planabweichungen und damit einhergehenden Lieferterminverzug ist eine ungenügende Rückmeldung und die daraus resultierende mangelhafte Transparenz über den Auftragsfortschritt durch Zeitverzug der Rückmeldung und ungenügendes Rückmeldeverhalten, als zweite Ursache für Koordinationsbedarf aufgrund von Störungen der Auftragsabwicklung.[187] Die inkonse-

[180] Vgl. Deutsches Institut für Normung (DIN 69901-1) 2009, S.5.
[181] Vgl. Schuh, G./Friedli, T. et al. (Prozessorientierte Reorganisation) 2007, S. 3.
[182] Vgl. Horn, S. (Modellierung und Steuerung) 2003, S. 24.
[183] Vgl. Horn, S. (Modellierung und Steuerung) 2003, S. 25; Mou, G./Tanik, M. (Project Management) 2002, S. 7f.
[184] I. A. a. Schulte, G. (Material- und Logistikmanagement) 2001, S. 321f.
[185] Vgl. Wiendahl, H. P. (Lieferterminermittlung und -erfüllung) 2008, S. 31ff.
[186] Vgl. Schuh, G. (Effiziente Auftragsabwicklung) 2008, S. 37.
[187] Vgl. Scherer, E. (Auftragsabwicklung in der Produktion) 1998, S. 31; Wiendahl, H. P. (Lieferterminermittlung und -erfüllung) 2008, S. 43ff.

quente Auftragssteuerung stellt einen weiteren negativen Einflussfaktor auf die Liefertermin-erfüllung dar.[188] Die Prozesssicherheit leidet in der betrieblichen Praxis der operativen Planung und Steuerung unter nicht definierten, zulässigen Abweichungen bezüglich Liefertermin und -menge, Verantwortlichkeiten sowie Entscheidungsprozessen.[189] Im Vergleich zu den Prozessen der Serien- und Massenfertigung ist die Lieferterminbestimmung für Projekte bspw. der Einzel- und Kleinserienfertigung sowie der Unikatfertigung aufgrund des projektartigen Charakters der Auftragsabwicklung schwer zu präzisieren. Es besteht ein hoher Koordinationsbedarf als Herausforderung für Planung und Steuerung.

2.2.5 Zielkriterien der Auftragsabwicklung produzierender Unternehmen

Obwohl, wie in Teilkapitel 2.2.2 aufgezeigt, erhebliche Unterschiede zwischen den verschiedenen Typen der Auftragsabwicklung existieren, ergibt sich trotz der Verschiedenartigkeit zentraler Eigenschaften und Anforderungen ein überlagerndes Zielsystem mit einheitlichen Zielkriterien der Auftragsabwicklung, die sich zu einem generischen Zielsystem der Auftragsabwicklung produzierender Unternehmen zusammenfassen lassen.

Marktwirtschaftlich orientierte Unternehmen verfolgen das Ziel der langfristigen Gewinnmaximierung.[190] Höhere Gewinne zu generieren ist allgemein durch eine Umsatzsteigerung und bzw. oder durch Kostensenkung zu erreichen.[191] Dieser Umstand wird durch die drei klassischen Hauptziele produzierender Unternehmen adressiert. Sie stellen das in Abbildung 2-4 aufgezeigte Dreieck aus Wirtschaftlichkeit, Geschwindigkeit und Qualität dar, das in der betrieblichen Praxis verbreitet als goldenes Zieldreieck bezeichnet wird.[192]

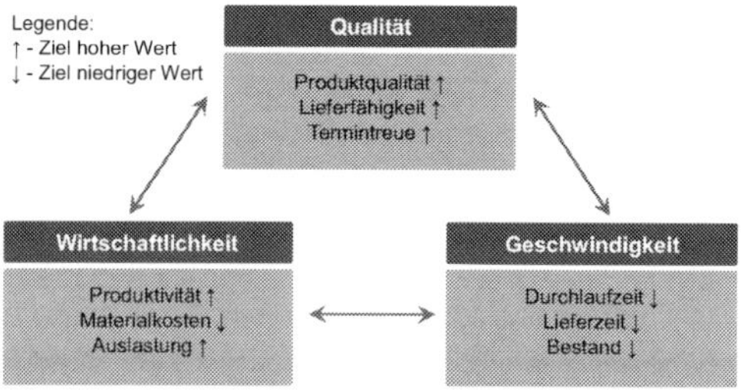

Abbildung 2-4: Zielsystem der Auftragsabwicklung produzierender Unternehmen[193]

Dabei werden die Hauptziele durch spezifische Zielkriterien beschrieben. Wesentlich zur Bestimmung der Güte und Wirtschaftlichkeit der Produktion sind zum einen die Produktqualität und Prozesszuverlässigkeit, realisiert durch Produktivität und Lieferfähigkeit. Zum anderen sind dies die Gewährleistung einer hohen Termintreue gegenüber dem Kunden, einer

[188] Vgl. Schuh, G. (Effiziente Auftragsabwicklung) 2008, S. 36.
[189] Vgl. Wiendahl, H. P. (Lieferterminermittlung und -erfüllung) 2008, S. 49ff.
[190] Vgl. Wöhe, G./Döring, U. (Allgemeine Betriebswirtschaftslehre) 2002, S. 110.
[191] Vgl. Westkämper, E. (Organisation der Produktion) 2006, S. 68.
[192] Vgl. Rothlauf, J. (Total-quality-Management) 2010, S. 103; Kerzner, H. (Projektmanagement) 2008, S. 74.
[193] Vgl. Erlach, K. (Wertstromdesign) 2007, S. 21.

kurzen Durchlaufzeit, der Optimierung der Kapazitätsauslastung sowie die Reduzierung der Bestände.[194]

Zentrale Eigenschaften des generischen Zielsystems der Auftragsabwicklung produzierender Unternehmen, das in Abbildung 2-4 dargestellt ist, sind die bestehenden Interdependenzen zwischen den einzelnen Zielkriterien. So lassen sich die Ausprägungen aller Zielgrößen nicht unabhängig voneinander optimieren. Wird eine Zielgröße verbessert, können sich andere dadurch verschlechtern.[195] Dieser zentrale Zusammenhang des Produktionsmanagements wird in der wissenschaftlichen Literatur als Dilemma[196] oder als Zielkonflikt[197] beschrieben. Das sich ergebende Spannungsfeld bestimmt die Handlungsoptionen in der Organisation und Koordination der Auftragsabwicklung im betrieblichen Alltag.

So kann bspw. das Ziel der Termintreue auch bei schwankender Kundennachfrage erreicht werden, wenn redundante oder unbegrenzte Produktionskapazitäten vorhanden sind. Ungenutzte Produktionskapazitäten führen jedoch zu einer geringen Auslastung und damit zu hohen Produktionskosten.[198] Um dem entgegenzuwirken, kann die stark schwankende Kundennachfrage geglättet werden, indem Aufträge zusammengefasst und auslastungsoptimiert priorisiert werden. Dies hat wiederum deutlich längere und auch schwankende Auftragsabwicklungszeiten zur Folge. Das Ziel einer hohen Termintreue kann in diesem Fall nicht gewährleistet werden, da die Einhaltung von Terminzusagen vorhersehbare Durchlaufzeiten voraussetzt.[199] Kurze Durchlaufzeiten sind von Vorteil, da erstens weniger Zeit verfügbar ist, vereinbarte Termine zu verschieben, zweitens Aufträge aufgrund fehlender Umplanungen und veränderlicher Prioritäten leichter planbar und steuerbar sind und drittens prozentuale Schwankungen absolut betrachtet weniger ins Gewicht fallen.[200] Die Maximierung der Auslastung steht also im Zielkonflikt zur Maximierung der Termintreue und der Minimierung der Lieferzeit, wobei die beiden zuletzt genannten sich gegenseitig positiv beeinflussen.[201] Demnach wird das Dilemma durch wirtschaftliche und logistische Ziele aufgespannt.[202]

Die dargestellten Zielkriterien der Auftragsabwicklung produzierender Unternehmen lassen sich analog in Leistungsmerkmale für die Abwicklung von Prozessen und Projekten übersetzen, die die Optimalität des Leistungserstellungsprozesses bewertbar machen.[203] Als Leistungsmerkmale für die Bewertung des Leistungserstellungsprozesses ergeben sich die Effizienz als Maß für die Preisfähigkeit des Produkts, die Schnelligkeit aufgrund des Einflusses auf die Lieferzeit des Auftrags sowie die Zuverlässigkeit, die die Vorhersagbarkeit bzw. die Erfüllung eines gegebenen Lieferversprechens in Bezug auf Zeit und Kosten umfasst.[204] (Abbildung 2-5)

[194] Vgl. Büdenbender, W. (Ganzheitliche Produktionsplanung und -steuerung) 1991, S. 12f.; Friedrich, M. (Prozesskoordination) 2002, S. 53.
[195] Vgl. Eversheim, W. (Organisation in der Produktionstechnik) 1996, S. 225ff.
[196] Vgl. Gutenberg, E. (Die Produktion) 1951, S. 156ff.; Erlach, K. (Wertstromdesign) 2007, S. 17.
[197] Vgl. Wiendahl, H. P. (Betriebsorganisation für Ingenieure) 2005, S. 254; Schuh, G./Gottschalk, S. et al. (Strategien im Maschinen- und Anlagenbau) 2007, S. 27.
[198] Vgl. Nyhuis, P./Wiendahl, H. P. (Logistische Kennlinien) 2003, S. 2f.
[199] Vgl. Wiendahl, H. P. (Betriebsorganisation für Ingenieure) 2005, S. 252f.
[200] Vgl. Westkämper, E. (Organisation der Produktion) 2006, S. 70ff.; Wildemann, H. (Logistik Prozeßmanagement) 2001, S. 24.
[201] Vgl. Erlach, K. (Wertstromdesign) 2007, S. 17f.
[202] Vgl. Arnold, D./Isermann, H. et al. (Handbuch Logistik) 2008, S. 299.
[203] Vgl. Dr.-Vortrag Dr. S. Gottschalk, Aachen, 18. August 2006.
[204] Vgl. Gulden, A. (Wertorientierte Gestaltung) 2009, S. 35.

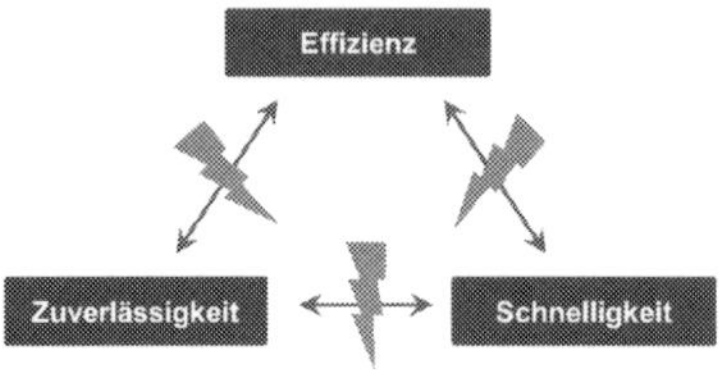

Abbildung 2-5: Zentraler Zielkonflikt in der Produktionstechnik[205]

Effizienz entsteht durch eine gute Nutzung der vorhandenen Ressourcen, um die Preiserwartungen der Kunden erfüllen zu können.[206] Geringe Kosten, hohe Produktivität und hohe Auslastung sind dadurch Teilziele der Effizienz.[207] Schnelligkeit beschreibt hingegen die Fähigkeit, eine vom Markt gewünschte Lieferzeit zu erfüllen, bezieht sich jedoch auch auf die Durchlaufzeit. Die Lieferzeit ist dabei als Marktziel zu betrachten, da der Markt eine bestimmte, wettbewerbsfähige Lieferzeit voraussetzt. Zuletzt wird die Zuverlässigkeit als Maß der Abweichung zwischen den vom Markt geforderten bzw. dem Kunden versprochenen Lieferzielen und der tatsächlichen Ausführung des Produktionsablaufes definiert. Teilziele sind also die Produktqualität, die Termintreue sowie die Liefermenge.[208]

Auch für die Optimierung der Leistungsmerkmale zur Bewertung des Leistungserstellungsprozesses stellen sich die existierenden Abhängigkeiten in Form eines Zielkonflikts dar. Einerseits besteht ein Konflikt zwischen den Maßnahmen zur Erhöhung der Effizienz und der Schnelligkeit, da bspw. die Glättung von Aufträgen die Durchlaufzeit erhöht. Andererseits ist die gleichzeitige Verbesserung von Schnelligkeit und Zuverlässigkeit konfliktär. Eine technische und organisatorische Optimierung der Aufträge führt zu steigender Komplexität durch die Verstärkung der Unterschiedlichkeit der Aufgaben, wodurch eine Vorhersage der Prozessergebnisse weiter eingeschränkt wird. Der Zielkonflikt zwischen Zuverlässigkeit und Effizienz entsteht durch Übererfüllung und Redundanz, die eine Steigerung der Zuverlässigkeit ermöglichen, jedoch von einer Verschlechterung der Effizienz begleitet werden, da mehr Ressourcen als notwendig in Anspruch genommen werden.[209] Die aufgezeigten Abhängigkeiten zwischen den Leistungsmerkmalen gestalten sich ebenfalls in Form eines Dilemmas bzw. eines Zielkonflikts und verhindern als Konsequenz die Zuordnung einer optimalen Lösung bzw. eines optimalen Betriebspunkts des Leistungserstellungsprozesses.[210]

205 I. A. a. Gulden, A. (Wertorientierte Gestaltung) 2009, S. 34.
206 Vgl. Gottschalk, S. F. (Dedicated Flexibility) 2006, S. 174f.
207 Vgl. Gulden, A. (Wertorientierte Gestaltung) 2009, S. 36ff.
208 Vgl. Gottschalk, S. F. (Dedicated Flexibility) 2006, S. 174f.; Gulden, A. (Wertorientierte Gestaltung) 2009, S. 49ff.
209 Vgl. Gottschalk, S. F. (Dedicated Flexibility) 2006, S. 137ff.
210 Vgl. Schuh, G./Gottschalk, S. et al. (Strategien im Maschinen- und Anlagenbau) 2007, S. 27f.

2.3 Werkzeugbau

Im folgenden Unterkapitel wird die Branche Werkzeugbau als Betrachtungsbereich mit einem besonderen Fokus auf die Auftragsabwicklung in der Werkzeugherstellung vorgestellt. Nachdem zunächst die relevanten Begrifflichkeiten eingeführt werden, erfolgt die Vorstellung der Branche, des Leistungs- und Produktspektrums sowie der Organisationsstrukturen im Werkzeugbau. Anschließend wird die Prozesskette der Auftragsabwicklung beschrieben, bevor die aktuellen Herausforderungen in Bezug auf die Leistungserstellung im Werkzeugbau vorgestellt werden.

2.3.1 Definition der relevanten Begrifflichkeiten

Da die Begriffe „Werkzeug" und „Werkzeugbau" in der wissenschaftlichen Literatur nicht einheitlich definiert sind, wird zunächst eine grundlegende Definition dieser Begrifflichkeiten vorgenommen.

Werkzeuge sind Fertigungsmittel für die Herstellung von Erzeugnissen der Serien- und Massenfertigung.[211] Sie werden den Betriebsmitteln zugerechnet. Laut der VDI-Richtlinie 2815 wirken Werkzeuge auf ein Material zum Zweck der Form- oder Substanzveränderung mechanisch bzw. physikalisch-chemisch ein.[212] Dabei ist das Werkzeug als Präzisionswerkzeug zu verstehen und nicht mit einem Handwerkzeug oder einem Standardwerkzeug (Bohrer, Drehmeißel, Fräskopf, Schneidplatte, Schleifscheibe, etc.) sowie einem Sonderwerkzeug (Räumnadel) zu verwechseln.[213] Im Rahmen dieser Arbeit werden alle weiteren Begriffe, die dieser Definition folgen – wie beispielsweise Formen, etc. – unter der Bezeichnung Werkzeuge subsumiert.[214] Aus der Funktion der Werkzeuge zur Herstellung von Teilen resultiert ihr Beitrag zur betrieblichen Leistungserstellung. Die betriebswirtschaftliche Literatur zählt sie als Betriebsmittel zu den Elementarfaktoren der Produktionsfaktoren.[215]

Der **Werkzeugbau** hat die Herstellung der Werkzeuge zur Aufgabe. Während die mit den Werkzeugen hergestellten Erzeugnisse in Serien- oder Massenfertigung gefertigt werden, handelt es sich im Werkzeugbau zumeist um die Unikatfertigung von Werkzeugen, die produktspezifisch und kundenindividuell konzipiert sind.[216] Dabei zählen zu den Erzeugnissen des Werkzeugbaus neben Prototypen- und Serienwerkzeugen auch Vorrichtungen, Prüfmittel, Modelle, Werkzeugzubehör oder Sondermaschinen.[217] Folglich wird der Begriff „Werkzeugbau" in vielen Unternehmen mit der Bezeichnung Betriebsmittelbau assoziiert, um dem erweiterten Erzeugnisspektrum Rechnung zu tragen. Diese Gleichsetzung wird in der vorliegenden Arbeit nicht übernommen, da sich aufgrund der Verschiedenartigkeit der Erzeugnisse fundamentale Unterschiede der Anforderungen und Herausforderungen der Auftragsabwicklung ergeben, die im Fokus dieser Arbeit liegt. Um dennoch den veränderten Anforderungen zu entsprechen, wird im Folgenden der Begriff „Werkzeugbau" dem Verständnis von

[211] Vgl. Frick, L. (Geschäftsmodelle im WZB) 2005, S. 21.
[212] Vgl. VDI (VDI-Richtlinie 2815) 1978.
[213] Vgl. Eversheim, W./Klocke, F. (Werkzeugbau mit Zukunft) 1998, S. 24f.
[214] Vgl. Frick, L. (Geschäftsmodelle im WZB) 2005, S. 20.
[215] Vgl. Wöhe, G. (Allgemeine Betriebswirtschaftslehre) 2008, S. 36.
[216] Vgl. Frick, L. (Geschäftsmodelle im WZB) 2005, S. 21.
[217] Vgl. Eversheim, W./Klocke, F. (Werkzeugbau mit Zukunft) 1998, S. 24ff.; Pollack, A. (Strategische Planung) 1995, S. 6ff.; Frick, L. (Geschäftsmodelle im WZB) 2005, S. 21.

FRICK folgend als Oberbegriff für Formenbau, Werkzeug- und Formenbau sowie analoge Bezeichnungen verwendet.[218]

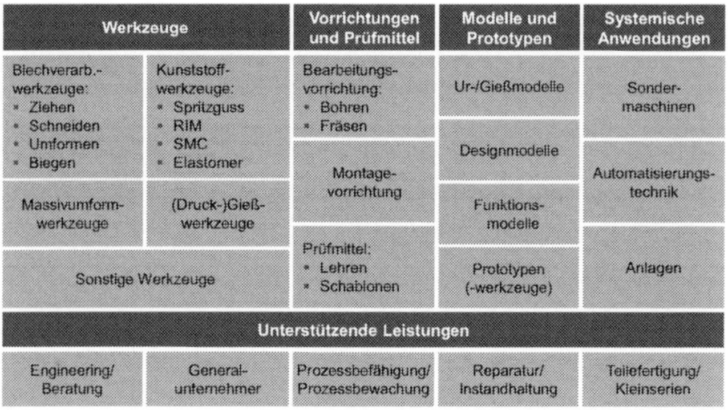

Abbildung 2-6: Erzeugnisspektrum Werkzeugbau[219]

Die obige Abbildung 2-6 stellt die verschiedenen Werkzeugkategorien sowie weitere Erzeugnisse und systemische Anwendungen dar. Darüber hinaus werden die unterstützenden Dienstleistungen, welche verbreitet durch den Werkzeugbau erbracht werden, aufgezeigt.

2.3.2 Struktur und Bedeutung der Branche

Die Branche Werkzeugbau in Deutschland ist Weltmarktführer im Angebot anspruchsvoller, komplexer und hochtechnologischer Werkzeuge.[220] Mit seiner stark fragmentierten und von kleinen und mittleren Unternehmen geprägten Branchenstruktur belegt der Werkzeugbau in Deutschland mit einem Anteil von ca. 28% des Gesamtumsatzes der fünf größten Werkzeugbau-Nationen den ersten Platz.[221] Schätzungen des VDMA zufolge beschäftigen die über 5.000 deutschen Werkzeugbaubetriebe etwa 70.000 Mitarbeiter.[222] Davon zählt der überwiegende Teil der Unternehmen nach Angaben des VDMA zu den kleinen und mittleren Unternehmen (KMU) und beschäftigt weniger als 20 Mitarbeiter. Die vorhandene Unschärfe der Veröffentlichungen zur Branchenstruktur lässt sich auf zwei zentrale Gründe zurückführen. Zum einen müssen Unternehmen mit weniger als 20 Mitarbeitern, denen vermutlich der Großteil der Werkzeugbauunternehmen zuzurechnen ist, keinerlei Angaben beim Bundesamt für Statistik machen, die für die Auswertung der Branchenstruktur herangezogen werden können. Andererseits handelt es sich bei einem Großteil der Werkzeugbaubetriebe um interne Werkzeugbaubetriebe, die als Unternehmensbereiche von rechtlich eigenständigen Unternehmen nicht separat zu erfassen sind.[223] Die fehlende Erfassung interner Werkzeugbaubetriebe hat zur Folge, dass auch die Aufteilung von internen und externen Werkzeugbaubetrieben nur abgeschätzt werden kann. Die Diskrepanz zwischen der Abschätzung der

---

218 Vgl. Frick, L. (Geschäftsmodelle im WZB) 2005, S. 21.
219 Vgl. Frick, L. (Geschäftsmodelle im WZB) 2005, S. 20.
220 Vgl. Schuh, G. (Grußwort zum Jubiläum) 2011, S. 26.
221 Vgl. Schleyer, C. (Kooperationsmanagement im WZB) 2006, S. 21; Frick, L. (Geschäftsmodelle im WZB) 2005, S. 23; Tuomi, J./Suutala, K. et al. (Tool Manufacturing Business) 2005, S. 2.
222 Vgl. o. V. (Präzisionswerkzeuge) 2009.
223 Vgl. Döring, S. (Konfliktmanagement) 2010, S. 29.

Branchengröße nach MÖLLER[224], der von maximal 800 externen Werkzeugbaubetrieben ausgeht und Recherchen des WZL[225], bei denen über 1.000 eigenständige Werkzeugbaubetriebe ermittelt wurden, ist ein weiterer Anhaltspunkt für die bestehende Unschärfe. Die dargestellten Kennzahlen zur Branchenstruktur sollen im Folgenden als Anhaltswerte dienen, sind jedoch aufgrund der dargelegten Problematik bei der Erfassung von Branchendaten eher als qualifizierte Schätzungen aufzufassen.

Der Umsatz des deutschen Werkzeugbaus hatte Angaben des VDMA zufolge 2007 ein Volumen von 4,1 Mrd. €. Dabei belief sich das durch den Werkzeugexport generierte Volumen auf 1,3 Mrd. €, während der Werkzeugimport auf einen Wert von 0,7 Mrd. € beziffert wurde. Aufgeschlüsselt auf das Erzeugnisspektrum entfällt der größte Umsatzanteil von 46% auf Formen für Kunststoff oder Kautschuk, Umformwerkzeuge tragen für 41% des Gesamtumsatzes Rechnung, Druckgusswerkzeuge steuern 5% des Umsatzes bei. Der verbleibende Umsatzanteil von 8% wurde durch sonstige Erzeugnisse des Werkzeugbaus, wie z. B. Vorrichtungen und Lehren, generiert.[226] Abbildung 2-7 fasst die beschriebenen Kennzahlen veranschaulichend zusammen.

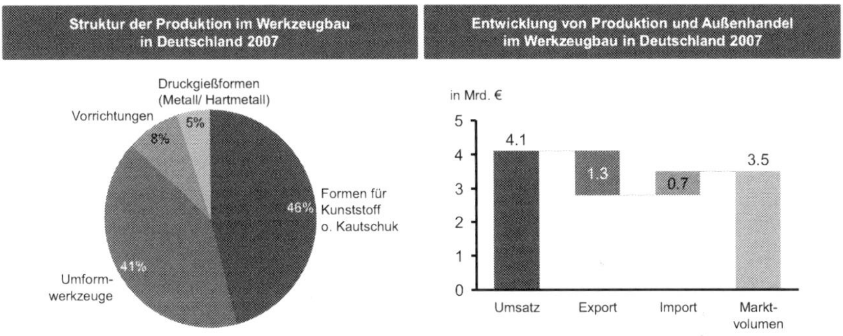

Abbildung 2-7: Kennzahlen zur Branche Werkzeugbau in Deutschland[227]

Die Produkte des Werkzeugbaus werden im Gegensatz zur Serienfertigung vorwiegend in Unikatfertigung nach kundenindividuellen Vorgaben hergestellt.[228] Der Unikatcharakter ist auf die i. d. R. produktspezifische Entwicklung und Konstruktion von Werkzeugen zurückzuführen, die nur in Ausnahmefällen den Charakter einer Kleinserie annimmt.[229] Dies ist bspw. bei der Fertigung von Wiederhol- und Folgewerkzeugen bei verschleißintensiven Produktionsprozessen in der Massivumformung, im Druckguss sowie bei Schnittwerkzeugen vorzufinden.[230] Die Fertigung von Werkzeugen oder Werkzeugkomponenten in Kleinserie tritt darüber hinaus für sogenannte Kapazitätswerkzeuge auf, z. B. wenn mit den Werkzeugen in kurzer Zeit eine hohe Stückzahl produziert werden soll oder gleiche Produkte an unter-

[224] Vgl. Möller, K. H. (Werkzeug- und Formenbau) 2005, S. 2.
[225] Vgl. Boos, W. (Modulare Werkzeuge) 2008, S. 29.
[226] Vgl. Döring, S. (Konfliktmanagement) 2010, S. 30.
[227] Vgl. VDMA (Branchenentwicklung Werkzeugbau) 2009,
[228] Vgl. Frick, L. (Geschäftsmodelle im WZB) 2005, S. 22.
[229] Vgl. Döring, S. (Konfliktmanagement) 2010, S. 30.
[230] Vgl. Klocke, F./Schuh, G. (Werkzeugbau mit Zukunft) 2004, S. 15.

schiedlichen Standorten zum selben Zeitpunkt gefertigt werden müssen, wodurch sich der Bedarf nach mehreren gleichen Werkzeugen ergibt.[231]

Trotz ihrer vergleichsweise kleinen Größe besitzt die Branche Werkzeugbau aufgrund ihrer exponierten Stellung in der Wertschöpfungskette eine herausragende Bedeutung für die industrielle Produktion.[232] (Abbildung 2-8) Zwischen Produktentwicklung und Serienfertigung kommt ihr eine Schlüsselrolle für die Realisierung von Produkt- und Prozessinnovationen zu, die sowohl die Innovationsfähigkeit als auch die Wirtschaftlichkeit produzierender Unternehmen maßgeblich beeinflussen.[233] Große Produktionsnationen wie Deutschland, Japan und weitere profitieren seit jeher stark von der Kompetenz und der Verfügbarkeit exzellenter Werkzeugbauer.[234]

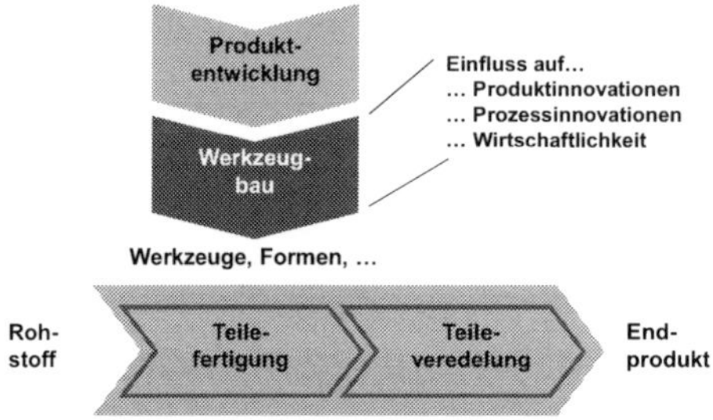

Abbildung 2-8: Schlüsselposition des Werkzeugbaus in der Wertschöpfungskette[235]

Durch seine beratende Tätigkeit hinsichtlich technischer und wirtschaftlicher Herstellbarkeit in den frühen Phasen der Produktentwicklung nimmt er aktiv an der Produkt- und Prozessgestaltung teil, von der die Wirtschaftlichkeit der späteren Serienfertigung maßgeblich beeinflusst wird.[236] Werkzeugkosten besitzen einen nicht unerheblichen Anteil an den produktbezogenen Produktionskosten. Beispielsweise entfallen bei einer durchschnittlichen Automobilreihe ca. 15% des Investitionsvolumens auf Werkzeuge.[237] Werden zusätzlich Wartungs- und Instandhaltungskosten berücksichtigt, die über die gesamte Nutzungsdauer des Werkzeugs auftreten, ergibt sich ein Gesamtkostenanteil von bis zu 30%.[238] Expertenschätzungen zufolge werden bis zu 60% der späteren produktbezogenen Fertigungskosten mittelbar und unmittelbar während der Phase der Werkzeugauslegung festgelegt.[239] Der hohe Anteil der gesamten Produktkosten, die durch das Werkzeug beeinflusst werden, verdeutlicht das große Potenzial von Prozessinnovationen zur Steigerung der Leistungsfähigkeit und Wirtschaftlichkeit der Produktion.[240] Aktuelle Weiterentwicklungen in der Werkzeugtechnologie, wie z. B. die Reduktion von Zykluszeiten durch konturnahe Kühlung im Spritzgießen oder die

---

[231] Vgl. Schuh, G./Boos, W. et al. (Synchronisierung im industriellen WZB) 2011, S. 385.
[232] Vgl. Schuh, G./Boos, W. (Operative Exzellenz) 2010, S. 13; Klocke, F./Schuh, G. et al. (Zukunftsstudie Werkzeug- und Formenbau) 2005, S. 51; Schuh, G. (Werkzeugbau 2.0) 2010.
[233] Vgl. Schuh, G. (Grußwort zum Jubiläum) 2011.
[234] Vgl. Frick, L. (Geschäftsmodelle im WZB) 2005, Geleitwort.
[235] I. A. a. Schuh, G./Haefke, B. et al. (Strategien im Werkzeugbau) 2008, S. 423; Frick, L. (Geschäftsmodelle im WZB) 2005, S. 21.
[236] Vgl. Scheer, A.-W./Boczanski, M. et al. (PLM) 2006, S. 54f.
[237] Vgl. Ittner, T. (Bewertung von Kernkompetenzen) 2004, S. 17.
[238] Vgl. Schuh, G./Boos, W. (Operative Exzellenz) 2010, S. 13.
[239] Vgl. Expertenschätzung → Menezes, J. (Mold Making) 2004,; o. V. (Benchmark) 2004, S. 74ff.
[240] Vgl. Eversheim, W./Klocke, F. (Werkzeugbau mit Zukunft) 1998, S. 2.

Vermeidung von Montageschritten durch Mehrkomponentenspritzguss oder In-Mold-Assembly, weisen entsprechendes Potenzial auf, Millionenbeträge bei den Produktionskosten einzusparen.[241]

2.3.3 Leistungsspektrum und Auftragsarten

Das Leistungsspektrum von Werkzeugbauunternehmen wird durch die Merkmale der hergestellten Werkzeuge, die angebotenen Dienstleistungen und die unterschiedlichen Auftragsarten charakterisiert.[242]

Das vorhandene Know-how in der Werkzeugfertigung ist ein Schlüsselfaktor in der High-Tech Branche Werkzeugbau.[243] Werkzeuge bestehen z. T. aus mehreren tausend Einzelteilen, die mit höchster Präzision in ihrer Lage und Bewegung zueinander angeordnet werden müssen. Der überwiegende Teil von 70-80% der gefertigten Werkzeuge lässt sich bezogen auf das Gesamtangebot an Werkzeugen den anspruchsvollen Werkzeugen zuordnen.[244] Maßgeblich für den Anspruch eines Werkzeugs ist dessen Komplexität, die sich z. B. anhand der Anzahl der formgebenden Elemente, deren Anforderungen bzgl. Präzision und Oberflächengüte sowie dem Umfang von Verfahrensintegration beschreiben lässt. Letztere macht den Einsatz von beweglichen Elementen, wie z. B. Schiebern und Kinematiken, erforderlich, die die Fertigung komplexer Produkte häufig überhaupt erst ermöglichen.[245] Der hohe technologische Anspruch der Produkte verdeutlicht die Fokussierung deutscher Werkzeugbaubetriebe auf die Fertigung hochkomplexer Werkzeuge.[246]

Das Leistungsangebot vieler Werkzeugbaubetriebe geht über das Werkzeug als Kernleistung hinaus.[247] Die in Teilkapitel 2.3.2 dargestellte Position des Werkzeugbaus in der industriellen Wertschöpfungskette eröffnet vielfältige Möglichkeiten zur signifikanten Steigerung des Kundennutzens durch Dienstleistungen, die mit einer Integration des Werkzeugbaus in die vor- und nachgelagerten Kundenprozesse der Produktentwicklung und der Serienfertigung verbunden sind.[248] Durch die Schaffung eines wahrnehmbaren Mehrwerts erhöhen produktbezogene Dienstleistungen die langfristige Kundenbindung, die in direkter Korrelation mit der erzielbaren Preisqualität für die Werkzeugbauprodukte steht.[249] Entsprechend der verfolgten Stoßrichtungen lassen sich Vorwärts- und Rückwärtsintegration des Werkzeugbaus in die Kundenprozesse unterscheiden:[250]

Rückwärtsintegration

- Innovationstreiber: Der Werkzeugbau partizipiert früh und aktiv durch seine Expertise an der Produktentwicklung auf Kundenseite.

[241] Vgl. Eversheim, W./Klocke, F. et al. (Werkzeugbau mit Zukunft) 1999, S. 290ff.; Frick, L. (Geschäftsmodelle im WZB) 2005, S. 23.
[242] Vgl. Klotzbach, C. (Industrieller Werkzeugbau) 2006, S. 46.
[243] Vgl. Schuh, G. (Grußwort zum Jubiläum) 2011.
[244] Vgl. Klocke, F./Schuh, G. et al. (Zukunftsstudie Werkzeug- und Formenbau) 2005, S. 32.
[245] Vgl. Klocke, F./Schuh, G. (Werkzeugbau mit Zukunft) 2004, S. 10ff.
[246] Vgl. Utz, H. (Strategien für die Produktion der Zukunft) 2006, S. 111ff.
[247] Vgl. Eversheim, W./Klocke, F. (Werkzeugbau mit Zukunft) 1998, S. 8; Klotzbach, C. (Industrieller Werkzeugbau) 2006, S. 47.
[248] Vgl. Schuh, G./Boos, W. (Operative Exzellenz) 2010, S. 13.
[249] Vgl. Schuh, G./Boos, W. et al. (Synchronisierung im industriellen WZB) 2011, S. 422.
[250] Vgl. Schuh, G. (Geschäftsmodelle für Dienstleistungen) 2010, S. 7ff.

- Entwicklungsoptimierung: Optimierung und Abstimmung von Produkt und Prozess, um optimale Produzierbarkeit mit dem notwendigen Design zu erhalten.

Vorwärtsintegration

- Produktionsoptimierung: Der Werkzeugbau analysiert und optimiert den Einsatz des Werkzeugs. Lebenszyklusdaten des Werkzeugs werden erfasst, ausgewertet und für eine Optimierung des laufenden Betriebs genutzt.[251]

Als Ordnungsrahmen für sämtliche Leistungen eines Werkzeugbaus stellt Abbildung 2-9 das sich ergebende Leistungssystem im Werkzeugbau nach EVERSHEIM dar. Neben der Übernahme des gesamten Projektmanagements, das die Steuerung von Terminen und beteiligten Partnern, die Bereitstellung von Prototypenwerkzeugen sowie die Maschinenauswahl, -beschaffung und -inbetriebnahme impliziert, existieren zwei Integrationsrichtungen, anhand derer eine Konkretisierung erfolgen kann. Die Integration in die Produktentwicklung bietet dem Werkzeugbau die Mitarbeit an der Bauteiloptimierung hinsichtlich fertigungstechnischer Aspekte bis hin zur alleinigen Konstruktion (Integrationsrichtung Applikation). Dagegen offeriert die Integrationsrichtung Verfügbarkeit und Produktivität eine Teilnahme beim Produktionsanlauf, der Optimierung der Produktivität sowie an der Reparatur, Instandhaltung und Wartung von Werkzeugen. Zur Auslastung der Anlagen wird zusätzlich die Fertigung und Veredelung von Teilen angeboten.[252]

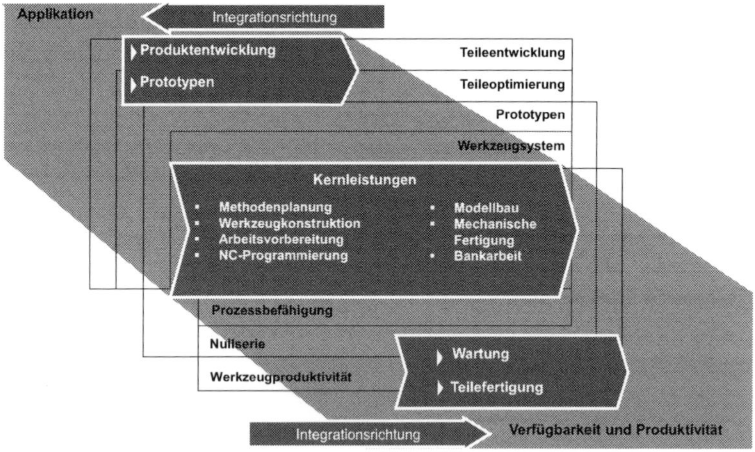

Abbildung 2-9: Leistungssysteme im Werkzeugbau[253]

Entsprechend des Leistungsspektrums ergeben sich im Werkzeugbau vier für die interne Wertschöpfung charakteristische Auftragsarten, die aufgrund ihrer verschiedenen Anforderungen an die Auftragsabwicklung unterschieden werden:[254]

---

[251] Vgl. Baumann, M. (Excellenz in der Mikrobearbeitung) 2009, S. 1.

[252] Vgl. Pollack, A. (Strategische Planung) 1995, S. 8; Klotzbach, C. (Industrieller Werkzeugbau) 2006, S. 47.

[253] I. A. a. Eversheim, W./Klocke, F. et al. (Orientierung für den Werkzeug- und Formenbau) 2002, S. 18.

- **Neuaufträge:** Nach RITZ bedeuten Neuaufträge die Konstruktion und Fertigung neuartiger Werkzeuge, ohne vorliegende Unterlagen.[255] Die Grundlage können Erfahrungen mit ähnlichen Werkzeugen liefern. Dabei sind Neuaufträge in hohem Maße planbar, da eine ordnungsgemäße Einlastung stattfindet.

- **Wiederholaufträge:** Hierbei wird ein bereits zuvor gefertigtes Werkzeug, abgesehen von kleinen Änderungen, erneut gefertigt. Die Zuhilfenahme und Übernahme von Konstruktionen, NC-Programmen sowie Elektroden ist möglich. Daraus und aus bereits gesammelten Erfahrungen resultieren monetäre Vorteile bei Wiederholaufträgen.[256]

- **Änderungsaufträge:** Produktanpassungen nach Beginn der Werkzeugherstellung führen zu Umplanungen im Betrieb und verursachen hohe Kosten. Die einzubringenden Modifikationen werden durch einen Änderungsauftrag vorgenommen.[257]

- **Reparaturaufträge:** Der Ausfall eines Werkzeugs ohne vorhandenen adäquaten Ersatz führt häufig zu Produktionsstillständen und folglich zu erhöhten Kosten. Der betriebliche Ablauf wird aufgrund der zeitkritischen und unplanbaren Reparaturaufträge in der Regel erheblich gestört und bewirkt demnach Unterbrechungen geplanter Aufträge.[258]

Die separate Ausführung der Auftragsarten wird in der betrieblichen Praxis durch Überschneidungen gestört.[259] So führen Zeitknappheit und auftragsübergreifende Beratung zur Kombination der Auftragsarten und somit zu einer erhöhten internen Prozesskomplexität. Demzufolge besteht eine zentrale Herausforderung im Werkzeugbau in einer effektiven und effizienten internen Abwicklung des großen Spektrums von sich zum Teil überlagernden Auftragsarten.[260] Nachdem die Heterogenität des Leistungsspektrums der Branche Werkzeugbau aufgezeigt wurde, werden im Folgenden die Möglichkeiten zur Klassifizierung eines Werkzeugbauunternehmens anhand der Aufbauorganisation aufgezeigt.

2.3.4 Organisationsstrukturen

Marktzugang und Organisationsaufbau werden differenziert, da sich aufgrund von Unterschieden für den Werkzeugbau verschiedene Anforderungen an die Auftragsabwicklung ergeben.

Die Unterscheidung zwischen internen und externen Werkzeugbaubetrieben ist anhand des Marktzugangs vorzunehmen. Charakteristisches Merkmal des **internen Werkzeugbaus** ist die Bereitstellung von Sach- und Finanzmitteln durch das Mutterunternehmen. Im Gegenzug versorgt der interne Werkzeugbau das Mutterunternehmen mit den benötigten Neuwerkzeugen sowie mit Dienstleistungen zur Unterstützung und Aufrechterhaltung der Serienferti-

---

[254] I. A. a. Eversheim, W./Klocke, F. et al. (Orientierung für den Werkzeug- und Formenbau) 2002, S. 18; Klotzbach, C. (Industrieller Werkzeugbau) 2006, S. 47.
[255] Vgl. Ritz, P. (Änderungen im Werkzeugbau) 1999, S. 8.
[256] Vgl. Yamasaki, Y. (Parametrische Konstruktion) 2008, S. 5ff.
[257] Vgl. Eversheim, W./Klocke, F. (Werkzeugbau mit Zukunft) 1998, S. 18; Klotzbach, C. (Industrieller Werkzeugbau) 2006, S. 48.
[258] Vgl. Möhring, H. C. (Instandsetzung von Formen) 2008, S. 2f.
[259] Vgl. Klotzbach, C. (Industrieller Werkzeugbau) 2006, S. 48; Döring, S. (Konfliktmanagement) 2010, S. 34.
[260] Vgl. Giehler, F. (Erhöhung der Planungsproduktivität) 2010, S. 30.

gung.[261] Die mit einem internen Werkzeugbau verbundenen Unternehmensziele des Mutterunternehmens bestehen einerseits in der Sicherstellung der Produktionsverfügbarkeit und der damit verbundenen Unabhängigkeit der eigenen Produktion von externen Betrieben.[262] Andererseits ist die eigene Werkzeugkompetenz ein wesentlicher Innovationstreiber von Produkt- und Prozessinnovationen und dient ebenfalls dem Know-how-Schutz bei angestrebter technischer Differenzierung.[263] Die Konzentration des Werkzeugbaus auf einen Hauptabnehmer führt darüber hinaus zu erhöhter Flexibilität in der Reaktion auf Kundenänderungen und dient zur Vermeidung bzw. Optimierung von Schnittstellen.[264]

Beim **externen Werkzeugbau** handelt es sich um ein Unternehmen als rechtlich selbstständige und unabhängige Einheit, die Aufträge zur Herstellung von Werkzeugen akquiriert und abwickelt. Als eigenständiges Unternehmen besteht das primäre Geschäftsziel eines externen Werkzeugbaus in der Gewinnmaximierung, die dem Unternehmen ein Fortbestehen ermöglicht.[265] Die Bearbeitung von Aufträgen verschiedener Kunden ermöglicht den externen Betrieben bei wechselnden wirtschaftlichen Entwicklungen die Schwankungen ihrer internen Kapazitätsauslastung besser auszugleichen.[266] Durch die breit gefächerte Kundenbasis erlangen externe Werkzeugbaubetriebe ein weit gefasstes Wissen über ihre eigenen Werkzeugtypen und verfügen somit über ein individuelles Differenzierungskriterium.[267] Eine häufige Fokussierung des Leistungsspektrums und die daraus resultierende Spezialisierung erhöhen zusätzlich die Wissenskonzentration von externen Werkzeugbauunternehmen.[268]

Trotz der Unterschiedlichkeit der Zielsysteme verlaufen die Grenzen zwischen internen und externen Werkzeugbaubetrieben fließend. So fokussieren sich externe Werkzeugbaubetriebe häufig auf einen oder sehr wenige strategische Kunden, während interne Werkzeugbaubetriebe am freien Markt Kunden akquirieren, um Transparenz über ihre Wettbewerbsfähigkeit zu erzeugen sowie zur Verbesserung ihrer Leistungsfähigkeit.[269] Eine weitere Unterscheidung lässt sich bezüglich der Leistungserstellung des Werkzeugbaus vornehmen. Durch die Einbindung des internen Werkzeugbaus in das Mutterunternehmen können Leistungen von nicht zum Werkzeugbau gehörigen Organisationseinheiten erbracht werden.[270] Für den externen Werkzeugbau besteht lediglich die Option der Beschaffung am freien Markt. Diesbezüglich ist die innerbetriebliche Eigenverantwortlichkeit des internen Werkzeugbaus zu unterscheiden.

Organisatorisch betrachtet kann der interne Werkzeugbau als Abteilung, als Cost-Center oder als Profit-Center in den Mutterkonzern integriert sein.[271] Daraus ergeben sich Unterscheidungsmöglichkeiten in Bezug auf die Ausrichtung und die Arbeitsweise im betroffenen Unternehmensbereich. Ein Überblick über Ausrichtung und Arbeitsweise sowie Vor- und Nachteile der verschiedenen Organisationsformen ist in Abbildung 2-10 dargestellt.

[261] Vgl. Eversheim, W./Klocke, F. (Werkzeugbau mit Zukunft) 1998, S. 3.
[262] Vgl. Frick, L. (Geschäftsmodelle im WZB) 2005, S. 23f.
[263] Vgl. Schuh, G./Boos, W. (Operative Exzellenz) 2010, S. 12ff.
[264] Vgl. Zwicker, R. (Interne Werkzeugbau) 2009, S. 12f.
[265] Vgl. Gutenberg, E. (Betriebswirtschaftslehre) 1970, S. 3.
[266] Vgl. Spennemann, F. (Organisationsstrukturen im Werkzeugbau) 2001, S. 12.
[267] Vgl. Westekemper, M. (Methodik zur Angebotspreisbildung) 2002, S. 7; Schleyer, C. (Kooperationsmanagement im WZB) 2006, S. 22.
[268] Vgl. Klotzbach, C. (Industrieller Werkzeugbau) 2006, S. 53.
[269] Vgl. Kozielski, S. A. (Integratives Kennzahlensystem für den Werkzeugbau) 2010, S. 17.
[270] Vgl. Fricker, I. (Strategische Stringenz) 2005, S. 81.
[271] Vgl. Eversheim, W./Klocke, F. (Werkzeugbau mit Zukunft) 1998, S. 75.

	Abteilung	Cost-Center	Profit-Center
Ausrichtung	aufgabenorientiert	kostenorientiert	leistungsorientiert
Arbeitsweise	Umlage der Kosten auf andere Unternehmensbereiche	Eigenverantwortung bezüglich Kosten	Eigenverantwortung bezüglich des Betriebsergebnisses
Vorteile und Nachteile	+ Mittel zur Werkzeugherstellung weitestgehend unbeschränkt - Hohe Kosten durch fehlende Kosteneigenverantwortung	+ Kostensenkung durch Kostenverantwortlichkeit - Rentabilitätsvergleichbarkeit mit externen Werkzeugbaubetrieben nur bedingt möglich	+ Kostensenkung durch Kostenverantwortlichkeit + Möglichkeit des unternehmensexternen Vergleichs - Höherer administrativer Aufwand

Abbildung 2-10: Integrationsmöglichkeiten des internen Werkzeugbaus[272]

Während der interne Werkzeugbau traditionell als Kostenstelle geführt wurde, lässt sich aktuell eine zunehmende Verschiebung in Richtung Cost-Center oder Profit-Center beobachten. Ziel ist die Verbesserung der Leistungsbeurteilung sowie die Förderung des Einbezugs wirtschaftlicher Gesichtspunkte in die Werkzeugbauführung.[273] Die Stellung des externen Werkzeugbaus als eigenständiges Unternehmen führt hingegen automatisch zur Organisation nach den Grundsätzen eines Profit-Centers.[274]

Neben dem Marktzugang im Werkzeugbau ist die Verteilung der Aufgaben der Auftragsabwicklung im Unternehmen auf verschiedene Organisationseinheiten zu betrachten. Die durch die Arbeitsteilung entstehenden Interdependenzen äußern sich in organisatorischen Schnittstellen[275], aus denen ein Koordinationsbedarf zur Steuerung des Unternehmens resultiert. Hierfür erfolgen durch die Aufbauorganisation eine hierarchische Gliederung des Unternehmens sowie eine Festlegung der Beziehungen zwischen den verschiedenen Ebenen.[276]

Die **Aufbauorganisation** stellt einen weiteren Faktor dar, um unterschiedliche Organisationsformen im Werkzeugbau zu beschreiben. Dabei lässt sich die Aufbauorganisation nach EVERSHEIM ET AL. grundsätzlich durch zwei entgegengesetzte Extrempositionen beschreiben: die **technologieorientierte** und die **produktorientierte Organisation**, die im Folgenden ebenfalls für eine Klassifizierung herangezogen werden.[277] Die technologieorientierte Organisation fasst Aufgaben zusammen, deren Erfüllung gleiche Technologien voraussetzt. Dies unterstützt eine Technologiespezialisierung und generiert Synergieeffekte. Dabei bedingt die abteilungsübergreifende Leistungserstellung einen hohen Koordinationsaufwand und erschwert die Ergebniskontrolle.[278] Die produktorientierte Organisation strukturiert den Werkzeugbau nach den Erzeugnissen. Als Pendant zur technologieorientierten Organisation stellen sich Synergieverluste ein, wobei die Bündelung aller Aufgaben einer Produktgruppe in einem Verantwortungsbereich zu einem effizienten Kommunikationsgefüge führt.[279] Ledig-

[272] Vgl. Eversheim, W./Klocke, F. (Werkzeugbau mit Zukunft) 1998, S. 64ff.; Fricker, I. (Strategische Stringenz) 2005, S. 81; Frick, L. (Geschäftsmodelle im WZB) 2005, S. 31. Zu den Vor- und Nachteilen vgl. Fricker, I. (Strategische Stringenz) 2005, S. 82.
[273] Vgl. Feyerabend, F. (Reorganisation) 1998, S. 24.
[274] Vgl. Schleyer, C. (Kooperationsmanagement im WZB) 2006, S. 27.
[275] Vgl. Schmidt, C. (Koordinationsprozesse in der Auftragsabwicklung) 2008, S. 13.
[276] Vgl. Ehrlenspiel, K. (Integrierte Produktentwicklung) 2008, S. 166; Schmidt, C. (Koordinationsprozesse in der Auftragsabwicklung) 2008, S. 12ff.
[277] Vgl. Eversheim, W./Klocke, F. (Werkzeugbau mit Zukunft) 1998, S. 68ff.
[278] Vgl. Eversheim, W./Klocke, F. (Werkzeugbau mit Zukunft) 1998, S. 68ff.
[279] Vgl. Eversheim, W./Klocke, F. (Werkzeugbau mit Zukunft) 1998, S. 71.

lich in großen Betrieben und bei einem sehr heterogenen Produktspektrum ist diese Organisationsform im Werkzeugbau vertreten.[280] Beide Ausprägungen sind in Abbildung 2-11 dargestellt.

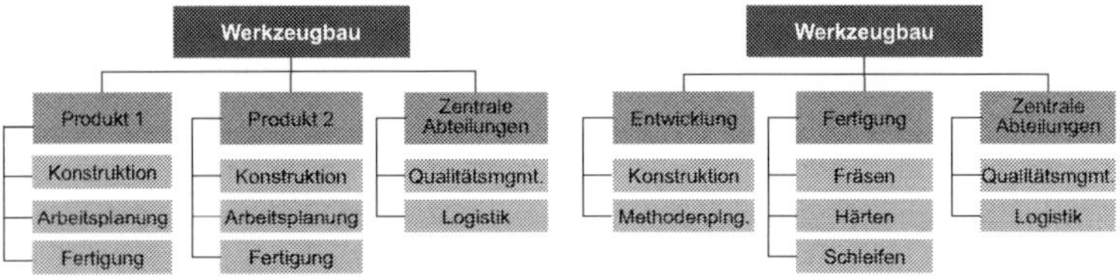

Abbildung 2-11: Aufbauorganisation im Werkzeugbau

Für die Auswahl der Organisationsform eines Werkzeugbaus ergibt sich ein Spannungsfeld zwischen technologieorientierter und produktorientierter Organisationsform. Die hohen Anforderungen an die technologische Spezialisierung der Fachkräfte einzelner Funktionen bedingen eine funktionale Ausrichtung. Diese wird jedoch überlagert durch eine Auftragsabwicklung mit ausgeprägtem Projektcharakter, die durch eine produkt- bzw. prozessorientierte Ausrichtung unterstützt wird. Eine Kombination der beiden Organisationsformen in Form der projektorientierten Matrixorganisation ist aufgrund des beschriebenen Spannungsfelds im Werkzeugbau verbreitet.[281] Dabei wird die funktionale Dimension einer vertikal strukturierten, technologieorientierten Organisation durch ein Projektmanagement als prozessorientierte Dimension horizontal überlagert.[282] Der zentrale Nachteil von Matrix-Organisationen, das hohe Konfliktpotenzial durch die Überlagerung von Projekt- und Funktionalverantwortung an den jeweiligen vertikalen und horizontalen Schnittstellen, ist jedoch ebenfalls für die Anwendung im Werkzeugbau zu beachten.[283]

2.3.5 Prozesskette der Auftragsabwicklung im Werkzeugbau

Die Prozesskette der Werkzeugbauunternehmen lässt sich mithilfe der generischen Prozesskette für den Werkzeugbau beschreiben. Als Grundlage dient die technische Auftragsabwicklung nach EVERSHEIM, die durch KLOTZBACH und BOOS durch den separat übergreifenden Prozessschritt des Projektmanagements ergänzt wurde.[284] (Abbildung 2-12)

[280] Vgl. Frick, L. (Geschäftsmodelle im WZB) 2005, S. 30.
[281] Vgl. Döring, S. (Konfliktmanagement) 2010, S. 35.
[282] Vgl. Klotzbach, C. (Industrieller Werkzeugbau) 2006, S. 52.
[283] Vgl. Spennemann, F. (Organisationsstrukturen im Werkzeugbau) 2001, S. 73ff.
[284] Vgl. Eversheim, W./Klocke, F. (Werkzeugbau mit Zukunft) 1998, S. 96; Klotzbach, C. (Industrieller Werkzeugbau) 2006, S. 49; Boos, W. (Modulare Werkzeuge) 2008, S. 42.

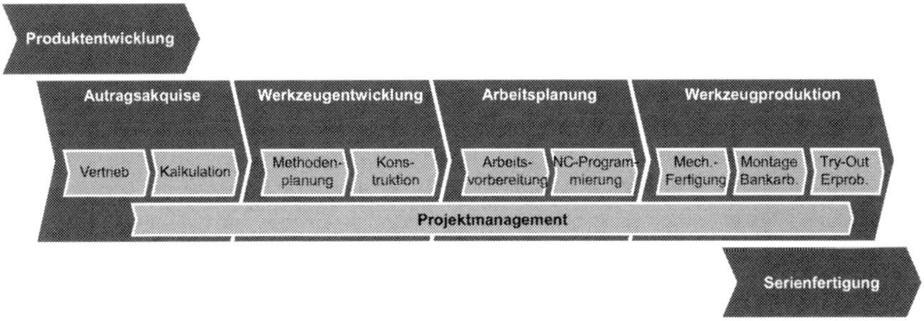

Abbildung 2-12: Modell der Wertschöpfung – generische Werkzeugbauprozesskette[285]

Die wesentlichen sequenziell ablaufenden Hauptprozesse stellen dabei die Auftragsakquise, die Werkzeugentwicklung, die Arbeitsplanung sowie die Werkzeugproduktion dar. Dabei ist der Werkzeugerstellungsprozess (WEP) Teil des übergeordneten Produkterstellungsprozesses (PEP). Durch die verbreitete Anwendung von Simultaneous Engineering gibt es Überschneidungen zwischen PEP und WEP, wodurch Hauptprozesse der Werkzeugerstellung im vorderen Bereich der Prozesskette vielfach parallel zu Produktentwicklungsschritten ablaufen, während im hinteren Bereich der Prozesskette Try-Out und Erprobung teilweise bereits von dem Produktionsanlauf überlagert werden.[286]

Die **Auftragsakquise** steht am Anfang der Prozesskette und stellt die Schnittstelle zum Kunden dar.[287] Im Rahmen der Anfragebearbeitung wird die Entscheidung getroffen, ob auf eine Anfrage eines potenziellen Kunden ein Angebot vor dem Hintergrund des eigenen Leistungsspektrums sowie der Kundenspezifikationen in Bezug auf Technologie, Zeit und Kosten erstellt werden soll bzw. kann.[288] Der Kontakt zum Kunden wird durch den Vertrieb hergestellt, dessen Aufgaben die Ausarbeitung von Angeboten und die Abstimmung von technischen Details mit dem Kunden sind.[289] Die Abstimmung der technischen Produktdetails erfolgt häufig zusammen mit der Beratung der Produktentwicklung als Werkzeugbaukunden, um durch eine Bauteiloptimierung die Fertigungsgerechtheit der Produktkonstruktion sowohl in Bezug auf das herzustellende Werkzeug als auch für den anschließenden Produktionsprozess zu gewährleisten. Anschließend wird die Know-how intensive Werkzeugkalkulation vorgenommen. Aufgrund der vorherrschenden Unikatfertigung im Werkzeugbau stellt der Mangel an Erfahrungswerten eine zentrale Herausforderung der Werkzeugkalkulation dar. Kalkulationen basieren in der Praxis häufig auf qualifizierten Expertenschätzungen, in die Mitarbeiter verschiedenster Funktionsbereiche mit ihren jeweiligen Fachkompetenzen einbezogen werden und variieren stark in Genauigkeit und Qualität.[290] Eine zentrale Rolle in der Angebotsphase kommt der Konstruktion zu, die bereits in der Anbahnungsphase eines Auftrags ein Grobkonzept des Werkzeugs erstellt, um technische Machbarkeit und Komplexität

[285] I. A. a. Eversheim, W./Klocke, F. (Werkzeugbau mit Zukunft) 1998, S. 107; Klotzbach, C. (Industrieller Werkzeugbau) 2006, S. 49.
[286] Vgl. Bullinger, H.-J./Spath, D./ et al. (Handbuch Unternehmensorganisation) 2009, S. 132; Boos, W. (Modulare Werkzeuge) 2008, S. 42.
[287] Vgl. Frick, L. (Geschäftsmodelle im WZB) 2005, S. 26.
[288] Vgl. Klotzbach, C. (Industrieller Werkzeugbau) 2006, S. 50.
[289] Vgl. Klocke, F./Schuh, G. et al. (Zukunftsstudie Werkzeug- und Formenbau) 2005, S. 53.
[290] Vgl. Schlüter, H. (Vorkalkulationsmethoden von Spritzgießwerkzeugen) 2006, S. 1.

der Umsetzung abzuschätzen, anhand derer die zu erwartenden Kosten ermittelt werden können.

Bei Beauftragung übernimmt das **Projektmanagement** die Grobplanung des Werkzeugprojekts, die mit der Überprüfung des Angebots sowie der Erstellung eines detaillierten Projekt- oder Terminplans verbunden ist. Der Auftragseingang ist mit der Übergabe eines Lastenhefts verbunden, das sämtliche erarbeiteten Angaben für die Realisierung des Werkzeugprojektes in schriftlicher Form enthält und als Grundlage für die Grobplanung dient.[291] Im Rahmen der Grobplanung wird für jeden Fachbereich der Auftragsabwicklung der früheste mögliche Beginn sowie die spätest mögliche Fertigstellung vorgegeben. Anhand des Terminplans sowie der im Angebot vorgesehenen Aufwendungen in den einzelnen Fachbereichen erfolgt zudem die auftragsbezogene Reservierung von Kapazitäten. Im Rahmen der Kapazitätsplanung wird bereits während der Make-or-Buy Entscheidung die Möglichkeit der Fremdvergabe ganzer Werkzeugsätze, einzelner Werkzeuge sowie von Werkzeugbaugruppen oder -komponenten getroffen. Die Grobplanung des Auftragsdurchlaufs erfolgt, falls vorhanden, durch ein Projektmanagement, das abteilungsübergreifend alle Phasen der Auftragsabwicklung im Werkzeugbau umschließt.[292]

Die **Werkzeugentwicklung** beinhaltet die zwei Kernprozesse der Methodenplanung und der Werkzeugkonstruktion. Während der Methodenplanung erfolgt die Detaillierung des in der Angebotsphase erstellten Werkzeugkonzepts durch Festlegung technischer Details zur werkzeugtechnischen Realisierung der Produktspezifikationen. Außerdem erfolgt häufig die Absicherung des Werkzeugkonzepts durch die Verfahrenserprobung, durch Prototypenwerkzeuge oder Simulation.[293] Während der eigentlichen Werkzeugkonstruktion wird die Detaillierung des gesamten Werkzeugs in Form eines CAD-Modells vorgenommen.[294] Die CAD-Daten, Werkzeugzeichnungen und die Stückliste werden nach abgeschlossener Konstruktion an die in der Prozesskette nachgelagerten Abteilungen der Arbeitsplanung und der Werkzeugproduktion sowie an den Einkauf übergeben.[295]

Aufgabe der **Arbeitsplanung** ist die Festlegung von Bearbeitungsreihenfolgen, die Feinplanung des Auftragsdurchlaufs sowie die Bereitstellung der fertigungsunterstützenden Auftragsdokumente und NC-Programme für den Bereich der maschinellen Fertigung im Maschinenpark. Basis hierfür sind der aus der Werkzeugentwicklung zur Verfügung gestellte CAD-Datensatz, die Werkzeugzeichnungen sowie die Stücklisten.[296] Der Fachbereich der Arbeitsvorbereitung ordnet den Werkzeugkomponenten auf Einzelteilebene Bearbeitungsreihenfolgen zu, die im Rahmen der Erstellung von Arbeitsplänen mit dem jeweiligen Bearbeitungsaufwand hinterlegt werden. Bearbeitungsreihenfolgen und -aufwand werden mit dem verfügbaren Maschinenkapazitätsangebot abgeglichen und entsprechend die Feinplanung der Bearbeitungsaufträge sowie die Maschinenbelegungsplanung als Teil der Termin- und Kapazitätsplanung abgeleitet.[297] Die Entscheidung über eine mögliche Fremdvergabe zum Ausgleich von Kapazitätsspitzen im Bereich der maschinellen Fertigung erfolgt eben-

[291] Vgl. o. V. (DIN-69905: Projektabwicklung) 1997.
[292] Vgl. Klotzbach, C. (Industrieller Werkzeugbau) 2006, S. 50.
[293] Vgl. Zwanzig, F. (Taktung der Unikatfertigung) 2009, S. 29.
[294] Vgl. Boos, W. (Modulare Werkzeuge) 2008, S. 42ff.
[295] Vgl. Döring, S. (Konfliktmanagement) 2010, S. 39.
[296] Vgl. Jurklies, I. (Prozessketten für den Werkzeugbau) 2004, S. 21.
[297] Vgl. Eversheim/W. et al. (Betriebshütte) 1996, S. 7-73ff.; Brankamp, K. (Organisation des Betriebsmittelbaus) 1991, S. 136ff.

falls durch die Arbeitsvorbereitung als Teil einer erneuten Make-or-Buy Betrachtung. Für die Make-or-Buy Betrachtung der Arbeitsvorbereitung ist neben der Kapazitätssituation ebenfalls das Vorhandensein der erforderlichen technologischen Fähigkeiten ausschlaggebend.[298] Anschließend erfolgt die Erzeugung von NC-Programmen auf Grundlage der durch die Werkzeugentwicklung bereitgestellten CAD-Daten, die für die Maschinensteuerung verwendet werden.

Die **Werkzeugproduktion** setzt sich aus der mechanischen Fertigung, der Montage und der Werkzeugerprobung im Zuge des Try-Outs zusammen. Die mechanische Fertigung umfasst die Herstellung der geforderten Teile und Komponenten für den jeweiligen Auftrag durch die gängigen Kernverfahren Drehen, Fräsen, Senk- und Drahterodieren oder Schleifen.[299] Die darauf folgende Montage dient dem Zusammenbau der Werkzeuge und Werkzeugkomponenten aus den Teilen der Eigenfertigung unter Einbezug der durch Dritte hergestellten Teile. Die Montage findet zumeist im Werkbankbereich des Werkzeugbaus statt und endet mit dem erstmaligen Auf- und Zufahren des Werkzeugs im Try-Out. Anschließend wird das Werkzeug in den Bereich der Werkzeugerprobung übergeben, in dem es durch zumeist mehrere Try-Out Schleifen zur vollen Prozessfähigkeit qualifiziert wird, bis sämtliche Leistungsanforderungen in Bezug auf die Teilegenauigkeit sowie die Prozesszeiten erreicht werden und die Endabnahme durch den Kunden erfolgt.[300]

2.3.6 Herausforderungen der Leistungserstellung

Der wirtschaftliche Erfolg eines Werkzeugbauunternehmens hängt wesentlich von seiner Fähigkeit ab, Werkzeuge mit kurzen Durchlaufzeiten, hoher Termintreue und niedrigen Kosten zu fertigen.[301] Eine effektive und effiziente Auftragsabwicklung ist für Werkzeugbauunternehmen hierfür der entscheidende Schlüssel.[302] Im Werkzeugbau werden die Kundenanforderungen bezüglich der Leistungsfähigkeit und Zuverlässigkeit der Prozesse häufig nicht zufriedenstellend erfüllt.[303] Im Folgenden werden zentrale Herausforderungen der Auftragsabwicklung vorgestellt. Hierbei wird zunächst der zentrale Zielkonflikt der Einzel- und Kleinserienfertigung als verantwortliches Phänomen motiviert und anschließend der Prozessalltag im Werkzeugbau auf der Ebene der Symptome beschrieben.

Der Werkzeugbau zeichnet sich innerhalb der Einzel- und Kleinserienfertigung durch eine extreme **Individualität der Produkte** aus, da es sich bei Werkzeugen überwiegend um kundenindividuelle Unikate handelt.[304] Die Varianz des Werkzeugspektrums überträgt sich ebenfalls auf die Ebene von Werkzeugkomponenten und Bauteilen. Die Folge der geringen Verbreitung von Standardisierungs- und Modularisierungsansätzen ist eine hohe Prozessvarianz, verbunden mit einer niedrigen Wiederholhäufigkeit in den Abläufen der Auftragsabwicklung. Wie die Individualität der Produkte ist die **Marktdynamik** mit den starken Schwankungen der Auftragseingänge ein weiteres charakteristisches Merkmal im Werkzeugbau, die

---

298 Vgl. Döring, S. (Konfliktmanagement) 2010, S. 40.
299 Vgl. Klocke, F./Schuh, G. (Werkzeugbau mit Zukunft) 2004, S. 10ff.
300 Vgl. Klotzbach, C. (Industrieller Werkzeugbau) 2006, S. 50; Die Benennung der Aufgaben, die hier mit Try-Out bezeichnet werden, kann sich je nach Werkzeug- oder Formenbaubetrieb unterscheiden. Zu Details unterschiedlicher Möglichkeiten von Try-Outs vgl. Haasler, B. (Hochtechnologie und Handarbeit) 2004, S. 115.
301 Vgl. Klocke, F./Schuh, G. et al. (Zukunftsstudie Werkzeug- und Formenbau) 2005, S. 30.
302 Vgl. Schuh, G./Boos, W. (Operative Exzellenz) 2010, S. 17.
303 Vgl. Schuh, G./Boos, W. et al. (Synchronisierung im industriellen WZB) 2011, S. 378.
304 Vgl. Schuh, G./Boos, W. et al. (Synchronisierung im industriellen WZB) 2011, S. 378.

zu Kapazitätsüberauslastung bzw. ungenutztem Kapazitätsangebot führt.[305] Die hohe Volatilität des Kapazitätsbedarfs lässt sich nicht durch langfristige Kapazitätsanpassung beherrschen. Marktdynamik und Individualität der Produkte verhalten sich nicht unabhängig voneinander, sondern verstärken sich in ihrer Wirkung.[306]

Das Spannungsfeld, in dem sich der Werkzeugbau durch die beschriebenen Rahmenbedingungen in Bezug auf die in Unterkapitel 2.2 eingeführten zentralen Leistungsmerkmale der Auftragsabwicklung befindet, ist in Abbildung 2-13 dargestellt. Der sich ergebende Zusammenhang weist die Rahmenbedingungen der Wertschöpfung und die übergeordnet geltenden Leistungsmerkmale der Leistungserstellung als konfliktär aus. Durch die Rahmenbedingungen der Auftragsabwicklung ist die Optimierung der Leistungsfähigkeit der Auftragsabwicklung ein komplexes Problem, das über die Auftragsplanung und -steuerung hinausgeht. In diesem Zusammenhang wird von einem Zielkonflikt der Einzel- und Kleinserie gesprochen, der für den Werkzeugbau als Unikatfertiger besonders zutrifft.

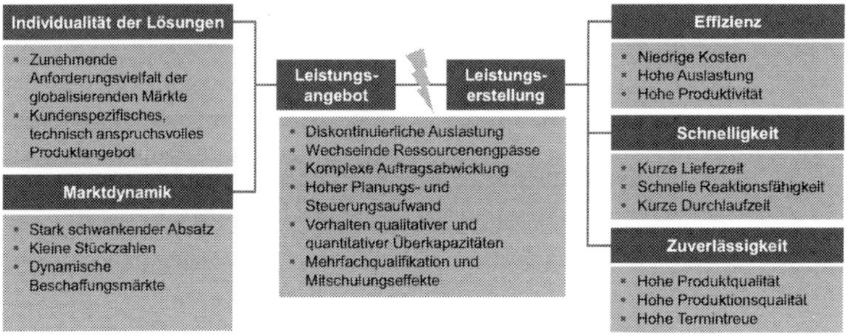

Abbildung 2-13: Spannungsfeld der Leistungserstellung im Werkzeugbau[307]

Die Auswirkungen des bestehenden Spannungsfelds führen zu alltäglichen Problemen in der operativen Auftragsabwicklung bei der Herstellung kundenindividueller Unikate, die im Folgenden strukturiert wiedergegeben werden.

Im traditionellen Werkzeugbau sind Ansätze zur Strukturierung der Erzeugnisse durch Definition von Standards und Modulen nur in geringem Maße verbreitet.[308] Folge des breiten Produktspektrums und der Individualität der Produkte sind vielfältige unterschiedliche Bearbeitungsaufgaben sowie stark schwankende Bearbeitungsdauern von Prozessschritten und Prozessfolgen, die zu einer insgesamt hohen **Prozessvarianz** führen.[309] Prozessketten sind im Werkzeugbau als Vertreter der Unikatfertigung selten exakt gleich, weshalb auch von „Einmal-Prozessen" gesprochen wird.[310] Die hohe Varianz führt zu einer geringen **Wiederholhäufigkeit** in den Abläufen, die eine zentrale Rahmenbedingung der Auftragsabwicklung im Werkzeugbau darstellt.[311]

[305] Vgl. Klocke, F./Schuh, G. et al. (Zukunftsstudie Werkzeug- und Formenbau) 2005, S. 61.
[306] I. A. a Gottschalk, S. F. (Dedicated Flexibility) 2006, S. 174.
[307] I. A. a. Gulden, A. (Wertorientierte Gestaltung) 2009, S. 72.
[308] Vgl. Hill, A./Boos, W. (Standardisierung im Werkzeugbau) 2008, S. 10ff.
[309] Vgl. Schuh, G./Boos, W. (Operative Exzellenz) 2010, S. 31.
[310] Vgl. Gottschalk, S. F. (Dedicated Flexibility) 2006, S. 174.
[311] Vgl. Schuh, G./Boos, W. et al. (Synchronisierung im industriellen WZB) 2011, S. 378.

Prozesse werden als Folge der Prozessvarianz und der fehlenden Wiederholhäufigkeit für jeden individuellen Auftrag neu strukturiert, weswegen auch die Ressourcen nicht nach einer konkreten Prozessfolge angeordnet werden können.[312] Die räumliche Anordnung erfolgt verbreitet klassisch nach Technologien. Aufgrund der Breite des Spektrums an Bearbeitungsaufgaben kommen zudem spezielle Maschinen zum Einsatz, die jeweils nur spezifische Umfänge des Spektrums abdecken. Dies resultiert in einer vergleichsweise geringen Redundanz in der Auslegung des Maschinenparks in Bezug auf eine spezifische Bearbeitungsaufgabe, wodurch sich ein hoher Flexibilitätsbedarf ergibt. Gleiches gilt für den Einsatz der Mitarbeiter, die aufgrund des erforderlichen spezifischen Fachwissens durch die eigene Spezialisierung ebenfalls eingeschränkte Einsatzmöglichkeiten besitzen. Die Restriktionen für die Zuordnung von Bearbeitungsaufgabe, Mensch und Maschine müssen in die Planung und Steuerung der Auftragsabwicklung einbezogen werden und steuern zur Komplexität des Optimierungsproblems bei. Die funktionale Spezialisierung der an der Werkzeugherstellung beteiligten Fachkräfte drückt sich in einer vorwiegend funktionsorientierten Organisationsstruktur im Werkzeugbau aus, die zu vielen Schnittstellen im Prozess führt.[313]

Der hohe Flexibilitätsbedarf und die funktionale Spezialisierung bedingen den hohen Koordinationsbedarf in der Auftragsabwicklung zur Werkzeugherstellung. Durch die Vielfalt der Aufträge und deren unterschiedliche Dauer können Prozesszeiten und Übergangszeiten nicht universell, sondern lediglich für jeden Einzelauftrag optimiert werden.[314] Aufgrund mangelnder Wiederholhäufigkeit existieren häufig keine exakten Planungsdaten als Grundlage für die Planung der Abläufe. Durch die fehlende Wiederverwendbarkeit von Planungsdaten steht dem auf wenige Anwendungen beschränkten Nutzen ein vergleichsweise hoher Aufwand für ihre Erhebung gegenüber. Dies führt zu einem Schwerpunkt auf der Grobplanung und einer Tendenz zur zumeist fehlerhaften oder zumindest nicht exakten Feinplanung.[315] In Verbindung mit der allgemein beschränkten Möglichkeit zur kapazitiven Vorausschau ist das Resultat eine verbreitet niedrige Planungsqualität in der Kapazitäts- und Terminplanung.

Schwankende Kapazitätsbelastungen sowie ein hoher Aufwand für das Nachsteuern und Umplanen sind die Folge der niedrigen Planungsqualität. Planung findet zudem über sämtliche beteiligte Funktionen der Auftragsabwicklung statt, bis hin zum Facharbeiter, der die Feinsteuerung des Auftragsdurchlaufs bzw. das Teilemanagement übernimmt. Die für eine kundenindividuelle Entwicklung und Fertigung von Unikaten typische hohe Fehlerquote führt zusätzlich dazu, dass durch den häufig unkoordinierten Wechsel von Prioritäten und die anschließende Unterbrechung der Arbeiten unproduktive Zeiten entstehen.[316] Durch diese Konstellation können Termine vielfach nicht oder nur mit einem hohen Aufwand für die Umpriorisierung und priorisierte Ablaufsteuerung eingehalten werden.[317] Aufgrund der geringen Planungsqualität und Transparenz als Folgen der fehlenden Wiederholhäufigkeit ist die Gewährleistung einer konstanten Bearbeitungsqualität und -dauer der Teilprozesse nahezu unmöglich.[318]

---

[312] Vgl. Gulden, A. (Wertorientierte Gestaltung) 2009, S. 64f.
[313] Vgl. Träckner, J. H. (Auftragsabwicklung) 1990, S. 31ff.
[314] Vgl. Schuh, G./Boos, W. et al. (Synchronisierung im industriellen WZB) 2011, S. 379.
[315] Vgl. Schuh, G./Roesgen, R. (Aufgaben) 2006, S. 37ff.
[316] Vgl. Zwanzig, F. (Taktung der Unikatfertigung) 2009, S. 38ff.
[317] Vgl. Fleisch, E./Fuchs, S. et al. (High Resolution Production Management) 2008, S. 451ff.
[318] Vgl. Gottschalk, S. F. (Dedicated Flexibility) 2006, S. 174.

Aufträge durchlaufen den klassisch werkstattorientierten Werkzeugbau meist nach historisch gewachsenen Produktionsstrukturen. Sehr komplexe Fertigungsflüsse und sich kreuzende Wertströme senken die Übersichtlichkeit der Fertigung zusätzlich.[319] Eine konsequente Verfolgung des Auftragsfortschritts ist dadurch in Werkstattstrukturen häufig so gut wie unmöglich oder nur mit unverhältnismäßig hohem Aufwand realisierbar.[320] Die fehlende Übersichtlichkeit der Bearbeitung ist eine zusätzliche Fehlerquelle, da Bearbeitungsumfänge vergessen oder nicht in dem vorgesehenen Zeitrahmen oder Umfang durchgeführt werden.

Die mangelnde Transparenz wirkt sich ebenfalls negativ auf die Möglichkeiten zur Bemessung der Leistungsfähigkeit der Werkzeugherstellung aus. Die Individualität des Werkzeugs zusammen mit der Komplexität des durchgeführten Auftragsdurchlaufs führen dazu, dass Werkzeuge als einzelne Projekte behandelt werden und ein projektübergreifendes Controlling der Prozessgüte ausbleibt. Weder die Ursachen von falsch angenommener Planung noch die Auswirkungen von Planungs- und Steuerungsfehlern im Auftragsabwicklungsprozess werden dabei regelmäßig nachvollzogen. Aufgrund der fehlenden Wiederholhäufigkeit bleiben Lern- und Skaleneffekte dadurch häufig aus.[321]

2.4 Industrialisierung im Werkzeugbau

Zentrale Defizite, die in der Auftragsabwicklung im Werkzeugbau auftreten und zu einer Untererfüllung der Kundenanforderungen nach leistungsfähigen, d. h. schnellen, zuverlässigen und wirtschaftlichen Prozessen führen, wurden auf die Rahmenbedingungen der Leistungserstellung im Werkzeugbau zurückgeführt. Es wurde gezeigt, dass aufgrund der bestehenden Zusammenhänge die Schwäche in der Zielerreichung nicht auf die mangelhafte Steuerung eines Werkzeugbaus zurückzuführen ist, sondern es sich vielmehr um ein systematisches Problem handelt. Das Konzept der Industrialisierung im Werkzeugbau stellt einen Lösungsansatz dar, mit dem eine sprunghafte Produktivitätssteigerung im Werkzeugbau erreicht wird, bei gleichzeitiger Steigerung der Prozessleistungsfähigkeit in Bezug auf die vorgestellten Zielgrößen. Bei der Industrialisierung im Werkzeugbau handelt es sich um ein umfassendes Konzept, in dem die Steigerung der Wettbewerbsfähigkeit durch operative Exzellenz, d. h. leistungs- und wettbewerbsfähige Auftragsabwicklungsprozesse gesichert werden soll.[322] Obwohl der Schwerpunkt der Industrialisierung auf den Prozessen liegt, bezieht das Konzept sämtliche Bereiche des Werkzeugbaus ein und beeinflusst die verschiedenen Prozessschritte der Prozesskette im Werkzeugbau auf jeweils unterschiedliche Weise. Nach einer Einordnung der Industrialisierung wird das Gestaltungsmodell für den industriellen Werkzeugbau vorgestellt, zentrale Handlungsfelder identifiziert und die Stellung der Synchronisierung als Königsdisziplin im industriellen Werkzeugbau motiviert.

2.4.1 Definition der relevanten Begrifflichkeiten

Die Industrialisierung beschreibt den Wandel von der handwerklichen zur maschinellen Produktionsweise und die Veränderung der Organisation.[323] So verhalfen die Arbeitsteilung, die

[319] Vgl. Schuh, G./Haefke, B. et al. (Strategien im Werkzeugbau) 2008, S. 431.
[320] Vgl. Gulden, A. (Wertorientierte Gestaltung) 2009, S. 65.
[321] Vgl. Klotzbach, C. (Industrieller Werkzeugbau) 2006, S. 79.
[322] Vgl. Schuh, G./Boos, W. (Operative Exzellenz) 2010, S. 21.
[323] Vgl. Schülein, J. A./Mikl-Horke, G. et al. (Soziologie für Wirtschaftswissenschaftler) 2006, S. 75.

Spezialisierung und die Standardisierung zu hohen Mengenleistungen bei niedrigen Preisen und ermöglichten neue Formen der Arbeitsorganisation.[324] Die die jeweilige Zeit bestimmenden Paradigmen der Organisation bis zum Lean Management als aktuelles Handlungsparadigma produzierender Unternehmen werden im Folgenden detailliert erörtert.

Der Begriff der „**Industrialisierung**" wurde durch die industrielle Revolution geprägt, die ihren Ursprung Ende des 18. Jahrhunderts in England aufweist und in der Folge überregional Verbreitung fand.[325] Ausgangspunkt der Industrialisierung ist der Übergang von der Handarbeit und der werkstattorientierten Fertigung zur industriellen Massenfertigung in großen Fabriken, der erst durch die Erfindung der Dampfmaschine ermöglicht wurde.[326] Die Industrialisierung bedingt damit auch das Entstehen von Fabriken.[327]

Seit den Anfängen der Industrialisierung im 18. Jahrhundert in England haben sich die Grundlagen der industriellen Fertigung bis zur heutigen State of the Art der Produktionsgestaltung weit entwickelt.[328] Ende des 19. Jahrhunderts entstand eine organisationsbezogene Rationalisierungsbewegung, die durch Arbeitsstrukturierung und neue Organisationsparadigmen gekennzeichnet war.[329] Grundlage stellte die Formalisierung und Externalisierung von Produktionswissen als wissenschaftliche Betriebsführung dar, die der Ingenieur TAYLOR mit dem Begriff des „Scientific Management" einführte.[330] Die Zielsetzung bestand in der Erarbeitung einer wissenschaftlichen Methode zur Effizienz- und Leistungssteigerung.[331] Der Taylorismus hat, durch das Prinzip der Produktivitätsmaximierung infolge möglichst weitreichender Arbeitsteilung, eine Vielzahl an betriebsorganisatorischen Neuerungen hervorgebracht.[332] Die zentrale Eigenschaft der Arbeitsorganisation nach TAYLOR war die strikte Trennung zwischen Hand- und Kopfarbeit. Außerdem wurden umfangreiche Bearbeitungsaufgaben in Teilaufgaben zerlegt und von spezialisierten Mitarbeitern bearbeitet.[333] Besonders zu Beginn des 20. Jahrhunderts haben zwei einschneidende Produktionskonzepte die Art und Weise, wie industrielle Produkte hergestellt werden, entscheidend verändert.[334]

Zu Beginn des 20. Jahrhunderts leiteten zunächst FORD und SLOAN den Übergang von der handwerklichen Einzelstückfertigung von Automobilen zu einer Massenproduktion ein.[335] Diese Art der Produktionsauslegung, welche sich sehr stark an den Prinzipien der Arbeitsgestaltung von TAYLOR orientierte, wurde später als Ford Produktionssystem (FPS) bezeichnet.[336] Aufbauend auf den Ansätzen TAYLORS führte FORD 1913 die Fließbandarbeit ein. Er erkannte das Potenzial der Arbeitsteilung und steigerte die Effizienz sowie die Spezialisierung der Mitarbeiter, indem er ihnen einen festen Platz zuwies und den Arbeitsrhythmus

[324] Vgl. Eggebrecht, A./Flemming, J. et al. (Geschichte der Arbeit) 1980, S. 193; Spur, G. (Produktionssysteme) 1997, S. 18.
[325] Vgl. Black, J. (DuMont Atlas der Weltgeschichte) 2000, S. 204f.
[326] Vgl. Eggebrecht, A./Flemming, J. et al. (Geschichte der Arbeit) 1980, S. 193ff.
[327] Vgl. Paulinyi, A. (Industrielle Revolution) 1989, S. 231.
[328] Vgl. Klotzbach, C. (Industrieller Werkzeugbau) 2006, S. 19.
[329] Vgl. Spur, G. (Produktionssysteme) 1997, S. 21.
[330] Vgl. Benand-Wagenhoff, V./Paulinyi, A. (Industrialisierung) 1994, S. 7; Taylor, F. W. (The principles of scientific management) 1911.
[331] Vgl. Hoyer, H./Knuth, M. (Die Teilautonome Gruppe) 1976, S. 118ff.
[332] Vgl. Voppel, G. (Die Industrialisierung der Erde) 1990, S. 98.
[333] Vgl. Eggebrecht, A./Flemming, J. et al. (Geschichte der Arbeit) 1980, S. 318ff.
[334] Vgl. Hinterhuber, H./Aichner, H. et al. (Unternehmenswert und Lean Management) 1994, S. 28f.
[335] Vgl. Oeltjenbruns, H. (Vorbild Toyotas) 2000, S. 6.
[336] Vgl. Mählck, H./Panskus, G. (Herausforderung Lean Production) 1993, S. 36f.

durch die Geschwindigkeit des Fließbands vorgab.[337] Bezeichnend für das FPS sind ein hoher Grad an Arbeitsteilung bei verrichtungsorientierten Produktionsstrukturen und der Einsatz von Fließbändern als zentrales Element, um nach dem Prinzip einer „push-gesteuerten" Produktion eine maximale Kapazitätsauslastung zu erreichen.[338] Daraus begründen sich Skaleneffekte und die Möglichkeit der Massenproduktion.[339] Das Verständnis, dass die Führung in der Arbeit selbst und nicht in einer Person besteht, gilt als erster Ansatz eines Prozessdenkens.[340] Ohne die Berücksichtigung von Kundenbedarf und Marktanforderungen wurde allein auf eine rationale Produktion abgezielt.[341] Die Gliederung des Arbeitsprozesses in einzelne Arbeitsschritte bedingte zwangsläufig die Entwicklung und das Fortschreiten produktionsvorbereitender und -begleitender Tätigkeiten.[342]

Diese Form der Massenproduktion setzte sich in der Folge in allen Industrienationen als vorherrschendes Produktionsverfahren durch. Die einzige Ausnahme bildete Japan. Dort entwickelten TOYODA und OHNO als Reaktion auf die Krise der japanischen Automobilwirtschaft in den Nachkriegsjahren unter dem Eindruck der vorherrschenden Rahmenbedingungen mit dem Toyota Produktionssystem (TPS) ein neues Wertschöpfungsparadigma, das auch heute noch als Benchmark gilt.[343] Als die Automobilproduktion nach dem zweiten Weltkrieg in Japan wieder aufgenommen wurde, verlangte der Markt eine hohe Produktvielfalt bei geringer Stückzahl.[344] Das von FORD benutzte Produktionssystem konnte diesen Anforderungen nicht genügen. Als Gegenstück zur unflexiblen und kapitalintensiven Massenproduktion entwickelten sie eine ganzheitliche Produktionsphilosophie, die auf dem Kerngedanken der vollständigen Vermeidung von Verschwendung beruhte.[345] Das als Toyota Produktionssystem bekannt gewordene Modell stellte das Gegenstück zur amerikanischen Massenproduktion dar und bedient den Käufermarkt durch kleine Lose mit minimalen Lagerbeständen.[346] Dies half Ineffizienzen im Prozess aufzudecken und die Überproduktion zu verhindern.[347] Die Grundlagen bildeten bereits bekannte Prinzipien und Methoden.[348] Seitdem sich dieses Produktionssystem ab Anfang der 1990er Jahre in der westlichen Welt unter der Bezeichnung Lean Production verbreitet hat, gelang es, das FPS als State of the Art der Produktionsgestaltung fast vollständig abzulösen.[349] Mit der Ausweitung der Lean Production Prinzipien auch auf indirekte Unternehmensbereiche, wie bspw. die Entwicklung und Administration sowie auf andere Wirtschaftsbereiche, wie bspw. die Bauindustrie und das Gesundheitswesen, entwickelte sich das Toyota Produktionssystem schließlich zu dem ganzheitlichen Ansatz zur Unternehmensführung des Lean Managements.[350]

---

[337] Vgl. Hoyer, H./Knuth, M. (Die Teilautonome Gruppe) 1976, S. 118ff.
[338] Vgl. Wiegand, B./Langmaack, R. et al. (Lean-maintenance-System) 2005, S. 5.
[339] Vgl. Pfeifer, T./Hafner, P. (Geschichte vom Messen) 2005, S. 19ff.; Ford, H./Crowther, S. et al. (Und trotzdem vorwärts!) 1930, S. 221ff.
[340] Vgl. Ford, H./Crowther, S. et al. (Das grosse Heute, das grössere Morgen) 1926, S. 126.
[341] Vgl. Spur, G. (Produktionssysteme) 1997, S. 4; Oeltjenbruns, H. (Vorbild Toyotas) 2000, S. 7ff.
[342] Vgl. Bullinger, H. J./Warnecke, W. (Neue Organisationsformen im Unternehmen) 2003, S. 101.
[343] Vgl. Seitz, K. (Die japanisch-amerikanische Herausforderung) 1994, S. 11f.
[344] Vgl. Liker, J. K. (The Toyota way) 2004, S. 8.
[345] Vgl. Ohno, T. (Das Toyota-Produktionssystem) 1993, S. 61f.
[346] Vgl. Ohno, T. (Das Toyota-Produktionssystem) 1993, S. 53.
[347] Vgl. Klotzbach, C. (Industrieller Werkzeugbau) 2006, S. 31.
[348] Vgl. Bullinger, H. J./Warnecke, W. (Neue Organisationsformen im Unternehmen) 2003, S. 101.
[349] Vlg. Hinterhuber, H./Aichner, H. et al. (Unternehmenswert und Lean Management) 1994, S. 28f.
[350] Vgl. Womack, J. P./Jones, D. T. (Lean thinking) 2004, S. 9; Wiegand, B./Franck, P. (Lean-Administration) 2006, S. 5ff.; Corbett, S. (Beyond manufacturing) 2007, S. 95ff.

Unter den derzeitigen Rahmenbedingungen mit zunehmender Individualisierung und dem Wechsel zum Käufermarkt hat sich Lean Production als überlegen in Bezug auf Effizienz und Kapitalrentabilität gezeigt. Entsprechend stellt Lean Management das aktuelle Handlungsparadigma für produzierende Unternehmen dar. Im Folgenden werden die fünf zentralen Prinzipien, mit denen das Ziel einer verschwendungsfreien Wertschöpfung verfolgt wird, vorgestellt:

- **Wertdefinition aus Kundensicht:** Der Wert eines Erzeugnisses kann nur vom Kunden selbst definiert werden
- **Wertstromorientierung:** Das Ziel besteht in der Eliminierung aller nicht wertschöpfenden Tätigkeiten
- **Flussgedanke:** Er hilft Prozesse zu verknüpfen und Zwischenbestände sowie Warteschlangen vorzubeugen
- **Pull-Steuerung:** Ausschließlich ein Kundenauftrag stößt die Produktion an, wodurch Überproduktion vermieden wird
- **Streben nach Perfektion:** Eine kontinuierliche Verbesserung des Unternehmens ist stets anzustreben.

Neben Toyota wurden die Prinzipien der Lean Production später von anderen Unternehmen in Form eines Produktionssystems übernommen und samt seiner Wechselwirkungen in der charakteristischen Form eines „Hauses“ dargestellt. (Abbildung 2-14)

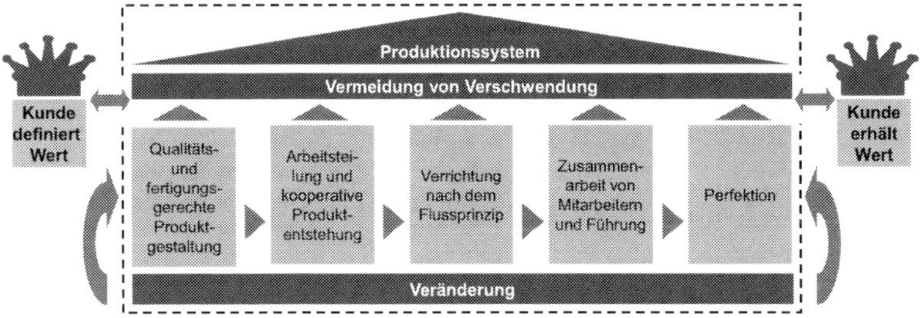

Abbildung 2-14: Methoden der Lean Production als „Produktionssystem“[351]

2.4.2 Gestaltungsmodell für den industriellen Werkzeugbau

Ziel der Industrialisierung im Werkzeugbaus ist die sprunghafte Steigerung der Produktivität durch Übertragung von aus der Serienfertigung bekannten Konzepten zur Effizienzsteigerung auf die aktuell noch weitgehend werkstattorientiert organisierte Traditionsbranche Werkzeugbau.[352]

Die in Teilkapitel 2.4.1 vorgestellten fünf Prinzipien der Lean Production wurden in der Vergangenheit lediglich in der Serien- und Massenfertigung umgesetzt. Die Optimierung bestehender Wertschöpfungsstrukturen nach den Lean Prinzipien führte dort zur signifikanten

[351] Vgl. Schuh, G./Haefke, B. et al. (Strategien im Werkzeugbau) 2008, S. 430.
[352] I. A. a. Schuh, G./Boos, W. (Operative Exzellenz) 2010, S. 7ff.

Verkürzung der Durchlaufzeit bei reduzierten Beständen und gleichzeitig stark erhöhter Produktivität.[353] Sie galten jedoch verbreitet als unvereinbar mit den charakteristischen Merkmalen der Einzel- und Kleinserienfertigung[354], was vor allem auf die hohe Komplexität und Varianz des Produktspektrums sowie auf die geringe Wiederholhäufigkeit von Produktionsprozessen zurückzuführen ist.[355] Weitere wesentliche Merkmale der Einzel- und Kleinserienfertigung sind eine hohe Komplexität der Einzelaufträge, hohe Wertschöpfungstiefen bei der Werkzeugfertigung, späte Kundenänderungseinflüsse während des Fertigungsprozesses und eine ausgeprägte Marktdynamik, die zu schwankenden Kapazitätsbedarfen führt.[356] Durch die beschriebenen Zusammenhänge ist die Industrialisierung am Werkzeugbau als Teil der industriellen Produktion weitestgehend vorbeigegangen.[357]

Die Verbreitung des Toyotismus und der Lean Production haben zu einem Umdenken in der Serien- und Massenfertigung und zu einer Annäherung an die Unikatfertigung geführt. Durch den in Abbildung 2-15 dargestellten Wandel vom Anbieter- zum Käufermarkt entstand das Bestreben, eine flexible, individuelle Produktion mit der Losgröße 1 zu erreichen.[358]

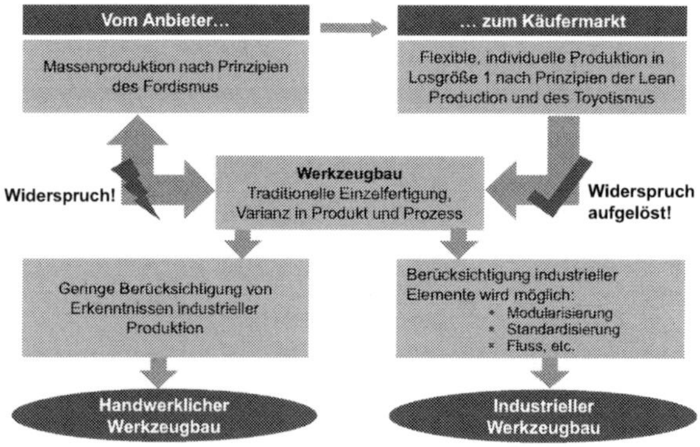

Abbildung 2-15: Einfluss der Marktentwicklung auf den Werkzeugbau[359]

Diese Entwicklung hat dazu beigetragen, den Widerspruch zwischen der Unikatfertigung im Werkzeugbau und den Elementen der Industrialisierung aufzulösen, um die vorhandenen Erkenntnisse und Fortschritte auf den Werkzeugbau zu übertragen. Vertreter führender Unternehmen der Branche Werkzeugbau stimmen in ihrer Einschätzung überein, dass „die Industrialisierung des Werkzeugbaus nicht mehr aufzuhalten ist".[360] KLOTZBACH hat aus diesem Anlass im Jahr 2006 ein Gestaltungsmodell für den industriellen Werkzeugbau entwickelt.[361]

---

[353] Vgl. Becker, T. (Prozesse optimieren) 2005, S. 42.
[354] Vgl. Klotzbach, C. (Industrieller Werkzeugbau) 2006, S. 77f.
[355] Vgl. Schuh, G./Haefke, B. et al. (Strategien im Werkzeugbau) 2008, S. 426; Schuh, G./Boos, W. (Operative Exzellenz) 2010, S. 39.
[356] Vgl. Klotzbach, C. (Industrieller Werkzeugbau) 2006, S. 77ff.
[357] Vgl. Klotzbach, C. (Industrieller Werkzeugbau) 2006, S. 2.
[358] Vgl. Schuh, G. (Werkzeuge sind Kunstwerke) 2009, S. 10ff.
[359] Vgl. Klotzbach, C. (Industrieller Werkzeugbau) 2006, S. 78.
[360] Vgl. Charmilles, A. (Geschäftsbericht) 2001, S. 31.
[361] Vgl. Klotzbach, C. (Industrieller Werkzeugbau) 2006, S. 4.

Das Gestaltungsmodell für den industriellen Werkzeugbau besteht aus drei wesentlichen Blöcken, die in Abbildung 2-16 dargestellt sind. Block 1 bildet das Fundament des Gestaltungsmodells und enthält diejenigen Voraussetzungen, die für eine Industrialisierung im Werkzeugbau zunächst geschaffen werden müssen und die es daraufhin dauerhaft zu erhalten gilt. Block 2 enthält die Kernelemente industrieller Wertschöpfung im Werkzeugbau, die den Schwerpunkt der Umsetzung und Einführung bilden. Die Gestaltungsempfehlungen in administrativen, indirekten Bereichen, die in Block 3 zusammengefasst sind, stellen unterstützende Faktoren für die Industrialisierung dar.

Abbildung 2-16: Teilbereiche des Gestaltungsmodells des industriellen Werkzeugbaus[362]

Das Gestaltungsmodell des industriellen Werkzeugbaus benennt die unterschiedlichen organisatorischen Handlungsfelder zur Entwicklung des Werkzeugbaus von der manufakturartigen hin zur industriellen Fertigung von Werkzeugen und setzt die einzelnen Elemente des Gesamtkonzepts der Industrialisierung im Werkzeugbau zueinander in Bezug.[363] Aus den drei beschriebenen Blöcken leiten sich verschiedene Handlungsfelder für die Industrialisierung im Werkzeugbau ab, die untereinander korrelieren.[364]

2.4.3 Handlungsfelder und Elemente der Industrialisierung im Werkzeugbau

Die Handlungsfelder und Elemente der Industrialisierung im Werkzeugbau werden durch das Gestaltungsmodell nach KLOTZBACH identifiziert und beschrieben. Die sich ergebenden Handlungsfelder des in Abbildung 2-17 beschriebenen Gestaltungsmodells für den industriellen Werkzeugbau werden im Folgenden einzeln vorgestellt.

Grundlage zur Schaffung der **Voraussetzungen zur Industrialisierung** des Werkzeugbaus stellen die beiden Elemente Fokussierung und Kooperation dar. Durch die **Fokussierung** des Leistungsspektrums und damit der eigenen Wertschöpfungsaktivitäten wird der Auf- und Ausbau von Kernkompetenzen zur strategischen Differenzierung verfolgt.[365] Zudem dient sie der Schaffung von Wiederholhäufigkeit, die eine Voraussetzung ist, um Komplexität in der Auftragsabwicklung zu reduzieren, Skaleneffekte zu erschließen und durch eine stärkere Prozessorientierung die Leistungsfähigkeit der eigenen Prozesse zu erhöhen.[366]

---

[362] Vgl. Klotzbach, C. (Industrieller Werkzeugbau) 2006, S. 164.
[363] Vgl. Klotzbach, C. (Industrieller Werkzeugbau) 2006, S. 163ff.
[364] Vgl. Schuh, G./Haefke, B. et al. (Strategien im Werkzeugbau) 2008, S.428ff.; Klotzbach, C. (Industrieller Werkzeugbau) 2006, S. 164; Schuh, G./Boos, W. (Operative Exzellenz) 2010, S. 7ff.
[365] Vgl. Schuh, G./Haefke, B. et al. (Strategien im Werkzeugbau) 2008, S. 437.
[366] Vgl. Klocke, F./Schuh, G. et al. (Zukunftsstudie Werkzeug- und Formenbau) 2005, S. 91.

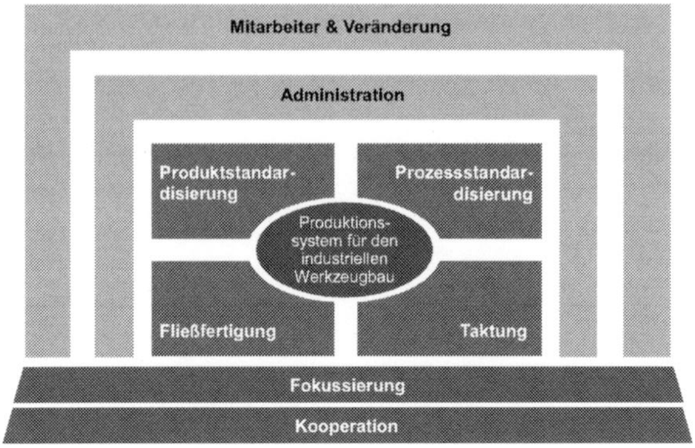

Abbildung 2-17: Gestaltungsmodell für den industriellen Werkzeugbau[367]

Um die Einschränkung des eigenen Leistungsspektrums gegenüber dem Kunden durch die Fokussierung der Wertschöpfung zu vermeiden, ist das Thema **Kooperation** als zweites Element der Industrialisierungsvoraussetzungen ebenfalls als Grundlage zur Industrialisierung anzuführen.[368] Industrielle Werkzeugbaubetriebe besitzen die Anforderungen, fremde Leistungen über sämtliche Teile der Prozesskette in die eigene Auftragsabwicklung zu integrieren. Im Fall von vertikaler Kooperation vergibt der Werkzeugbau Teilkomponenten an Zulieferbetriebe, die er selbst aufgrund der technologischen Anforderungen nicht fertigt. Horizontale Kooperation ermöglicht es dem industriellen Werkzeugbau, seinen Kunden auch ganze Werkzeugsätze anzubieten, deren Erstellung nur teilweise industriell erfolgen kann.[369] Neben der Sicherung des Angebotsspektrums und somit der Wettbewerbsfähigkeit können durch Kooperationen Synergieeffekte erzielt und genutzt werden.[370]

Innerhalb der **Kernelemente industrieller Wertschöpfung** im Gestaltungsmodell für den industriellen Werkzeugbau ist die **Standardisierung** als erstes Element anzuführen.[371] Ihr Ziel liegt in der Generierung von Ähnlichkeit auf Ebene von Bauteilen und Komponenten sowie auf übergeordneter Ebene ganzer Werkzeuge bzw. von Werkzeugfamilien. Grundlage ist die durch die Fokussierung angestrebte Ähnlichkeit im Produktspektrum. Die Schaffung von Wiederholhäufigkeit dient der Reduzierung der Komplexität der Fertigung sowie der Realisierung von Skaleneffekten.[372] Die Werkzeugstandardisierung legt mit ihrem direkten Einfluss auf die Fertigungsprozesse den Grundstein für eine effiziente und leistungsfähige Auftragsabwicklung im Werkzeugbau. Im Rahmen der Werkzeugstandardisierung erarbeitete Konstruktionsstandards reduzieren den Einfluss der Einzelperson auf die Umsetzung einer Werkzeugkonstruktion, den Einfluss der sogenannten „Handschrift des Konstrukteurs", und lassen Kreativität nur dort zu, wo sie zum Lösen einer Konstruktionsaufgabe für ein Werkzeugunikat erforderlich ist. Die damit verbundene Strukturierung der Konstruktionsprozesse und die Entwicklung von Baukastenlösungen für Werkzeuge, die interne Abläufe und externe Kooperation vereinfacht, bewirkt ebenfalls eine Reduzierung der Variantenvielfalt. Zu-

[367] Vgl. Klotzbach, C. (Industrieller Werkzeugbau) 2006, S. 181.
[368] Vgl. Klotzbach, C. (Industrieller Werkzeugbau) 2006, S. 167.
[369] Vgl. Schleyer, C. (Kooperationsmanagement im WZB) 2006, S. 71f.
[370] Vgl. Klocke, F./Schuh, G. et al. (Zukunftsstudie Werkzeug- und Formenbau) 2005, S. 61ff.
[371] Vgl. Klotzbach, C. (Industrieller Werkzeugbau) 2006, S. 180.
[372] Vgl. Schuh, G./Boos, W. (Operative Exzellenz) 2010, S. 37.

sätzlich hilft sie die Arbeitsdokumentation zu vereinheitlichen und die Informationsverarbeitung zu vereinfachen.[373] Der hohe Aufwand zur Ausarbeitung und Umsetzung von Standardisierungsansätzen sowie die ggf. auftretenden Mehrkosten der Verwendung von Standardkomponenten sind stets vor dem enormen Potenzial zur Kosteneinsparung und Effizienzsteigerung über den gesamten Herstellungsprozess zu bewerten.[374]

Die **Prozessstandardisierung**, zweites Element der Kernelemente industrieller Wertschöpfung im Gestaltungsmodell, ist für den Werkzeugbau ein weiterer entscheidender Schritt für die Umsetzung leistungsfähiger und verschwendungsfreier Prozesse.[375] Im traditionellen Werkzeugbau setzt sich die vorherrschende geringe Wiederholhäufigkeit auf Komponenten- und Teileebene in einer hohen Prozessvarianz und einer dadurch hervorgerufenen geringen Wiederholhäufigkeit der internen Abläufe fort.[376] Im Rahmen der Prozessstandardisierung wird die für die traditionelle Werkstattfertigung charakteristische Prozessvarianz, die sich in einer Vielzahl unterschiedlichster Fertigungsfolgen für die individuellen Bauteile ausdrückt, durch die Definition von Prozessstandards in ihrer Anzahl verringert und die Häufigkeit der verbleibenden Fertigungsfolgen als Folge deutlich erhöht.[377] Die Prozessstandardisierung trägt dadurch ebenfalls zu einer Reduktion der Komplexität in den Abläufen der Auftragsabwicklung bei. Außerdem werden durch die Nutzung konstanter Parameter im Zeitablauf Wiederhol- und Lerneffekte zur Verbesserung des Prozesses ermöglicht.[378] Auf diese Weise kann Verschwendung, bspw. durch unnötige Iterationsschleifen, lange Wartezeiten oder vorzeitige Fertigstellung der Werkzeuge, vermieden werden.[379] Der geregelte Informationsfluss unterstützt die Aufarbeitung und Nutzung des bestehenden und von neu generiertem Wissen, wodurch die Flexibilität des Mitarbeitereinsatzes an den verschiedenen Arbeitsstationen erhöht wird.[380] Zudem ermöglicht die Prozessstandardisierung die Werkzeugdurchlaufzeiten und Bestände zu reduzieren sowie den Planungs- und Steuerungsaufwand zu minimieren.[381] Dies wird durch die Nutzung von Standardbibliotheken für die automatische Generierung von Stücklisten und Arbeitsplänen erreicht.

Ein weiteres Kernelement industrieller Wertschöpfungsgestaltung im Gestaltungsmodell für den industriellen Werkzeugbau stellt die **Fließfertigung** dar.[382] Sie kann durch einen zyklischen Wechsel zwischen geeigneter Arbeitsteilung und Aufgabenintegration umgesetzt werden. Die Arbeitsteilung erfolgt durch eine Zerlegung der Einzelprozesse in inkrementelle Elementarabläufe. Der Mitarbeiter ist in der Lage, diese weitestgehend eigenständig zu bearbeiten, wodurch der Abbau von Schnittstellen und flache Hierarchien ermöglicht werden. Die Integration verschiedener Aufgaben dient zur Motivation der Mitarbeiter sowie der Komplexitätsreduktion. Für eine optimale Umsetzung der Fließfertigung muss die Fertigungsorganisation geändert werden. Im Werkzeugbau bedeutet dies die Aufgabe der Werkstattferti-

[373] Vgl. Klotzbach, C. (Industrieller Werkzeugbau) 2006, S. 168.
[374] Vgl. Schuh, G./Haefke, B. et al. (Strategien im Werkzeugbau) 2008, S. 439.
[375] Vgl. Leipold, D./Zwicker, R. (Planung und Steuerung im Werkzeugbau) 2009, S. 60ff.
[376] Vgl. Schuh, G./Brecher, C./ et al. (Wettbewerbsfaktor Produktionstechnik) 2008, S. 39.
[377] Vgl. Schuh, G./Boos, W. et al. (Synchronisierung im industriellen WZB) 2011, S. 381f.
[378] Vgl. Hill, A./Boos, W. (Standardisierung im Werkzeugbau) 2008, S. 10ff.
[379] Vgl. Willrett, H. (Komplexitätsmanagement) 2008, S. 48f.
[380] Vgl. Klotzbach, C. (Industrieller Werkzeugbau) 2006, S. 169ff.
[381] Vgl. Schuh, G./Brecher, C./ et al. (Wettbewerbsfaktor Produktionstechnik) 2008, S. 39.
[382] Vgl. Klotzbach, C. (Industrieller Werkzeugbau) 2006, S. 180.

gung und die Einführung einer Fließ- oder Inselfertigung.[383] Neben der Reduktion der Komplexität der Auftragsabwicklung werden dadurch minimale Durchlaufzeiten ermöglicht.[384]

Durch das Prinzip der **Taktung** wird der zeitliche Aspekt und nicht die Auslastung adressiert. Es wird Prozessdruck aufgebaut, der die Koordination der Einzelprozesse vereinfacht, Ineffizienzen und Schwachstellen der Abläufe aufzeigt und damit die kontinuierliche Verbesserung fördert. Dies erfordert eine fließende Fertigung durch die Vorgabe der passenden Taktdauer und ermöglicht konstante Durchlaufzeiten sowie die Minimierung des Steuerungsaufwands.[385] Interne und externe Einflüsse bedingen die exakte Bestimmung des Taktes, der eine gleichmäßige Kapazitätsauslastung zulässt. Bestände und Wartezeiten werden minimiert, die Transparenz in der Werkzeugherstellung erhöht.[386]

Zum befähigenden Rahmen zählen die Gestaltungsempfehlungen für die **Administration** sowie für **Mitarbeiter und Veränderung**, die hohe Bedeutung für eine erfolgreiche Umsetzung des Konzepts der Industrialisierung besitzen. Die Standardisierung hilft, administrative Prozesse effizienter zu gestalten und durch Lernprozesse zu vereinfachen. Dies ermöglicht die Reduzierung von Schnittstellenverlusten.[387] Des Weiteren ist ohne die optimale Nutzung des Wissenspotenzials der Mitarbeiter, ihre hohe Motivation und ihre Unterstützung die im Zuge der Industrialisierung notwendige tiefgreifende Veränderung der Arbeitsweise im Werkzeugbau sowie aufbauend die kontinuierliche Verbesserung nicht möglich.[388]

2.4.4 Konzeptionelle Einordnung der Prozesssynchronisierung

Gemäß der in Teilkapitel 2.4.2 vorgenommenen Unterteilung des Gestaltungsmodells für den industriellen Werkzeugbau ist die Prozesssynchronisierung dem Bereich der Kernelemente industrieller Wertschöpfung zuzuordnen. Dieser Bereich besteht aus den vier Elementen Produktstandardisierung und Prozessstandardisierung sowie Fließfertigung und Taktung.[389] Eine Erläuterung der einzelnen Konzepte ist in Teilkapitel 2.4.3 enthalten. Entsprechend ihrer Zielsetzung sowie ihrer Bedeutung für die Umsetzung der Industrialisierung im Werkzeugbau lassen sich die Kernelemente industrieller Wertschöpfung konzeptionell in zwei Gruppen unterscheiden. Auf Grundlage dieser Unterscheidung werden im Folgenden die bestehenden Abhängigkeiten und die Bedeutung der einzelnen Elemente für eine Prozesssynchronisierung in der Auftragsabwicklung des industriellen Werkzeugbaus aufgezeigt.

Produktstandardisierung und Prozessstandardisierung dienen der Reduktion der für die Unikatfertigung charakteristischen Komplexität durch die vorhandene Vielfalt und geringe Wiederholhäufigkeit in Produkt und Prozess dadurch, dass Standards zur Steigerung der Wiederholhäufigkeit etabliert werden. Sie sind somit der übergeordneten Zielsetzung der Komplexitätsbeherrschung in der Fertigung von Werkzeugen als Unikate zuzuordnen. Durch die Beherrschung der für die werkstattorientierten Fertigung von Werkzeugen als Unikate charakteristischen Komplexität wird zunächst die Grundlage für weiterführende organisatorische Konzepte zur Verbesserung der Leistungsfähigkeit und Produktivität geschaffen.

---

[383] Vgl. Klotzbach, C. (Industrieller Werkzeugbau) 2006, S. 173f.
[384] Vgl. Schuh, G./Haefke, B. et al. (Strategien im Werkzeugbau) 2008, S. 441.
[385] Vgl. Neumann, K. (Produktions- und Operations-Management) 1996, S. 137; Schuh, G./ Brecher, C./ et al. (Wettbewerbsfaktor Produktionstechnik) 2008, S. 43.
[386] Vgl. Klotzbach, C. (Industrieller Werkzeugbau) 2006, S. 176f.
[387] Vgl. Klotzbach, C. (Industrieller Werkzeugbau) 2006, S. 178f.
[388] Vgl. Schuh, G./Haefke, B. et al. (Strategien im Werkzeugbau) 2008, S. 443.
[389] Vgl. Klotzbach, C. (Industrieller Werkzeugbau) 2006, S. 180.

Zielsetzung von Fließfertigung und Taktung ist es hingegen, durch eine verbesserte Koordination der Werkzeugfertigung eine effiziente Abwicklung frei von Reibungsverlusten und zeitlichem Verzug zu realisieren. Diese beiden Elemente lassen sich direkt der Prozesssynchronisierung zuordnen, die das Ziel verfolgt, synchrone Wertschöpfungsprozesse in der Auftragsabwicklung des industriellen Werkzeugbaus zu realisieren. Die Synchronisierung der Auftragsabwicklung steht somit am Ende des Konzepts der Industrialisierung und dient der Realisierung der wesentlichen Potenziale zur Verbesserung von Produktivität und Prozessleistungsfähigkeit, die mit dem Konzept verbunden werden. Führende Experten der Branche stimmen darin überein, dass es sich dadurch bei der Synchronisierung um die Königsdisziplin der Industrialisierung handelt[390], die eine erfolgreiche Umsetzung der enthaltenen weiteren Konzepte voraussetzt.[391]

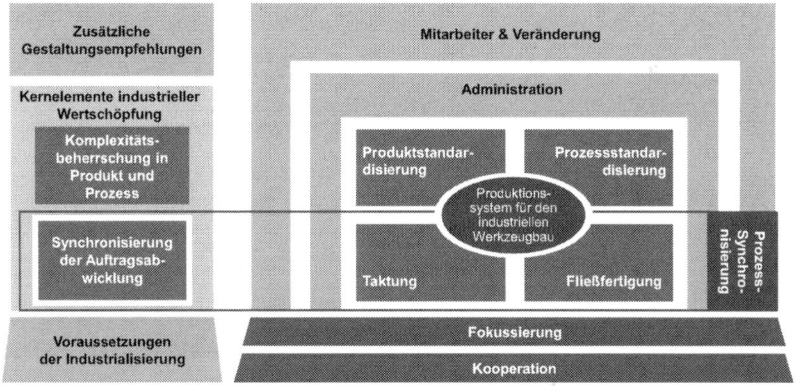

Abbildung 2-18: Konzeptionelle Einordnung der Prozesssynchronisierung

Die konzeptionelle Einordnung der Prozesssynchronisierung in das Gestaltungsmodell für den industriellen Werkzeugbau ist in Abbildung 2-18 dargestellt. Im Folgenden wird vertiefend noch einmal erläutert, wie sich die bestehenden Abhängigkeiten konkret auf die erfolgreiche Einführung und Umsetzung einer Prozesssynchronisierung in der Auftragsabwicklung des industriellen Werkzeugbaus auswirken.

Als zentrale Zielsetzung der Komplexitätsbeherrschung von Produkt und Prozess durch **Werkzeugstandardisierung** und **Prozessstandardisierung** ist die Schaffung von Wiederholhäufigkeit der Schlüssel für die Synchronisierung des Auftragsabwicklungsprozesses.[392] Synchrone Prozesse in der Auftragsabwicklung im Werkzeugbau besitzen einen kontinuierlich erhöhten Planungsbedarf, da für jeden individuellen Auftragsdurchlauf die einzelnen Prozessschritte im Vorfeld aufeinander abgestimmt werden müssen. Wiederholhäufigkeit ermöglicht die exaktere Planung von Prozessschritten und erhöht die Planungsqualität. Durch die genauere Planung im Vorfeld wird der Auftragsdurchlauf frühzeitig festgelegt. Die Trennung von funktionaler Verrichtung und dem Auftragsmanagement, so wie es im traditio-

[390] I. A. a. AWK Expertenvortrag „Synchronisierung im industriellen Werkzeugbau", Referent: Michael Breme, Leiter Audi Werkzeugbau Center of Excellence, Aachen, den 27. Mai 2011.

[391] Vgl. Schuh, G./Haefke, B. et al. (Strategien im Werkzeugbau) 2008, S. 436ff.; Schuh, G./Boos, W. et al. (Synchronisierung im industriellen WZB) 2011, S. 387.

[392] Vgl. Schuh, G./Boos, W. (Operative Exzellenz) 2010, S. 39.

nellen Werkzeugbau vorkommt, verringert den Steuerungsaufwand gleichzeitig stark. Dieser Sachverhalt stellt einen Übergang von der klassisch funktionsorientierten Verrichtung hin zu einer stärker prozessorientierten Organisation der Auftragsabwicklung dar.[393]

Ihre Umsetzung findet die Prozessorientierung in der **Fließfertigung**, einem weiteren Kernelement industrieller Wertschöpfung im Gestaltungsmodell des industriellen Werkzeugbaus, das der Synchronisierung zuzurechnen ist. Die Fließfertigung gibt die ununterbrochene Fertigung eines Produkts vom Ausgangsmaterial bis zur Auslieferung als Idealzustand vor. In der vorgesehenen Ausrichtung der Maschinen nach dem Materialfluss äußert sich der Unterschied zur klassischen Funktionsorientierung, in der die Ressourcen nach Gattungen, bspw. Fräsmaschinen, zusammengefasst sind. Als weiteres Kernelement industrieller Wertschöpfung im Werkzeugbau stellt die **Taktung** eine Möglichkeit für die zeitliche Abstimmung der Fließfertigung dar und ist ebenfalls Element der Synchronisierung. Bearbeitungsumfänge werden in der Taktung im Werkzeugbau zeitlich exakt geplant und durchlaufen die gesamte Anfertigung ohne weiteren Steuerungs- oder Abstimmaufwand.[394]

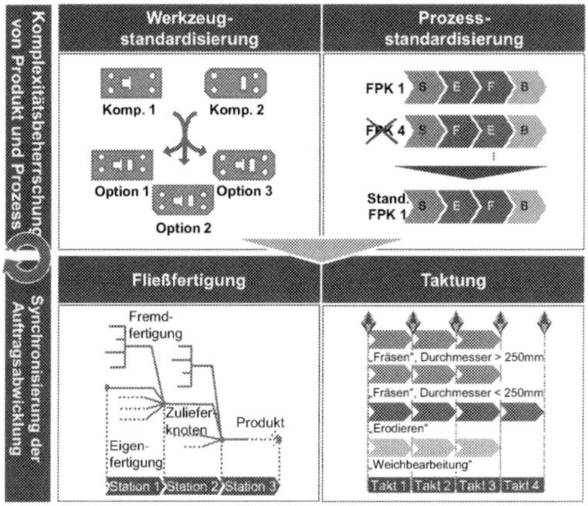

Abbildung 2-19: Abhängigkeiten der Kernelemente industrieller Wertschöpfung

Die bestehenden Abhängigkeiten zwischen den Einzelkonzepten der Kernelemente industrieller Wertschöpfung im Gestaltungsmodell für den industriellen Werkzeugbau nach KLOTZBACH sind in Abbildung 2-19 dargestellt. Eine Zuordnung der Kernelemente zu den beiden verfolgten Zielstellungen – Komplexitätsbeherrschung von Produkt und Prozess sowie Prozesssynchronisierung der Auftragsabwicklung – ist ebenfalls enthalten.

Zusammengefasst gehen mit der Prozesssynchronisierung nachfolgende Schwerpunktthemen einher, die für die Umsetzung der Prozesssynchronisierung der Auftragsabwicklung im Rahmen der Industrialisierung im Werkzeugbau berücksichtigt werden müssen:

- Fokussierung von Produkt- und Auftragsspektrum zur Schaffung von Ähnlichkeit
- Komplexitätsmanagement zur Verringerung der Planungskomplexität

---

[393] Vgl. Schuh, G./Boos, W. et al. (Synchronisierung im industriellen WZB) 2011, S. 388.
[394] Vgl. Klotzbach, C. (Industrieller Werkzeugbau) 2006, S. 173ff.

- Veränderung des Koordinationsprinzips von Steuerungs- auf Planungsfokus
- Prozessorientierung statt der funktionsorientierten Auftragsabwicklung
- Synchronisierung durch Verrichtung nach Flussprinzip und Taktung

Die zusätzlichen Gestaltungsempfehlungen Mitarbeiter und Veränderung unterstützen die Umsetzung der Industrialisierung im Werkzeugbau. Diese liegt außerhalb des Betrachtungsfokus dieser Arbeit, weshalb auf eine Detaillierung verzichtet wird.

2.4.5 Eigenschaften und Potenziale synchroner Auftragsabwicklungsprozesse

Eine vollständig synchrone Auftragsabwicklung von hoher Effizienz und ohne Reibungsverluste ist der Idealzustand für die Wertschöpfungsgestaltung im industriellen Werkzeugbau.[395] Einzelne erfolgreiche Umsetzungsbeispiele der Branche weisen bereits das enorme Potenzial zur sprunghaften Steigerung der Produktivität nach, das durch eine synchrone Auftragsabwicklung im industriellen Werkzeugbau realisiert werden kann.[396] Nachdem Synchronisierung im Allgemeinen in Teilkapitel 2.1.1 und speziell die Synchronisierung im Produktionsmanagement in Teilkapitel 2.1.2 eingeführt wurden, werden im Folgenden die Eigenschaften der synchronen Auftragsabwicklung im industriellen Werkzeugbau beschrieben und von denen der in Unterkapitel 2.2 und 2.3 beschriebenen traditionellen, werkstattorientierten Werkzeugfertigung abgegrenzt. Eine Einordnung des Konzepts der Synchronisierung in das übergeordnete Gesamtkonzept der Industrialisierung im Werkzeugbau wird in Unterkapitel 3.1 vorgenommen.

Folgende Merkmale werden von führenden Werkzeugbauexperten als charakteristische Eigenschaften der synchronen Auftragsabwicklung im industriellen Werkzeugbau angeführt:[397]

- Verkürzte und konstante Durchlaufzeiten
- Erhöhte Prozessstabilität und Zuverlässigkeit
- Verringerte Umlaufbestände
- Verringerte Reibungsverluste durch Such- und Abstimmungsaufwände
- Gesteigerte Transparenz und Visuelles Management
- Verbesserte Flexibilität durch Schnelligkeit

Eine kurze **Durchlaufzeit** stellt für den Werkzeugbaukunden aufgrund der gestiegenen Projektkomplexität sowie der immer kürzeren Entwicklungs- und Produktlebenszyklen ein zentrales Kundennutzenmerkmal dar. Die synchrone Auftragsabwicklung trägt in erster Linie durch die Vermeidung von Liegezeiten, in zweiter Linie durch die Verkürzung von Rüst- und Nebenzeiten zu kurzen Durchlaufzeiten bei. Dies wird durch eine inhaltliche und zeitliche Abstimmung aufeinanderfolgender Prozessschritte sowie durch die Verrichtung nach dem Flussprinzip erreicht. Die synchrone Auftragsabwicklung zeichnet sich hingegen nicht durch

[395] Vgl. Schuh, G./Boos, W. et al. (Synchronisierung im industriellen WZB) 2011, S. 388.
[396] Vgl. Schuh, G./Boos, W. (Operative Exzellenz) 2010, S. 21.
[397] Vgl. Schuh, G./Boos, W. et al. (Synchronisierung im industriellen WZB) 2011, S. 383f.

eine Beschleunigung der einzelnen Arbeitsschrittinhalte aus. Die Verkürzung der Durchlaufzeit erfolgt bei der synchronen Auftragsabwicklung vielmehr „zwischen den Prozessschritten". Der beschriebene Zusammenhang ist in Abbildung 2-20 schematisch dargestellt.

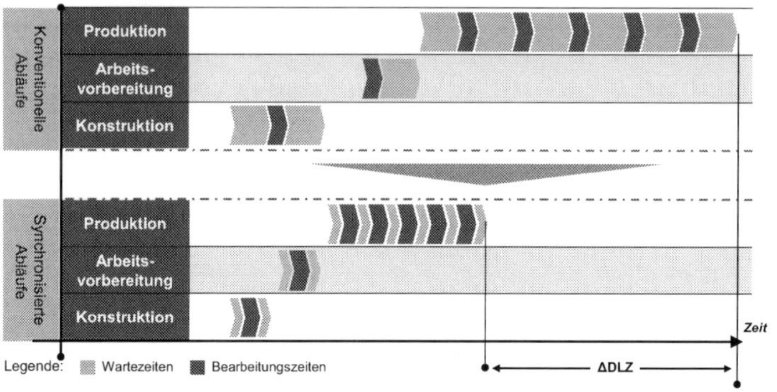

Abbildung 2-20: Durchlaufzeitverkürzung durch synchrone Werkzeugfertigung[398]

Die zeitliche Abstimmung von Prozessschritten aufeinander, z. B. durch eine Taktung, führt zudem zu vorhersagbaren, konstanten Durchlaufzeiten in der Werkzeugfertigung mit hoher **Prozessstabilität** gegenüber Prozessstörungen. Dies hat einen positiven Effekt auf die Termintreue der Fertigung und damit auf die **Zuverlässigkeit** der Werkzeugherstellung.

Kürzere Durchlaufzeiten und verkürzte Warte- und Liegezeiten einer synchronen Auftragsabwicklung führen in Konsequenz zu einer Reduktion der gleichzeitig in Bearbeitung befindlichen Arbeitsumfänge[399] und damit zu einer **Verringerung der Umlaufbestände**. Die Verringerung der gleichzeitig bearbeiteten Aufträge wirkt sich positiv auf den Auftragsdurchfluss und die Zuverlässigkeit der Bearbeitung sowie deren Effizienz aus. Die in der traditionellen Werkzeugfertigung häufig auftretenden Umpriorisierungen, Reihenfolgeänderungen und Neuterminierungen von Bearbeitungsumfängen werden reduziert und die Prozessstabilität aufgrund der verkürzten Planungsintervalle vergrößert. Dadurch ergibt sich ebenfalls ein positiver Effekt für die Effizienz, da unproduktive Eingriffe in die Prozessflüsse zur Feinsteuerung und Koordination weitgehend wegfallen.

Als Folge sinken für die synchrone Auftragsabwicklung ebenfalls die für die Werkstattfertigung charakteristischen hohen **Reibungsverluste** durch **Such- und Abstimmungsaufwände**, die für den charakteristischen hohen Anteil unproduktiver Tätigkeiten der Mitarbeiter verantwortlich sind. Durch die verbesserte Planung im Vorfeld entfallen die hohen Steuerungsaufwendungen in sämtlichen Bereichen, die besonders im Fall von Prozessstörungen durch außerplanmäßig auftretende Gegebenheiten auftreten. Diese sind, wie in Unterkapitel 2.2 beschrieben, im Werkzeugbau aufgrund des Unikatcharakters der Produkte jedoch nicht Ausnahme, sondern stellen vielfach den Regelfall dar. Die erhöhte Planungsqualität verkürzter Planungsintervalle reduziert zusammen mit der erhöhten Prozessstabilität den Steuerungsaufwand erheblich.

---

[398] Vgl. Schuh, G./Boos, W. et al. (Synchronisierung im industriellen WZB) 2011, S. 385; Schuh, G./Boos, W. (Operative Exzellenz) 2010, S. 42.

[399] Verbreitete englische Bezeichnung von Fertigungsbeständen: WIP – Work in Progress.

Ein weiterer Effekt, der sich auf die für die synchrone Auftragsabwicklung im industriellen Werkzeugbau charakteristischen standardisierten Prozessabläufe zurückführen lässt, ist die Erhöhung der **Transparenz** über die Arbeitsumfänge und den Bearbeitungsstatus von Aufträgen. Entsprechend des feststehenden Bearbeitungsplans ist für jedes Teil und jede Komponente nachvollziehbar, in welchem Bearbeitungszustand das Teil an welchem Ort vorgesehen ist. Die durch die Transparenz über den Bearbeitungsstand erreichte Steigerung der Übersichtlichkeit stellt einen wesentlichen Unterschied zu den üblicherweise komplexen, chaotischen Materialflüssen der Auftragsbearbeitung in Werkzeugbaubetrieben mit werkstattorientierter, auf die Funktionen ausgerichteter Verrichtung dar. (Abbildung 2-21)

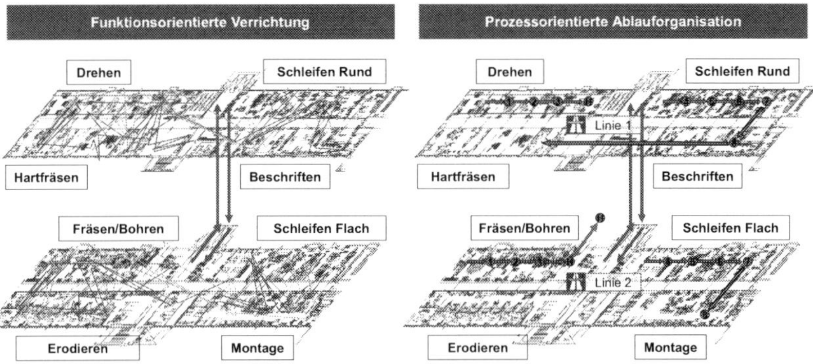

Abbildung 2-21: Darstellung des Materialflusses für Funktions- u. Prozessorientierung

Gegenüber der Werkstattfertigung wird es in einer prozessorientierten synchronen Auftragsabwicklung im Werkzeugbau erleichtert, Abweichungen vom Soll-Verlauf der Bearbeitung bzw. von der Soll-Bearbeitung zu einem frühen Zeitpunkt festzustellen und Gegenmaßnahmen einzuleiten. Dies stellt einen erheblichen Hebel zur Verringerung der typischerweise hohen Fehlerkosten aufgrund des sogenannten „Einmal-Charakters" im Werkzeugbau dar.[400] **Visuelles Management** in der Werkstatt sowie ein klar strukturierter Materialfluss mit gekennzeichneten An- und Ablieferungsflächen unterstützen die Erhöhung der Transparenz.

Synchrone Prozessflüsse sind mit einem erhöhten Planungsbedarf verbunden, um den Prozessfluss vorwegzunehmen sowie hohe Steuerungsaufwendungen zu vermeiden. Durch den verstärkten Planungsfokus kommt der Prozessstabilität für eine Erhöhung der Planungsqualität eine besondere Bedeutung zu. Dies bedeutet im Werkzeugbau auch, dass kurzfristige Änderungen an Abläufen aktiv unterbunden werden müssen, wodurch die **Flexibilität** zur kurzfristigen Reaktion zunächst eingeschränkt wird. Für den Werkzeugbau, der sich durch den hohen Anteil von unplanbar auftretenden Tätigkeiten bzw. von Tätigkeiten, die bzgl. Umfang und Dauer nicht exakt planbar sind, auszeichnet, stellt die resultierende Einschränkung der Flexibilität zur Vermeidung von Prozessstörungen einen Einschnitt dar. Umsetzungsbeispiele weisen nach, dass der Nutzen der Flexibilität durch kurzfristige Reaktion zumeist überbewertet wird und dass die drastisch verkürzte Durchlaufzeit, die sich ebenfalls auf kurzfristige Arbeitsumfänge nach deren sauberen Einplanung positiv auswirkt, die Flexibilität durch den Effekt der **Schnelligkeit der Bearbeitung** in Summe sogar steigert.

[400] Vgl. Zwanzig, F. (Taktung der Unikatfertigung) 2009, S. 38.

Als Auswirkung der Summe der sich überlagernden Effekte, die zuvor beschrieben wurden, lässt sich im Werkzeugbau eine **sprunghafte Steigerung der Produktivität** bei höherem Kundennutzen aufgrund von reduzierten Durchlaufzeiten und erhöhter Termintreue erzielen. Die synchrone Auftragsabwicklung reduziert den für die Werkstattfertigung charakteristisch hohen Aufwand für nicht direkt wertschöpfende Tätigkeiten wie Auftragsverfolgung und Steuerung sowie Such- und Abstimmungstätigkeiten. Durch die inhaltliche und zeitliche Abstimmung der Prozessschritte aufeinander erhöht sich in den Funktionsbereichen der Anteil fachspezifischer Tätigkeiten an der Gesamttätigkeit des Mitarbeiters. Somit unterstützt die Synchronisierung ebenfalls die Spezialisierung in modernen Werkzeugbaubetrieben.

2.5 Handlungsbedarf aus der Praxis

Auf Basis der Darstellung der Ausgangssituation sowie der Vertiefung der Grundlagen des Betrachtungs- und Gestaltungsbereichs wird nachfolgend das Praxisdefizit abgeleitet.

Im Kontext des Produktionsmanagements wurde die Synchronisierung als inhaltliche und zeitliche Abstimmung verteilt vorgenommener Arbeitsinhalte innerhalb eines technischen Systems mit dem Ziel höchstmöglicher Effizienz unter Vermeidung von Verschwendung und zeitlichem Verzug eingeführt.[401] Während die Synchronisierung in der Serienfertigung mit dem charakteristischen repetitiven und planbaren Charakter der Produktionsprozesse weit verbreitet ist, stellen synchrone Prozesse im Werkzeugbau die Ausnahme dar.[402]

Dieser Umstand lässt sich auf die unterschiedlichen Eigenschaften der Auftragsabwicklung der Serienfertigung gegenüber der Auftragsabwicklung der Unikatfertigung von Werkzeugen zurückführen. Anhand von Merkmalen wie der Wiederholrate und der Prozessvarianz lassen sich Einzel- und Auftragsfertigung klar von der Serien- oder auch Massenfertigung abgrenzen. Die für den Werkzeugbau charakteristische Komplexität der Auftragsabwicklung lässt sich auf die hohe Variantenvielfalt sowie die unkalkulierbare Dynamik des Leistungsangebots und -bedarfs zurückführen. Beide Einflussfaktoren erfordern ein hohes Maß an Flexibilität und stellen besondere Anforderungen an Organisation und Koordination der Auftragsabwicklung.

Der Werkzeugbau befindet sich innerhalb der industriellen Wertschöpfungskette an der Schlüsselposition zwischen Produktentwicklung und Serienfertigung. Ein charakteristisches Merkmal von Werkzeugbauunternehmen ist ihr breites Leistungsspektrum, das sich in ein Werkzeugspektrum mit unterschiedlichsten Werkzeugen und Technologien sowie ein Auftragsspektrum mit sowohl planbaren als auch unplanbaren Aufträgen aufteilen lässt. Die Individualität des Leistungsspektrums führt zusammen mit der hohen Marktdynamik zu einem Leistungsangebot, das sich in einem Spannungsfeld zu den Zielgrößen der Auftragsabwicklung – Schnelligkeit, Zuverlässigkeit und Effizienz – befindet. Die im Rahmen der Ausgangssituation aufgezeigte geringe Prozessleistungsfähigkeit kann somit auf zentrale Eigenschaften der Auftragsabwicklung, allen voran deren hohe Komplexität durch fehlende Wiederholhäufigkeit und hohe Prozessvarianz, zurückgeführt werden.

[401] I. A. a. Arnold, D./Isermann, H. et al. (Handbuch Logistik) 2008, S. 589.
[402] Vgl. Schuh, G./Boos, W. (Operative Exzellenz) 2010, S. 43.

Als Lösungsansatz für die geringe Prozessleistungsfähigkeit wurde das Konzept der Industrialisierung im Werkzeugbau eingeführt. Erfolgreiche Umsetzungsbeispiele weisen das enorme Potenzial zur Steigerung von Prozessleistungsfähigkeit und Produktivität nach, das mit der Industrialisierung im Werkzeugbau verbunden wird.[403] Das Konzept sieht die Übertragung moderner Ansätze der Produktstrukturierung und des Komplexitätsmanagements sowie aus der Serienfertigung bekannter Prozess- und Fertigungsorganisationskonzepte auf die traditionell handwerklich und werkstattorientiert geprägte Fertigung von Werkzeugen vor. Die Kernelemente industrieller Wertschöpfung innerhalb des Gestaltungsmodells nach KLOTZBACH enthalten die Standardisierung von Produkt und Prozess sowie die Fließfertigung und Taktung. Durch die Industrialisierung im Werkzeugbau, deren Königsdisziplin die Synchronisierung der Auftragsabwicklung zur Werkzeugherstellung ist, lassen sich zentrale Zielgrößen gleichzeitig verbessern. Verkürzte und konstante Durchlaufzeiten wirken sich positiv auf die Schnelligkeit und Zuverlässigkeit der Fertigung aus, die erhöhte Prozessstabilität und verringerte Umlaufbestände steigern durch verringerte Reibungsverluste und weniger Such- und Abstimmungsaufwände ebenfalls die Schnelligkeit, Zuverlässigkeit und die Effizienz der Auftragsabwicklung. Erhöhte Flexibilität durch verkürzte Durchlaufzeiten bei erhöhter Transparenz sind weitere Eigenschaften der synchronen Auftragsabwicklung im industriellen Werkzeugbau. Die Summe der Effekte ergibt eine sprunghafte Steigerung der Produktivität, begleitet von einer Steigerung der Prozessleistungsfähigkeit in Bezug auf Zeit, Qualität und Kosten als zentrale Zielgrößen des Produktionsmanagements.

Die in der Beschreibung der Ausgangssituation motivierten Auswirkungen der Industrialisierung und Synchronisierung im industriellen Werkzeugbau auf das Polylemma der Produktionstechnik, dessen Gegensätze als zentrales Ziel des DFG-Exzellenzclusters „Integrative Produktionstechnik in Hochlohnländern" reduziert werden sollen, sind in Abbildung 2-22 dargestellt.

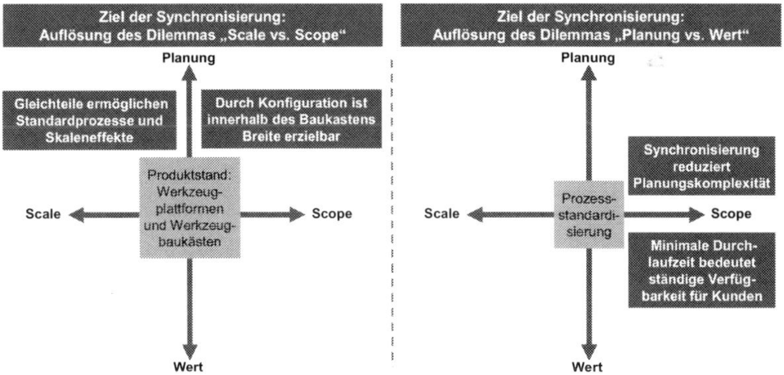

Abbildung 2-22: Reduzierung der Gegensätze durch Industrialisierung

Die Standardisierung von Produkt und Prozess reduziert durch die Verwendung von kundenanonymen Standardkomponenten und -vorgehen für die Fertigung kundenindividueller Werkzeuge als Unikate den Gegensatz zwischen „Scale" und „Scope". Dies geht mit der Reduzierung der charakteristischen Komplexität der Auftragsabwicklung in der Werkzeugfer-

[403] Vgl. Klocke, F./Schuh, G. et al. (Zukunftsstudie Werkzeug- und Formenbau) 2005, S. 1ff.

tigung durch die Schaffung von Wiederholhäufigkeit und die Senkung der Prozessvarianz einher. Darauf aufbauend führt die Synchronisierung durch die Umsetzung der Fließfertigung sowie der zeitlichen Abstimmung von Prozessschritten aufeinander, z.B. durch Taktung, zu einer reduzierten Planungskomplexität durch schnellere Durchlaufzeiten. In Kombination mit einer Verringerung des Umlaufbestands erfolgt die gleichzeitige Erhöhung des Kundenwerts. Dies entspricht der Reduktion des Gegensatzes von „Planung" und „Wert".

Trotz der bekannten Potenziale zur Steigerung von Prozessleistungsfähigkeit und Produktivität der Auftragsabwicklung in der Werkzeugfertigung, die mit der Industrialisierung und der Synchronisierung im Werkzeugbau verbunden werden, besteht ein Umsetzungsdefizit des Konzepts in der betrieblichen Praxis. Aktuell beschränkt sich die Umsetzung auf wenige, zumeist große Werkzeugbaubetriebe, während selbst erfolgreiche Werkzeugbauunternehmen vielfach an deren Umsetzung scheitern.[404] Die bestehende Umsetzungslücke konnte jüngst in der aktuellen Studie *„Operative Exzellenz im Werkzeug- und Formenbau"*[405] nachgewiesen werden, deren Ergebnisse zur Synchronisierung in die Argumentation einfließen.

Die durchgeführte Studie basiert auf der gemeinsamen Benchmarking Datenbank des Werkzeugmaschinenlabors WZL der RWTH Aachen und des Fraunhofer Instituts für Produktionstechnik IPT, die mit 162 aktuellen Datensätzen von Werkzeugbauunternehmen zu organisatorischen und technologischen Fragestellungen weltweit Einzigartigkeit besitzt. Auf Basis der Datenbank wurden Entwicklungen in der Branche Werkzeugbau abgeleitet, die anschließend durch eine Befragung von Unternehmen sowie durch Expertengespräche zur Diskussion der Ergebnisse der Befragung validiert wurden. Ziel der Studie war es, aktuelle und zukunftsweisende organisatorische Trends in der Branche Werkzeugbau durch eine Befragung von erfolgreichen Unternehmen der Branche mit einer Vorreiterrolle in der Gestaltung leistungsfähiger organisatorischer Prozesse aufzuzeigen. Dazu wurden im Rahmen der Studie die Finalisten des Wettbewerbs „Excellence in Production" der vergangenen drei Jahre sowie weitere ausgewählte Unternehmen der Branche befragt. Insgesamt nahmen 64 Unternehmen an der Studie teil. Die Befragung richtete sich an einen Branchenquerschnitt und gewährleistet somit eine hohe Repräsentativität der erzielten Ergebnisse.

Zentrale Ergebnisse der Studie sind in Abbildung 2-23 zusammengefasst, die im Folgenden zur Darstellung der beschriebenen Umsetzungslücke angeführt werden. Die Eigeneinschätzung der befragten erfolgreichen Unternehmen der Branche Werkzeugbau identifiziert mit der Termintreue und der geringen Durchlaufzeit zwei Merkmale leistungsfähiger Prozesse als zentrale Differenzierungsmöglichkeiten. Dies steht in Diskrepanz zu dem Entwicklungstrend der Termintreue in der Branche, die auf niedrigem Niveau stagniert. Zwar weist die Entwicklung der Kennzahl „Eigene Wertschöpfung/Tag" als Indikator für Schnelligkeit und Produktivität der Werkzeugherstellung einen positiven Trend auf, jedoch besteht durch das niedrige Niveau im Vergleich zu den Top 10 Unternehmen des Wettbewerbs „Excellence in Production" deutliches Potenzial für eine Steigerung von Schnelligkeit und Produktivität. Während aktuell 40% der befragten erfolgreichen Unternehmen angeben, die Synchronisierung umgesetzt zu haben, beabsichtigen dies für die Zukunft 67% der befragten Unternehmen.[406]

[404] Vgl. Analyseergebnis des Wettbewerbs *Excellence in Production* (EIP) 2010.
[405] Vgl. Schuh, G./Boos, W. (Operative Exzellenz) 2010.
[406] Vgl. Schuh, G./Boos, W. (Operative Exzellenz) 2010, S. 42ff.

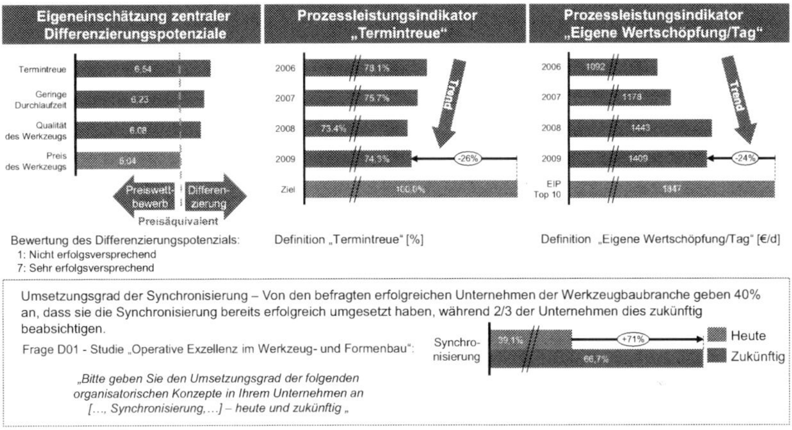

Abbildung 2-23: Umsetzungsdefizit der Prozesssynchronisierung im Werkzeugbau[407]

Zusammenfassend lässt sich feststellen, dass trotz der erkannten Bedeutung, die leistungsfähige und produktive Prozesse für die Differenzierung und für die Sicherung von Wettbewerbsfähigkeit und Unternehmenserfolg besitzen, eine Diskrepanz zur aktuellen Prozessleistungsfähigkeit in der Branche besteht. Obwohl Industrialisierung und besonders Synchronisierung eine Lösungsmöglichkeit darstellen, besteht ein Umsetzungsdefizit. Als Folgerung besteht akuter Bedarf für eine methodische Unterstützung der erfolgreichen Gestaltung und Umsetzung der Prozesssynchronisierung in der Auftragsabwicklung des industriellen Werkzeugbaus.

[407] I. A. a. Schuh, G./Boos, W. (Operative Exzellenz) 2010, S. 16ff.

3 Bewertung relevanter Theorien und Ansätze

Nachdem im vorherigen Kapitel der Handlungsbedarf aus der Praxis aufgezeigt wurde, werden in diesem Kapitel entsprechend dem gewählten forschungsmethodischen Vorgehen zunächst existierende problemrelevante Theorien vorgestellt und bewertet.[408] Anschließend wird auf dieser Grundlage der Handlungsbedarf aus der Theorie abgeleitet und aufbauend eine Konkretisierung der Forschungsfrage vorgenommen.

Dazu wird eine Einordnung zentraler Herausforderungen der Prozesssynchronisierung für den beschriebenen Anwendungskontext gegeben. Aufbauend werden Anforderungen an eine Methodik zur Prozesssynchronisierung in der Auftragsabwicklung des industriellen Werkzeugbaus abgeleitet. Diese werden der Auswahl und Analyse bestehender Ansätze zugrunde gelegt. Die Bewertung relevanter Ansätze zur Prozessgestaltung erfolgt anschließend vor dem Hintergrund der Zielsetzung dieser Arbeit sowie der im Vorfeld definierten Anforderungen. Anhand der Bewertung existierender Ansätze wird schließlich der Handlungsbedarf aus der Theorie abgeleitet. Das Kapitel schließt mit einer Konkretisierung der Forschungsfrage, die handlungsleitend für die in Kapitel 4 zu konzipierende Methodik zur Prozesssynchronisierung in der Auftragsabwicklung des industriellen Werkzeugbaus ist.

3.1 Herausforderungen der Prozesssynchronisierung im Anwendungskontext

In diesem Unterkapitel werden die Herausforderungen einer Prozesssynchronisierung im Anwendungskontext der Auftragsabwicklung des industriellen Werkzeugbaus thematisiert. Zunächst wird dazu die Problematik der Übertragbarkeit bestehender Methodiken zur Prozesssynchronisierung aus der Serienfertigung auf die Auftragsabwicklung des Werkzeugbaus aufgezeigt. Anschließend werden zentrale Herausforderungen, die sich aufgrund des konzeptionellen Rahmens der Prozesssynchronisierung der Auftragsabwicklung als Teil der Industrialisierung des Werkzeugbaus ergeben, dargestellt.

Unter Prozesssynchronisierung wird in dieser Arbeit gemäß der in Unterkapitel 2.1 angeführten Definition ein Koordinationsprinzip verstanden, das die Ausrichtung von Einzelaktivitäten in einem arbeitsteiligen System auf ein übergeordnetes Gesamtziel, in Form von effizienten und schnellen Prozessen, leistet.[409] Für den Anwendungsfall der Prozesssynchronisierung in der Auftragsabwicklung des industriellen Werkzeugbaus wird unter Berücksichtigung der spezifischen Rahmenbedingungen der Anwendung folgende Definition gewählt und den nachfolgenden Überlegungen zugrunde gelegt.

„Unter Prozesssynchronisierung wird die inhaltliche und zeitliche Abstimmung von Prozessschritten im Auftragsabwicklungsprozess verstanden, die eine effiziente Abwicklung frei von Verschwendung und zeitlichem Verzug ermöglicht."

Die Prozesssynchronisierung im Kontext des Produktionsmanagements besitzt ihren Ursprung und ihre größte Verbreitung in der Serienfertigung. (siehe Teilkapitel 2.1.2) Für die

[408] Vgl. Ulrich, H. (Management) 1984, S. 193.
[409] Vgl. Gierth, M. (Selbststeuerung logistischer Prozesse) 2009, S. 25.

Prozesssynchronisierung finden in der Auftragsabwicklung der Serienfertigung vor allem deterministische Modelle Anwendung, die auf der Vorhersagbarkeit und dem Wiederholcharakter des Produktionsablaufs beruhen.[410] Zur Produktionssynchronisierung werden verbreitet statische Verfahren der Produktionsplanung und -steuerung (PPS) wie Kanban, Just in Time (JIT) und Fertigungsfortschrittszahlen angewendet.[411] Diese legen den Schwerpunkt vorrangig auf die produktionssynchrone Bereitstellung des erforderlichen Prozessinputs, d. h. des Materials oder des Vorprodukts.[412]

Wie aus Teilkapitel 2.3.6 hervorgeht, zeichnet sich die Auftragsabwicklung im Werkzeugbau jedoch vor allem durch die charakteristische geringe Wiederholhäufigkeit und die resultierende eingeschränkte Planbarkeit der Prozesse aus, die sich direkt als Folge der kundenindividuellen Unikatfertigung ergeben. Der bereitgestellte Prozessinput besitzt im Werkzeugbau wie das Werkzeug als Endprodukt ebenfalls Unikatcharakter.[413] Die dadurch entstehenden zusätzlichen Abhängigkeiten von Prozessschritten der Auftragsabwicklung im Werkzeugbau steigern die im Rahmen der Produktionsplanung und Steuerung (PPS) für die Koordination der Abläufe zu bewältigende Komplexität.[414] Aufgrund der eingeschränkten Vorhersagbarkeit durch den fehlenden Wiederholcharakter der Prozesse ist so die zentrale Voraussetzung für die Übertragung der deterministischen Modelle für die Synchronisierung der Auftragsabwicklung im Werkzeugbau nicht gegeben.[415] Als Folge ist es nicht möglich, deterministische Modelle der Produktionsplanung und -steuerung sowie bekannte Methodiken für die produktionssynchrone Bereitstellung von Material und Vorprodukten aus der Massenfertigung für eine Prozesssynchronisierung in der Auftragsabwicklung als Teil der Industrialisierung zu übertragen.[416]

Wie in Unterkapitel 2.4 beschrieben, handelt es sich bei der Industrialisierung im Werkzeugbau um ein umfassendes Konzept, das neben der strategischen Ausrichtung eines Werkzeugbaus nahezu jeden Unternehmensbereich sowohl in den direkten als auch in den indirekten Bereichen betrifft. Mit der Industrialisierung ist ein Paradigmenwechsel in der Wertschöpfungsgestaltung und den operativen Abläufen der Auftragsabwicklung verbunden. Die Prozesssynchronisierung der Auftragsabwicklung steht in diesem Zusammenhang für die Realisierung der Prozess- und Flussorientierung im Werkzeugbau innerhalb des übergeordneten Konzepts der Industrialisierung und kann nicht losgelöst davon betrachtet werden. Ein Ansatz, der auf die reinen Fertigungsbereiche beschränkt ist, ist für die Gestaltung synchroner Wertschöpfungsprozesse im Werkzeugbau demnach nicht ausreichend.[417]

Das Konzept der Prozesssynchronisierung im industriellen Werkzeugbau erfordert vielmehr einen ganzheitlichen Ansatz, um die bestehenden Potenziale zu heben.[418] Einen entsprechend weiten konzeptionellen Rahmen bieten ausgewählte Methodiken zur Prozessgestaltung sowie zur prozessorientierten Reorganisation, die im Rahmen der Bewertung relevanter Theorien und Ansätze auf ihre Eignung untersucht werden. Die sich aus dem Anwendungskontext ergebenden Implikationen für eine Methodik zur Synchronisierung der Auftragsab-

[410] I. A. a. Steven, M. (Handbuch Produktion) 2007, S. 232.
[411] Vgl. Wiegershaus, U. (Synchronisation) 1990, S. 39.
[412] Vgl. Gleissner, H./Femerling, C. (Logistik) 2008, S. 151.
[413] I. A. a. Schmelzer, H./Sesselmann, W. (Geschäftsprozessmanagement) 2008, S. 227ff.
[414] Vgl. Schuh, G./Boos, W. et al. (Synchronisierung im industriellen WZB) 2011, S. 386.
[415] Vgl. Schuh, G./Boos, W. et al. (Synchronisierung im industriellen WZB) 2011, S. 386.
[416] Vgl. Schuh, G./Boos, W. et al. (Synchronisierung im industriellen WZB) 2011, S. 386.
[417] I. A. a. Klotzbach, C. (Industrieller Werkzeugbau) 2006, S. 51.
[418] Vgl. Schuh, G./Boos, W. et al. (Synchronisierung im industriellen WZB) 2011, S. 386.

wicklung im industriellen Werkzeugbau stellen die Grundlage für die Formulierung von Anforderungen an die Methodik dar, die im nächsten Unterkapitel vorgenommen wird.

3.2 Anforderungen an eine Methodik zur Prozesssynchronisierung

Für eine zielgerichtete Entwicklung der Methodik für die Prozesssynchronisierung in der Auftragsabwicklung des industriellen Werkzeugbaus ist es erforderlich, Anforderungen aus dem Anwendungskontext zu definieren. Hierzu werden zunächst inhaltliche Anforderungen auf der Grundlage des identifizierten Handlungsbedarfs aus der Praxis vor dem Hintergrund der dieser Arbeit zugrunde liegenden Zielsetzung abgeleitet. Dazu wird im Folgenden zwischen prozessbezogenen Anforderungen und branchenbezogenen Anforderungen unterschieden. Im Anschluss werden formale Anforderungen an die Methodik nach den Grundlagen eines methodisch-wissenschaftlichen Vorgehens definiert, die als Anforderungen aus wissenschaftlicher Sicht einbezogen werden.

3.2.1 Prozessbezogene Anforderungen

Prozessbezogene Anforderungen fassen alle zur umfassenden Gestaltung und Umsetzung notwendigen Merkmale einer Methodik zusammen.

Zentrale Anforderung an eine Methodik für die synchrone Wertschöpfungsgestaltung im Rahmen der Synchronisierung der Auftragsabwicklung im industriellen Werkzeugbau ist die **Integrierbarkeit** in das übergeordnete Konzept der Industrialisierung im Werkzeugbau. Für die erfolgreiche Synchronisierung der Auftragsabwicklung ist die Einbettung in das Gesamtkonzept der Industrialisierung entscheidender Erfolgsfaktor.[419] Die Umsetzung der weiteren Teilkonzepte der Industrialisierung muss sich deshalb in die Methodik integrieren lassen.

Aus der Integrierbarkeit ergibt sich die **Ganzheitlichkeit** als weitere Anforderung für die Methodik zur Synchronisierung der Auftragsabwicklung im industriellen Werkzeugbau. Ein Ansatz, der sich auf die direkten Fertigungsbereiche beschränkt und die produktionssynchrone Bereitstellung von Material und Vorprodukten leistet, ist entsprechend nicht ausreichend. Wie bereits dargestellt, erfordert die Synchronisierung im industriellen Werkzeugbau stattdessen einen ganzheitlichen Ansatz, der die gesamte Prozesskette der Auftragsabwicklung sowie deren Schnittstellen zu Auftraggeber und Prozesskunden einbezieht.[420]

Um den Anwender durch die einzelnen Schritte einer Methodik zu führen, muss die Methodik ein **konkretes Ablaufmodell** aufweisen. Die Beschreibung und inhaltliche Abgrenzung der einzelnen Methodikschritte müssen einen Beitrag zur Strukturierung der Vorgehensweise leisten und den Anwender unterstützen, den Gesamtzusammenhang der Anwendung zu verstehen. Inhaltlich abgeschlossene Phasen und definierte Schnittstellen ermöglichen, an verschiedenen Stellen der Methodik einzusteigen und sichern eine Konnektivität zu anderen, vorgelagert durchzuführenden Methodiken, z. B. im Rahmen der Industrialisierung.

Eine weitere Anforderung besteht in der **Umsetzungsunterstützung**, die durch die Methodik gewährleistet sein sollte. Für die Umsetzung kommt der Quantifizierung des Umset-

---

[419] Aussage führender Experten beim 1. Expertentreffen des AWK 2011 Vortrags „Synchronisierung im industriellen Werkzeugbau“, Frankfurt, 8. Oktober 2011.

[420] Vgl. Schuh, G./Boos, W. et al. (Synchronisierung im industriellen WZB) 2011, S. 277ff.

zungserfolgs entsprechend des zugrunde liegenden Zielsystems, z. B. durch die Erhebung von Kennzahlen zur Belegung der Leistungssteigerung, eine entscheidende Rolle zu. Dadurch lässt sich der Umsetzungserfolg messen und eine Grundlage für die mehrmalige Anwendung der Methodik, z. B. im Fall von sich verändernden unternehmerischen Randbedingungen, schaffen.

3.2.2 Branchenbezogene Anforderungen

Der systematische und strukturierte Einbezug der charakteristischen Eigenschaften der Branche Werkzeugbau stellt weitere Anforderungen an die Methodik.

Der **Branchenbezug** stellt eine zentrale Anforderung an die Methodik dar. Die Branche Werkzeugbau ist durch eine große Heterogenität geprägt. Abhängig von Organisationsform, Marktzugang, Unternehmensgröße, strategischer Ausrichtung, Leistungsspektrum und Produktspektrum ergeben sich Unterschiede in den Voraussetzungen und der verfolgten Zielsetzung der Synchronisierung, die für die angestrebte Allgemeingültigkeit der Methodik innerhalb der Branche Werkzeugbau berücksichtigt werden müssen. Die Forderung der Eignung der Methodik zur Synchronisierung für sämtliche Anwendungsfälle innerhalb der Branche Werkzeugbau wird im Folgenden unter Branchenbezug zusammengefasst.

Eine weitere Anforderung besteht in der **Differenziertheit** der Methodik gegenüber unterschiedlichen unternehmerischen Rahmenbedingungen der Wertschöpfungsprozesse. Zwar ist die hohe Komplexität durch fehlende Wiederholhäufigkeit und hohe Varianz eine charakteristische Eigenschaft der Auftragsabwicklung im Werkzeugbau[421], jedoch ergeben sich abhängig von unterschiedlichen Organisationsformen der Betriebe unterschiedliche unternehmerische Rahmenbedingungen der Auftragsabwicklung, die im Rahmen einer angestrebten Synchronisierung der Wertschöpfungsprozesse berücksichtigt werden müssen.

3.2.3 Allgemeine Anforderungen aus wissenschaftlicher Sicht

Aus wissenschaftlicher Sicht lassen sich allgemeine Anforderungen an die Methodik ableiten, die ihre Handhabbarkeit, ihre Nachvollziehbarkeit und ihren Anwendungsnutzen sichern.

Die Forderung nach **Praktikabilität** als eine wesentliche Anforderung berücksichtigt, dass die Methodik einen ausreichenden Bezug zur Realität gewährleistet. Ziel ist die einfache Handhabbarkeit für den Anwender sowie die verlässliche und nachvollziehbare Generierung von Ergebnissen. Die zur Durchführung der Methodik benötigten Informationen und Daten müssen dazu in der betrieblichen Praxis verfügbar und zugänglich sein, um eine objektive Durchführbarkeit zu gewährleisten.

Eine weitere Anforderung besteht in einem hohen **Nutzen-Aufwand-Verhältnis,** das wie die Praktikabilität die Anwendbarkeit der Methodik in der betrieblichen Praxis sichert. Dazu ist einerseits eine Minimierung der Einarbeitungszeit bzw. des Schulungsaufwandes durch eine einfache Anwendung und hohe Lerneffekte anzustreben. Andererseits sollte der durch die Realisierung der Ergebnisse erzielte Nutzen möglichst hoch sein. Genau spezifizierte Handlungsempfehlungen als Ergebnis der Methodik sind im Zusammenhang mit einer einfachen Umsetzung und Erreichung eines großen Nutzens allgemeinen Aussagen vorzuziehen.[422]

---

[421] Vgl. Schuh, G./Boos, W. et al. (Synchronisierung im industriellen WZB) 2011, S. 279ff.
[422] Vgl. Boos, W. (Modulare Werkzeuge) 2008, S. 55.

Die **Quantifizierbarkeit** anhand geeigneter Kenngrößen ist eine weitere allgemeine wissenschaftliche Anforderung an die Methodik. Der Einbezug anwendungs- und branchenbezogener Kenngrößen sichert die Objektivität der Bewertung sowie die Nachvollziehbarkeit und Reproduzierbarkeit der Methodikergebnisse, die für eine mehrmalige Anwendung der Methodik notwendig sind.

Methodik zur Synchronisierung der Auftragsabwicklung im industriellen Werkzeugbau		
Prozessbezogene Anforderungen	Branchenbezogene Anforderungen	Allgemeine Anforderungen aus wissenschaftlicher Sicht
• Sicherstellen der **Ganzheitlichkeit** • Erzielen einer ausreichenden **Integrierbarkeit** • Gewährleistung einer **Umsetzungsunterstützung**	• Aufweisen eines **Branchenbezugs** • Berücksichtigung der hohen **Differenziertheit**	• Sicherstellung der **Praktikabilität** • Hohes **Nutzen-Aufwand-Verhältnis** der Methodik • **Kenngrößen** zur quantitativen Bewertbarkeit

Abbildung 3-1: Übersicht über die Anforderungen an die Methodik

Abbildung 3-1 fasst die verschiedenen Anforderungen an eine Methodik zur Synchronisierung der Auftragsabwicklung im industriellen Werkzeugbau zusammen.

3.3 Analyse bestehender Methodiken und Ansätze

Im Folgenden werden relevante Ansätze zur synchronen Wertschöpfungsgestaltung aus verschiedenen Wissenschaftsbereichen vorgestellt und analysiert. Der Fokus der Vorstellung liegt dabei auf Ansätzen der Themenfelder Prozessmanagement und prozessorientierte Reorganisation. Darüber hinaus werden einzelne Ansätze aus weiteren relevanten Bereichen angeführt. Die Auswahl der Ansätze erfolgte mit dem Ziel, die jeweils bestimmenden Ansätze eines Wissenschaftsbereichs vorzustellen. Dabei wurden einerseits Abwandlungen bestehender Ansätze vernachlässigt, andererseits wurde Wert auf eine repräsentative Darstellung der existierenden Vielfalt gelegt.

3.3.1 Methodiken aus dem Bereich Prozessmanagement

Die im Folgenden vorgestellten Ansätze aus dem Bereich des Prozessmanagements fokussieren nicht explizit auf die Synchronisierung von Wertschöpfungsstrukturen produzierender Unternehmen. Sie bieten jedoch generische Konzepte für die prozessorientierte Gestaltung von Wertschöpfungsstrukturen bzw. Vorgehen zur Prozessoptimierung für verschiedene Organisations- und Unternehmensformen, die sich auf den Werkzeugbau übertragen lassen.

3.3.1.1 Business Reengineerig (Hammer und Champy)

Hammer und Champy definieren das „Business Reengineering" als fundamentales Überdenken und radikales Redesign von Unternehmen oder wesentlichen Unternehmensprozessen.[423] Ziel ist es, eine deutliche Verbesserung bei Kosten, Qualität, Kapitaleinsatz, Service und Geschwindigkeit zu erreichen.[424] Das zugrunde liegende Konzept lässt sich mit den

[423] Vgl. Hammer, M./Champy, J. (Business Reengineering) 1994, S. 48.
[424] Vgl. Hess, T./Brecht, L. (Business Process Redesign) 1995, S. 46.

Schlüsselwörtern „fundamental", „radikal", „Verbesserung um Größenordnungen" und „Unternehmensprozesse" beschreiben.[425]

Der Business Reengineering Ansatz ignoriert den Ist-Zustand und konzentriert sich auf den optimalen Soll-Zustand der Wertschöpfungsprozesse. Zuerst wird gefragt, was ein Unternehmen tun muss und welche Ziele verfolgt werden, im Anschluss stellt sich die Frage nach dem Wie.[426] In diesem Zusammenhang steht „fundamental" für die Beantwortung der Frage nach dem Sinn und Zweck der Tätigkeiten im Unternehmen und der Art und Weise ihrer Durchführung.[427] Nach der zugrunde liegenden Vorstellung des Konzepts ist eine Verbesserung durch inkrementellen Wandel, z. B. durch Optimierung oder Modifizierung der bestehenden Prozesse, nicht möglich. Die Prozessorientierung und die Orientierung am Wert für den Kunden werden im vierten Schlüsselwort „Unternehmensprozesse" zusammengefasst.[428] Folglich verändert Business Reengineering die Mitarbeiter, die Stellen, die Manager und das Wertesystem in einem Unternehmen.[429]

Die vier Phasen der generellen Vorgehensweise des Business Reengineering Ansatzes nach HAMMER und CHAMPY sind in Abbildung 3-2 dargestellt. Das begleitende Veränderungsmanagement wirkt phasenübergreifend und dient der Kommunikation.

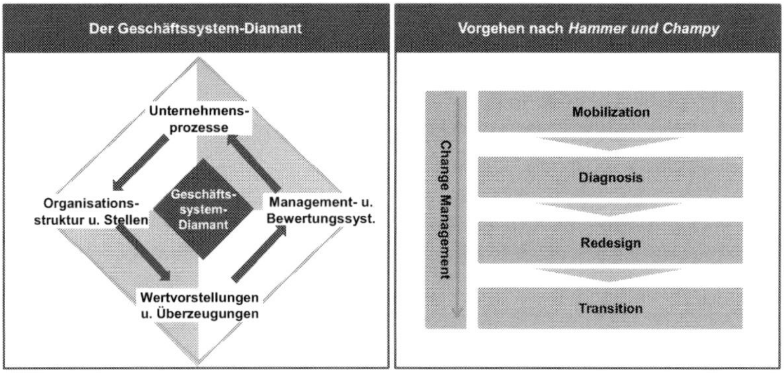

Abbildung 3-2: Business Reengineering nach HAMMER UND CHAMPY[430]

Die erste Phase des Business Reenginering Ansatzes nach HAMMER und CHAMPY wird als „Mobilization" bezeichnet. Zunächst wird dazu ein Prozessplan erstellt, Verantwortliche für Prozesse und Reengineering-Teams werden benannt, Prioritäten festgelegt sowie ein Terminplan für die Projektdurchführung erarbeitet. Im Rahmen der zweiten Phase der „Diagnosis" werden die Prozesse diagnostiziert, Schwachstellen ermittelt und die Prozessreorganisation angestoßen. In Phase drei erfolgt das eigentliche „Redesign" der Prozesse. Die Zielsetzung besteht in der vollständigen Beseitigung der identifizierten Schwachstellen.[431] Die

[425] Vgl. Binner, H. F. (Handbuch der prozessorientierten Arbeitsorganisation) 2005, S. 60.
[426] Vgl. Hammer, M./Champy, J. (Business Reengineering) 1994, S. 48ff.
[427] Vgl. Gadatsch, A. (Management von Geschäftsprozessen) 2002, S. 5.
[428] Vgl. Hammer, M./Champy, J. (Business Reengineering) 1994, S. 49ff.
[429] Vgl. Hammer, M./Champy, J. (Business Reengineering) 1994, S.109ff.
[430] I. A. a. Hess, T. (Entwurf betrieblicher Prozesse) 1996, S. 62; Hammer, M./Champy, J. (Business Reengineering) 1994, S. 110.
[431] Vgl. Schantin, D. (Makromodellierung von Geschäftsprozessen) 2004, S. 82f.

„Transition" als abschließende Phase beinhaltet die Implementierung und Umsetzung der zur Reorganisation notwendigen Maßnahmen. Die Institutionalisierung der implementierten Prozesse zur Sicherstellung der Nachhaltigkeit der umgesetzten Verbesserungsmaßnahmen ist eine zentrale Aufgabe innerhalb des Konzepts.[432]

Nach NIPPA kann Business Reengineering richtungsweisende Impulse für eine umfassende Neugestaltung der Unternehmen und ihrer Organisation geben.[433] Allerdings werden wenige methodische Hinweise zur Reorganisation geliefert.[434] Hinweise für die Gestaltung der Soll-Prozesse sind ebenfalls nicht enthalten. Das „Redesign" basiert vielmehr vollständig auf dem kreativen Potenzial der beteiligten Mitarbeiter und wird daher nicht systematisiert.[435]

3.3.1.2 Process Innovation (DAVENPORT)

Der „High-Level Approach to Process Innovation" ist ein im Prozessmanagement verbreiteter Ansatz nach DAVENPORT. Zielsetzung der Methodik ist die radikale Reorganisation der Geschäftsprozesse durch Innovation[436] unter Einbeziehung leistungsfähiger Informationstechnik.[437] DAVENPORT erkennt die Bedeutung der weichen Faktoren und bezeichnet diese als „Organizational and Human Resource Enablers of Process Change".[438] Zudem schlägt er Kriterien zur Identifikation sowie Priorisierung der Prozesse vor und liefert Hinweise zur innovativen Gestaltung von Prozessen.[439] Nach SCHUH thematisiert Process Innovation die fundamentale Veränderung und somit eine Verbesserung der Unternehmensprozesse.[440]

Der „High-Level Approach to Process Innovation" nach DAVENPORT gliedert sich in fünf nacheinander ablaufende Phasen. Die Reorganisation erfolgt in der Regel einmalig als Projekt, in dessen Rahmen die Phasen durchlaufen werden. (Abbildung 3-3)

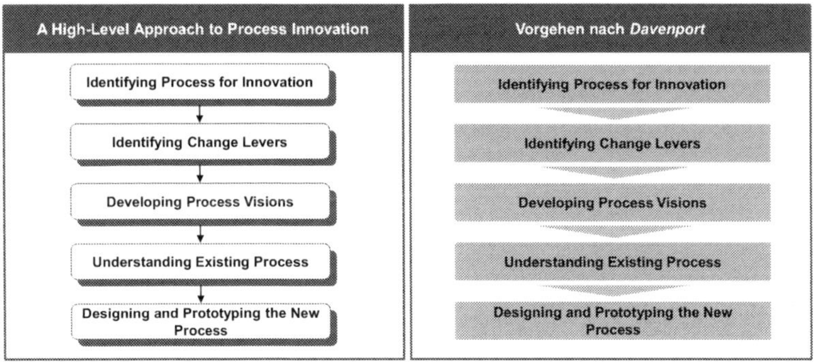

Abbildung 3-3: High-Level Approach to Process Innovation nach DAVENPORT[441]

[432] Vgl. Scheer, A. W. (ARIS) 1999, S. 50.
[433] Vgl. Nippa, M./Picot, A. (Prozeßmanagement und Reengineering) 1996, S. 62.
[434] Vgl. Jabs, A. (Restrukturierung der Auftragsabwicklung) 2007, S. 62.
[435] Vgl. Kuhlmann, K. (Gestaltung von Geschäftsprozessen) 2011, S. 59.
[436] Vgl. Müller, M. (Prozessorientierte Veränderungsprojekte) 1999, S. 41f.
[437] Vgl. Davenport, T. H. (Process Innovation) 1993, S. 11f.
[438] Vgl. Davenport, T. H. (Process Innovation) 1993, S. 95ff.
[439] Vgl. Hess, T./Brecht, L. (Business Process Redesign) 1995, S. 30f.
[440] Vgl. Schuh, G. (Change Management) 2006, S. 9.
[441] Vgl. Davenport, T. H. (Process Innovation) 1997, S. 25.

In der ersten Phase werden die für eine Neugestaltung vorzusehenden Prozesse identifiziert. Sie gliedern sich zum einen in die Modellierung der Hauptprozesse und die Festlegung der Prozessgrenzen. Andererseits erfolgen die Bestimmung der Relevanz und Bedeutung der Prozesse sowie deren Analyse bezüglich des Verbesserungsbedarfs.[442] Die vollständige Identifikation der Kernprozesse ist erfolgsbestimmend und determiniert nachfolgende Aktionen.[443] In Phase zwei werden die zur Prozessverbesserung verfügbaren Hebel ausgewählt. DAVENPORT unterscheidet hierfür die Informationstechnologie, das Management von Informationen sowie die Organisationsstruktur bzw. -kultur als drei mögliche Kategorien.[444] Die anschließend im dritten Schritt erarbeitete Prozessvision entspricht dem Zielzustand für die Prozessorientierung und ist deshalb eng mit der Unternehmensstrategie zu verknüpfen. Für die Prozessoptimierung werden entsprechend der Prozessvision Kennzahlen abgeleitet. Auf dieser Grundlage werden in Phase vier die vorliegenden Prozesse analysiert und bewertet sowie dokumentiert. Schließlich findet auf Grundlage des vorliegenden Verständnisses des Ist-Zustands und der Prozessvision in Phase fünf die Neugestaltung und Implementierung der Prozesse statt. In einem iterativen Verfahren werden Prozesse als Prototypen gestaltet und durch ihre Umsetzung getestet. Jeder Durchgang stellt einen Schritt dar, einer finalen Implementierung des Zielzustands näherzukommen.[445]

Die Methodik der Process Innovation nach DAVENPORT weist durch ihre ausgeprägte Konkretisierung und Durchgängigkeit der Vorgehensweise zur Gestaltung der Abläufe im und zwischen Unternehmen eine große Praxisnähe auf.[446] Konkrete Vorgehensschritte und situationsabhängige Methoden werden dem Anwender empfohlen.[447] Ein Kritikpunkt des Process Innovation ist nach SCHUH die fehlende Einbindung der Mitarbeiter durch die Zuteilung der Prozessgestaltungsaufgaben zur oberen und mittleren Führung.[448]

3.3.1.3 Prozessorganisation (GAITANIDES)

In seiner Methodik zur „Prozessorganisation" legt GAITANIDES erstmalig den Schwerpunkt auf konkrete gestalterische Aspekte und weist auf Defizite der Organisationsforschung hin.[449] Dabei kritisiert er beim klassisch organisatorischen Ansatz nach KOSIOL[450], der die Organisationsgestaltung nach aufbau- und ablauforganisatorischen Gesichtspunkten vornimmt, explizit die mangelnden Ansatzpunkte für eine Ablaufgestaltung und die Vernachlässigung stellenübergreifender Prozessabläufe.[451] GAITANIDES definiert die Prozessorganisation als „eine prozessorientierte Organisationsgestaltung [...], in der die Stellen- und Abteilungsbildung unter Berücksichtigung spezifischer Erfordernisse des Ablaufs betrieblicher Prozesse der Leistungserstellung und -verwertung konzipiert werden"[452] und verweist auf die Umkehrung der Gestaltungsrichtung hin zu einer Bottom-up Vorgehensweise.[453] Dabei um-

[442] Vgl. Davenport, T. H. (Process Innovation) 1993, S. 27.
[443] Vgl. Becker, J./Kugeler, M. et al. (Prozessmanagement) 2002, S. 113.
[444] Vgl. Osterloh, M./Frost, J. (Prozeßmanagement als Kernkompetenz) 1996, S. 73.
[445] Vgl. Davenport, T. H. (Process Innovation) 1993, S. 25.
[446] Vgl. Dinter, B. (Integrierte Informationslogistik) 2008, S. 110.
[447] Vgl. Schuh, G. (Change Management) 2006, S. 9.
[448] Vgl. Schuh, G. (Change Management) 2006, S. 10.
[449] Vgl. Weth, M. (Reorganisation zur Prozeßorientierung) 1997, S. 18.
[450] Vgl. Kosiol, E. (Organisation) 1976.
[451] Vgl. Gaitanides, M. (Prozeßorganisation) 1983, S. 19 u. 61f.; Scholz, R. (Geschäftsprozeßoptimierung) 1995, S. 51.
[452] Vgl. Gaitanides, M. (Prozeßorganisation) 1983, S. 62.
[453] Vgl. Gaitanides, M. (Prozeßorganisation) 1983, S. 123ff.

fasst die Prozessorganisation die dauerhafte Strukturierung von Arbeitsprozessen verbunden mit der Zielsetzung, das geforderte Ergebnis möglichst effizient zu erstellen.[454]

Das Vorgehen zur Prozessorganisation gliedert sich in drei Phasen, die in Abbildung 3-4 dargestellt sind und nachfolgend detailliert werden.

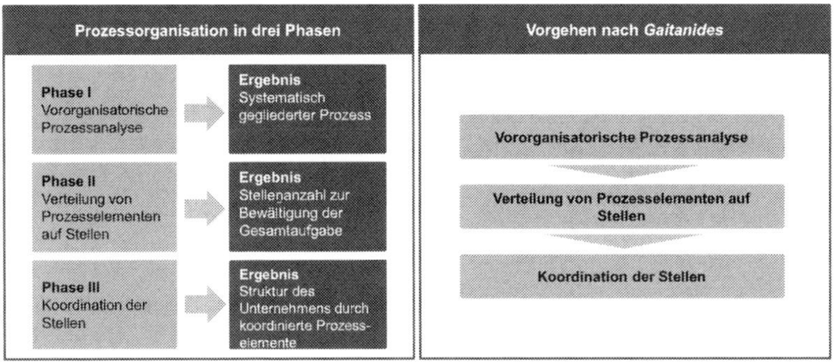

Abbildung 3-4: Prozessorganisation nach GAITANIDES[455]

Phase eins beginnt mit einer umfassenden Prozessanalyse.[456] In dieser werden die relevanten Hauptprozesse aus dem organisatorischen Gesamtkontext ausgegrenzt. Im Anschluss werden die Prozesse zerlegt und deren zeitliche Reihenfolge sowie Aufwand bestimmt.[457] Die vier Teilschritte Ausgrenzung, Zerlegung, Festlegung der Aufeinanderfolge und Abschätzung des Zeitaufwandes sind zu durchlaufen. Die zweite Phase der Prozessorganisation besteht aus der Verteilung der Prozesselemente auf Stellen, der sogenannten Stellenbildung. Aufgabeninhalte werden verteilt und Entscheidungen dezentralisiert. Die abschließende Koordination der Prozesse erfolgt unter Berücksichtigung auftretender Interdependenzen zwischen den Prozesselementen. Ziel ist die Definition der Unternehmensstruktur.[458]

In der von GAITANIDES vorgeschlagenen prozessorientierten Organisationsgestaltung steht erstmals der Prozess im Mittelpunkt der Betrachtungen.[459] Dadurch wird der Ansatz zu einem der wichtigsten Meilensteine der Organisationstheorie gezählt, denn erst seine Überlegungen haben die Prozessorientierung in den Vordergrund gerückt.[460] Die Prozessorientierung zeichnet sich durch einen funktionsübergreifenden Charakter bei gleichzeitig durchgängiger Kundenorientierung aus.[461] Defizite resultieren aus der sehr theoretischen Betrachtung und Herangehensweise sowie aus dem Mangel an konkreten Gestaltungshinweisen zur Umsetzung einer Prozessorganisation.[462]

---

[454] Vgl. Schulte-Zurhausen, M. (Organisation) 2002, S. 57.
[455] I. A. a. Jabs, A. (Restrukturierung der Auftragsabwicklung) 2007, S. 56.
[456] Vgl. Gaitanides, M. (Prozeßorganisation) 1983, S. 64ff.
[457] Vgl. Schantin, D. (Makromodellierung von Geschäftsprozessen) 2004, S. 21.
[458] Vgl. Schober, H. (Prozessorganisation) 2002, S. 71f.
[459] Vgl. Becker, J./Kugeler, M. et al. (Prozessmanagement) 2002, S. 244.
[460] Vgl. Scholz, R. (Geschäftsprozeßoptimierung) 1995, S. 52.
[461] Vgl. Fließ, S. (Prozessorganisation) 2006, S. 29.
[462] Vgl. Jabs, A. (Restrukturierung der Auftragsabwicklung) 2007, S. 58.

3.3.1.4 Business Process Reengineering (JOHANSSON)

Der „Business Process Reengineering" Ansatz nach JOHANSSON zählt ebenfalls zu den Ansätzen des Prozessmanagements, die eine hohe Verbreitung besitzen.[463] Fokus des Ansatzes ist die Prozessoptimierung in Bezug auf die übergeordneten Zielgrößen Qualität, Service, Kosten und Durchlaufzeit. Die Prozessorientierung und die Optimierung ausgewählter Kernprozesse bilden die Grundlage.[464] Dem Ansatz liegt die Erkenntnis zugrunde, dass die Schnittstellen zum Kunden und Lieferanten innerhalb eines zielgerichteten Prozessmanagements berücksichtigt werden müssen.[465] Vier grundlegende Prinzipien kennzeichnen das Konzept des Business Process Reengineering nach JOHANSSON:[466]

- Konzentration auf den gesamten Auftragsabwicklungsprozess
- Fortlaufende Überprüfung der Aktivitäten und Ausrichtung auf den Kunden
- Optimierung der Wertschöpfungskette durch Konzentration auf Kernkompetenzen
- Sichern von Wettbewerbsvorteilen durch Verbesserungen und Erschließen neuer Märkte

Die Durchführung des Business Process Reengineering nach JOHANSSON folgt den drei Phasen „Discover", „Redesign" und „Realize", wie in Abbildung 3-5 dargestellt.

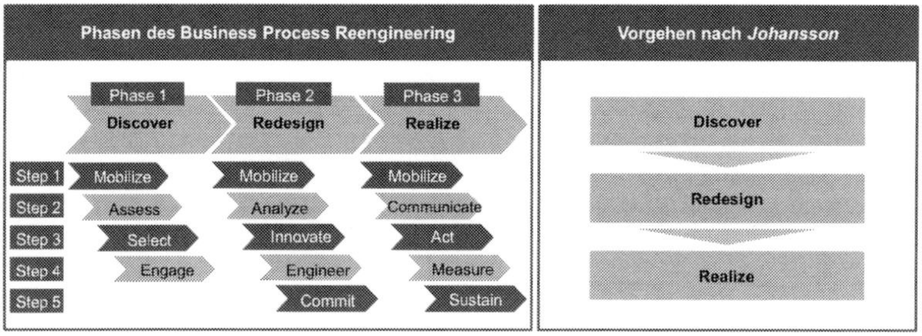

Abbildung 3-5: Business Process Reengineering nach JOHANSSON[467]

In Phase eins werden die Kernprozesse identifiziert und deren Aufgaben abgegrenzt. Zusätzlich wird die strategische Ausrichtung festgelegt.[468] Während der „Redesign"-Phase wird der Reengineering-Prozess detailliert, geplant und ausgearbeitet. Schließlich findet die Implementierung der neu gestalteten Prozesse zur Umsetzung der gewählten Strategie in Phase drei statt.[469]

Das Business Process Reengineering ist ein stark Top-down orientierter Ansatz, der ein durchgängiges Konzept zur Prozessgestaltung darstellt. Dabei wird die fehlende Detaillie-

---

[463] Vgl. Venkatachalam, T. A./Sellappan, C. M. (Business Process) 2011, S. 183; Schuh, G. (Change Management) 2006, S. 4.
[464] Vgl. Schuh, G. (Change Management) 2006, S. 7.
[465] Vgl. Johansson, H. J./McHugh, P. et al. (Business Process Reengineering) 1993, S. 6f.
[466] Vgl. Egan, C. (Creating organizational advantage) 1999, S. 102.
[467] I. A. a. Johansson, H. J./McHugh, P. et al. (Business Process Reengineering) 1993, S. 86ff.
[468] Vgl. Bellmann, K./Himpel, F. (Produktionsmanagement) 2008, S. 64.
[469] Vgl. Johansson, H. J./McHugh, P. et al. (Business Process Reengineering) 1993, S. 85.

rung von Methoden und Instrumenten zur Überprüfung, Ergänzung und Erneuerung der Strategie- und Prozessanalyse vielfach bemängelt. Zudem ist die Dokumentation der Prozesse relativ grob beschrieben, wodurch der Praxisnutzen eingeschränkt wird.[470]

3.3.1.5 Prozessmanagement (OSTERLOH UND FROST)

Der „Prozessmanagement" Ansatz nach OSTERLOH und FROST basiert auf dem Ansatz von HAMMER und CHAMPY. Zentraler Gedanke ist die Erweiterung des Business Reengineering zu einem strategischen Prozessmanagement, um eine umfassende Prozessorientierung zu gewährleisten.[471] Dabei besteht der wesentliche Unterschied in einer expliziten Berücksichtigung der Ressource Wissen sowie der parallelen Anwendung von Business Reengineering und Methoden zur kontinuierlichen Verbesserung. Eine prozessorganisatorische Gliederung des Unternehmens in Kernprozesse, Supportprozesse und Zentralbereiche[472] soll zum Aufbau von Kernkompetenzen beitragen, aus denen sich für das Prozessmanagement bedeutende Kernprozesse ableiten lassen.[473] Neben den Kernprozessen betrachtet das Prozessmanagement zusätzlich das Verhältnis der Prozesse zu den bestehenden Zentralabteilungen, wie z. B. dem internen Rechnungswesen und dem Marketing.[474] Somit wird ein prozessübergreifender Wissenserwerb und -transfer ermöglicht, der die Grundlage einer hohen Effektivität des Prozessmanagements darstellt.[475] Zusätzlich wird eine Segmentierung des Unternehmens in einzelne Module mit direktem Marktkontakt angestrebt. Hierdurch soll die Flexibilität und die Kundenorientierung erhöht werden. Die dezentral arbeitenden Einheiten verfügen über die notwendige Entscheidungsgewalt, auch bei wechselnden Problemstellungen eine hohe Reaktionsgeschwindigkeit zu erreichen.[476]

Das allgemeine Vorgehen zur Reorganisation nach OSTERLOH und FROST findet in Anlehnung an HAMMER und CHAMPY in vier Phasen statt, die von einem kontinuierlichen Verbesserungsprozess begleitet werden.[477] (Abbildung 3-6)

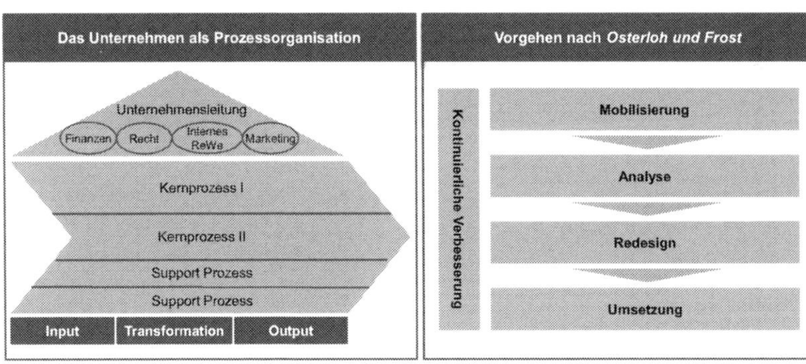

Abbildung 3-6: Prozessmanagement nach OSTERLOH und FROST[478]

[470] Vgl. Schuh, G. (Change Management) 2006, S. 8.
[471] Vgl. Osterloh, M./Frost, J. (Prozeßmanagement als Kernkompetenz) 1996, S. 7ff.
[472] Vgl. Osterloh, M./Frost, J. (Prozeßmanagement als Kernkompetenz) 2003, S. 98.
[473] Vgl. Hoffmeister, N. (Das lernende Unternehmen) 2010, S. 111.
[474] Vgl. Becker, J./Kugeler, M. et al. (Prozessmanagement) 2002, S. 300.
[475] Vgl. Schober, H. (Prozessorganisation) 2002, S. 130.
[476] Vgl. Frost, J. (Märkte in Unternehmen) 2005, S. 46.
[477] Vgl. Margit Osterloh/Jetta Frost (Prozessmanagement als Kernkompetenz) 2006, S. 7/10/94.

In der ersten Phase der Mobilisierung werden die nötigen Vorbereitungen getroffen und die Zielsetzung der Reorganisation definiert. Die Analyse-Phase beinhaltet die Aufnahme der Ist-Prozesse und Identifikation von Schwachstellen sowie Verbesserungspotenzialen. Die folgende Redesign-Phase nutzt die Schwachstellenanalyse, um darauf aufbauend die Soll-Prozesse zu modellieren. Die abschließende Phase der Umsetzung beinhaltet alle nötigen Maßnahmen zur Implementierung der Änderungen in die Unternehmensstruktur.[479]

Ein zentrales Element des Prozessmanagementansatzes nach OSTERLOH und FROST ist der partizipative Charakter des Vorgehens, um die Mitarbeiter ausgehend von den Zielen aktiv an der Gestaltung zu beteiligen.[480] Allerdings ist die Bottom-up Zielbildung zugunsten einer Top-down Ausprägung nicht vorgesehen. Ein Konsens zwischen Mitarbeitern und Top-Management findet somit in Bezug auf die Zielbildung nicht statt, weshalb die Gewährleistung der Akzeptanzsicherung der Reorganisation einen kritischen Faktor darstellt.[481] Des Weiteren weist JABS auf die fehlende methodische Unterstützung zur Umsetzung der Planung und Gestaltung der prozessorientierten Organisation hin.[482]

3.3.2 Methodiken aus dem Bereich prozessorientierter Reorganisation

Die Ansätze aus dem Bereich der prozessorientierten Reorganisation beinhalten Vorgehensweisen für die strukturelle Änderung bzw. Reorganisation von Unternehmen zur Umsetzung einer Prozessorientierung im Unternehmen, wie sie für die Synchronisierung der Auftragsabwicklung im industriellen Werkzeugbau benötigt wird. Im Folgenden werden vier verbreitete Ansätze zur prozessorientierten Reorganisation vorgestellt.

3.3.2.1 Reorganisation zur Prozessorientierung (WETH)

Die „Reorganisation zur Prozessorientierung“ nach WETH wird dem Themenfeld des Business Process Reengineering zugeordnet.[483] Eine Abgrenzung gegenüber HAMMER und CHAMPY´S Konzept wird durch eine größere Vielfalt an Ansatzpunkten zur organisatorischen Veränderung erzielt. Dazu zählen neben der Reorganisation die betrieblichen Faktoren „Strukturen“, „Prozessträger“ und „Information“.[484] In den Mittelpunkt des Ansatzes stellt WETH die Überwindung innerbetrieblicher Widerstände gegen organisatorische Veränderung bei der Implementierung von phasenübergreifenden Reorganisationsprojekten.[485]

Das Vorgehensmodell zur Reorganisation wird durch die vier Phasen der Analyse, der Zielformulierung, des Re-/Design und der Umsetzung beschrieben. Die Realisierung der Reorganisationsziele werden durch den in Abbildung 3-7 dargestellten repetitiven Charakter der Phasen erreicht. Die dem Ansatz zugrunde liegende Annahme volatiler Rahmenbedingun-

[478] I. A. a. Osterloh, M./Frost, J. (Prozeßmanagement als Kernkompetenz) 1996, S. 120.
[479] Vgl. Margit Osterloh/Jetta Frost (Prozessmanagement als Kernkompetenz) 2006, S. 100ff.
[480] Vgl. Jabs, A. (Restrukturierung der Auftragsabwicklung) 2007, S. 65.
[481] Vgl. Erdmann, J. (Integriertes Prozeßmanagement) 2000, S. 108.
[482] Vgl. Jabs, A. (Restrukturierung der Auftragsabwicklung) 2007, S. 64f.
[483] Vgl. Heusler, K. F. (Supply Chain Management) 2004, S. 259; Nippa, M./Picot, A. (Prozeßmanagement und Reengineering) 1996, S. 227.
[484] Vgl. Weth, M. (Reorganisation zur Prozeßorientierung) 1997, S. 23f.
[485] Vgl. Weth, M. (Reorganisation zur Prozeßorientierung) 1997, S. 4.

gen der Wertschöpfung wird durch die vorgesehenen zahlreichen organisatorischen Anpassungsschleifen adressiert.[486]

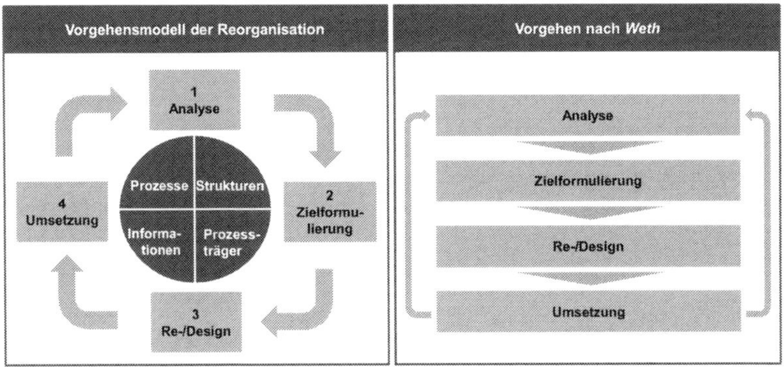

Abbildung 3-7: Reorganisation zur Prozessorientierung nach WETH[487]

Innerhalb der ersten Phase wird durch die Identifikation der wettbewerblichen Randbedingungen und der Prozesse der Ist-Zustand analysiert. Anschließend werden Prozesse ausgegrenzt und einer Dekomposition unterzogen. Dabei besteht die Herausforderung, einen zu hohen sowie zu geringen Detaillierungsgrad zu vermeiden.[488] Die Dekomposition ist prinzipiell auf jeder Prozessebene möglich, solange die definierten Teilprozesse alle Abläufe und Leistungsvarianten repräsentieren.[489] Die zweite Phase der Zielformulierung mündet in der Erstellung eines Pflichtenhefts. Dieses dient als Leitfaden für das anschließende Re-/Design. Wichtiger Faktor ist ein Konsens zwischen Mitarbeitern und Führung hinsichtlich Art sowie Umfang der Veränderungen.[490] In der dritten Phase, dem Re-/Design, werden für die vier zuvor genannten Ansatzpunkte systematische Gestaltungshinweise aus dem Quality Function Deployment[491] abgeleitet. Die dadurch erhöhte Transparenz und Nachvollziehbarkeit ermöglicht die Replizierbarkeit.[492] Die wichtigste Funktion der Umsetzungsphase besteht in der Realisierung des prozessorientierten Organisationskonzepts. Besondere Beachtung erfahren dabei die sogenannten weichen Faktoren, wie beispielsweise Know-how und Motivation der Mitarbeiter.[493] Schulungen und die Begleitung der Reorganisation durch eine abgestimmte Kommunikation sind ebenfalls Elemente des Konzepts.[494]

Der Ansatz Reorganisation zur Prozessorientierung nach WETH stellt ein umfangreiches Vorgehen zur Verfügung, das sowohl Prozessschnittstellen, -inputs und -outputs als auch die Kundenorientierung durchgehend betrachtet. Der explizite Einbezug der Mitarbeiter in

---

[486] Vgl. Weth, M. (Reorganisation zur Prozeßorientierung) 1997, S. 54.
[487] I. A. a. Weth, M. (Reorganisation zur Prozeßorientierung) 1997, S. 54.
[488] Vgl. Eva Best/Martin Weth (Geschäftsprozesse optimieren) 2009, S. 31.
[489] Vgl. Hohberger, P. (Prozeßorientierte Reorganisationsmaßnahmen) 2000, S. 42.
[490] Vgl. Weth, M. (Reorganisation zur Prozeßorientierung) 1997, S. 69.
[491] Erklärung QFD – bei der Quality Function Deployment handelt es sich um eine Qualitätsmethode zur Ermittlung der Kundenanforderungen, um diese direkt in die notwendigen technischen Lösungen umzusetzen.
[492] Vgl. Weth, M. (Reorganisation zur Prozeßorientierung) 1997, S. 78ff.
[493] Vgl. Weth, M. (Reorganisation zur Prozeßorientierung) 1997, S. 82ff.
[494] Vgl. Krause, L. (Produktdatenmanagement) 2008, S. 165.

die Durchführung der Reorganisation und die Bereitstellung von Handlungsanweisungen tragen zu der Praxistauglichkeit und Relevanz des Ansatzes bei. Defizite zeigen sich in Bezug auf die Konkretisierung der Hinweise zum Inhalt der einzelnen Phasen des Vorgehensmodells.[495] Hinweise zur kontextabhängigen Ausgestaltung der Reorganisationsanweisungen sind kein Teil des präsentierten Ansatzes.

3.3.2.2 MOTION-Methodik (SCHUH)

Die „MOTION-Methodik“ (Model for Transforming, Identifying and Optimizing Core Processes) von SCHUH dient der Kombination top-down- und bottom-up-orientierter Ansätze zur Prozessgestaltung.[496] Die Verbindung der jeweiligen Stärken einseitig orientierter Ansätze führt zu einem Down-up-Prinzip und gewährleistet durch die Integration partizipativ-operativer und strategisch-hierarchischer Elemente eine ganzheitliche Sicht.[497]

Der MOTION-Ansatz beinhaltet folgende drei Phasen: Vorprojektierung und Fokussierung, Prozessanalyse und -design sowie Realisierung, die von einer durchgehenden Performance Messung begleitet werden. Während der ersten Phase wird die vorhandene Strategie erfasst und Schwächen werden aufgedeckt. Ausgehend von den identifizierten strategischen Zielen wird der Veränderungsprozess initiiert und der zugehörige Wandel gestaltet. In Phase zwei erfolgen die strategische Positionierung sowie die Analyse der Wertschöpfungsprozesse. Für die identifizierten Kernprozesse werden Prozessstrategien abgeleitet, die sich an der verfolgten Strategie orientieren. Anschließend ist Change Management während der Phase der Veränderung vorgesehen. Ziel ist die erfolgreiche Umsetzung der Veränderungsmaßnahmen durch die Implementierung der optimierten sowie neugestalteten Prozesse.[498]

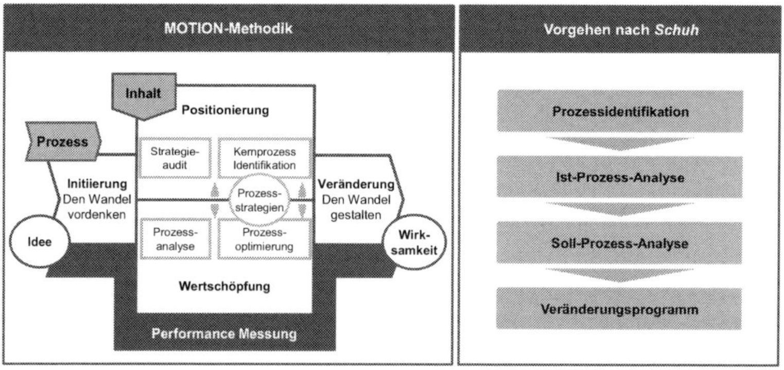

Abbildung 3-8: Phasen der Prozessanalyse und des Prozessdesigns nach SCHUH[499]

Das Vorgehen zur zielgerichteten Prozessgestaltung und zur prozessorientierten Reorganisation enthält vier Schritte, die in Abbildung 3-8 aufgezeigt sind.

495 Vgl. Jabs, A. (Restrukturierung der Auftragsabwicklung) 2007, S. 74f.
496 Vgl. Schuh, G. (Change Management) 2006, S. 7ff.
497 Vgl. Friedli, T. (Technologiemanagement) 2006, S. 284.
498 Vgl. Friedli, T. (Industriestandort Schweiz) 2007, S. 154ff.
499 I. A. a. Schuh, G./Kampker, A. (Strategie und Management) 2011, S. 291; Schuh, G. (Change Management) 2006, S. 15.

Innerhalb der Prozessidentifikation als ersten Schritt werden diejenigen Prozesse, die ein hohes Potenzial für die Veränderung besitzen, identifiziert. Ein Kernprozessportfolio wird genutzt, um die Prozesse anhand der Kriterien Effektivität und Effizienz anzuordnen.[500] Im darauffolgenden Schritt werden die zuvor ausgewählten Prozesse aufgenommen, visualisiert und analysiert. Das Ziel der Ist-Prozess-Analyse ist die Identifikation von Schwachstellen und Verbesserungspotenzialen unter Berücksichtigung der Mitarbeiter sowie eine umfassende Dokumentation. Die Soll-Prozess-Gestaltung stellt den dritten Schritt dar. Dieser dient der Neugestaltung und Optimierung von Prozessen auf der Grundlage der zuvor erzielten Ergebnisse. Konkrete Maßnahmen lassen sich anhand verschiedener Gestaltungsrichtlinien ableiten. Der abschließende vierte Schritt hat zum Ziel, die erarbeiteten Verbesserungsmaßnahmen umzusetzen sowie einen expliziten Handlungsleitfaden für die Umsetzung anhand eines Maßnahmenplans zu erstellen. Dieser wird im Rahmen des vorgesehenen Umsetzungscontrollings zur Identifikation von Abweichungen zwischen Soll- und Ist-Zustand der Umsetzung genutzt.

Innerhalb der MOTION-Methodik nach SCHUH werden von der Strategieentwicklung bis zur praktischen Umsetzung und dessen Controlling aufeinander abgestimmte Methodenbausteine verwendet, die zur Durchgängigkeit des Konzeptes beitragen. So garantiert z. B. der MOTION-Navigator ein strukturiertes Vorgehen und sichert die erfolgreiche Umsetzung.[501] Aufgrund des generischen Charakters des Konzepts sind jedoch keine konkreten Hinweise auf eine kontextabhängige Ausgestaltung der Soll-Prozesse vorgesehen.

3.3.2.3 Vorgehensmodell zur prozessorientierten Reorganisation (KUGELER)

Beim „Vorgehensmodell zur prozessorientierten Reorganisation" nach KUGELER steht eine ganzheitliche Betrachtungsweise der gesamten Organisation im Vordergrund. Nicht Einzelfunktionen, sondern die gesamten Geschäftsprozesse im Unternehmen stehen im Fokus, um eine signifikante Steigerung der Produktivität und Qualität zu erreichen.[502] Der Begriff „Prozessorganisation" umfasst bei KUGELER sowohl die prozessorientierte Organisationsstruktur als auch ihre Gestaltung.[503] Dabei ist jede organisatorische Maßnahme anhand der drei im Modell vorgesehenen Haupteffizienzkriterien zu bewerten. Diese sind die Koordinations-, Anpassungs- und Motivationseffizienz.[504]

Das Vorgehen gliedert sich in sechs Phasen, welche in Abbildung 3-9 dargestellt sind. In der ersten Phase wird die Modellierung vorbereitet. Dies beinhaltet die Identifikation und Auswahl relevanter Perspektiven und Prozessmodelle.[505] Die Grundsätze einer ordnungsgemäßen Modellierung können nach KUGELER sowohl sichten- als auch sprachspezifisch konkretisiert werden. Erstere orientieren sich an der Systemtheorie, während Letztere an den zur Verfügung stehenden Modellierungssprachen orientiert werden.[506] Aus der Unternehmensstrategie wird in Phase zwei ein Ordnungsrahmen entwickelt. Dieser legt einen Gesamtzusammenhang fest, der als Navigationshilfe zum Auffinden einzelner Prozess- und Detailmodelle dient.[507] Im Rahmen der Ist-Prozessmodellierung und Ist-Analyse wird der aktuelle Zu-

---

[500] Vgl. Rudorfer, W. (Qualifizierung von produzierenden Unternehmen) 2001, S. 27f.
[501] Vgl. Friedli, T. (Technologiemanagement) 2006, S. 285.
[502] Vgl. Kugeler, M. (Organisationsgestaltung) 2000, S. 1.
[503] Vgl. Kugeler, M. (Organisationsgestaltung) 2000, S. 61.
[504] Vgl. Becker, J./Kugeler, M. et al. (Prozessmanagement) 2002, S. 223ff.
[505] Vgl. Becker, J./Kugeler, M. et al. (Prozessmanagement) 2002, S. 50.
[506] Vgl. Bullinger, H.-J./Spath, D./ et al. (Handbuch Unternehmensorganisation) 2009, S. 566.
[507] Vgl. Becker, J./Kugeler, M. et al. (Prozessmanagement) 2002, S. 105.

stand aufgenommen und dargestellt. Zudem erfolgt die Identifikation der Kernkompetenzen als zentrales Element des Vorgehensmodells.[508] Dies dient als Basis der Identifikation von Schwachstellen und der Aufdeckung von Verbesserungspotenzialen[509], unter besonderer Berücksichtigung der Prozessschnittstellen.[510] Aufbauend auf der Ist-Analyse werden aufgedeckte Schwachstellen innerhalb der Sollmodellierung eliminiert. Anschließend erfolgt die Durchführung der eigentlichen Prozessoptimierung.[511] In der fünften Phase wird aus den neu gestalteten Prozessen eine prozessorientierte Aufbauorganisation abgeleitet.[512] Abschließend erfolgt die Neueinführung, begleitet durch ein aktives Change Management. Als wichtigste Einflussfaktoren werden die sachlogischen, politischen und kulturellen Gegebenheiten der bestehenden Organisation genannt, die es zu berücksichtigen gilt.[513] Eine kontinuierliche Verbesserung der reorganisierten Prozesse trägt innerhalb des Vorgehensmodells dazu bei, dass diese sich den ständig wechselnden Marktbedingungen anpassen.[514]

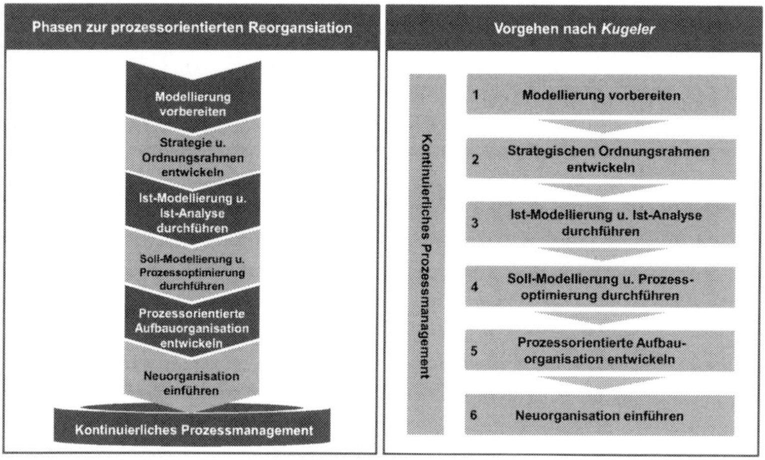

Abbildung 3-9: Prozessorientierte Reorganisation nach KUGELER[515]

Der im Vorgehensmodell zur prozessorientierten Reorganisation vorgesehene Ablauf dient der Minimierung von aufbauorganisatorischen Schnittstellen, die bspw. eine Verlängerung der Durchlaufzeit bedingen.[516] Das Vorgehensmodell zur prozessorientierten Reorganisation nach KUGELER wird in der Literatur als „systematisch und weitgehend theoretisch fundiert" bezeichnet.[517] Zudem bietet es eine methodische Unterstützung und trägt durch die Koordination sowie Abstimmung der gestalteten Schnittstellen zur Umsetzung der Methodik bei.[518]

[508] Vgl. Ahlers, G. M. (Organisation der integrierten Kommunikation) 2006, S. 129.
[509] Vgl. Becker, J./Kugeler, M. et al. (Prozessmanagement) 2002, S. 155.
[510] Vgl. Bruhn, M. (Wertschöpfungsprozesse bei Dienstleistungen) 2007, S. 417.
[511] Vgl. Becker, J./Kugeler, M. et al. (Prozessmanagement) 2002, S. 187.
[512] Vgl. Becker, J./Kugeler, M. et al. (Prozessmanagement) 2002, S. 221f.
[513] Vgl. Becker, J./Kugeler, M. et al. (Prozessmanagement) 2002, S. 269f.
[514] Vgl. Mertens, P./Back, A. (Lexikon der Wirtschaftsinformatik) 2001, S. 387.
[515] I. A. a. Becker, J./Kugeler, M. et al. (Prozessmanagement) 2002, S. 23.
[516] Vgl. Kugeler, M. (Organisationsgestaltung) 2000, S. 77.
[517] Vgl. Ahlers, G. M. (Organisation der integrierten Kommunikation) 2006, S. 113.
[518] Vgl. Sibbel, R. (Produktion integrativer Dienstleistungen) 2004, S. 76ff.

3.3.2.4 Business Process Improvement (HARRINGTON)

Das „Business Process Improvement" (BPI) von HARRINGTON ist eine Methode zur Verbesserung der Effizienz und der Effektivität bei der Abwicklung von Geschäftsprozessen im Unternehmen.[519] Die Methode gilt als Baustein eines Qualitätsmanagement-Ansatzes im Sinne des Total Quality Managements.[520] Neben der optimalen Abstimmung aller Prozesse stellt das BPI auch ein Instrument dar, einzelne Prozesse völlig neu zu gestalten.[521] Ausgehend von einem sich ändernden Kundenverhalten hilft der Ansatz, die Konkurrenzfähigkeit eines Unternehmens aufrechtzuerhalten. Die Prozesse werden dabei über die gesamte Wertschöpfungskette am Wert für den Kunden ausgerichtet und nicht an der Aufbauorganisation des Unternehmens.[522]

Das Business Process Improvement gliedert sich in sechs Phasen, die im Folgenden näher erläutert werden und in Abbildung 3-10 veranschaulichend dargestellt sind.

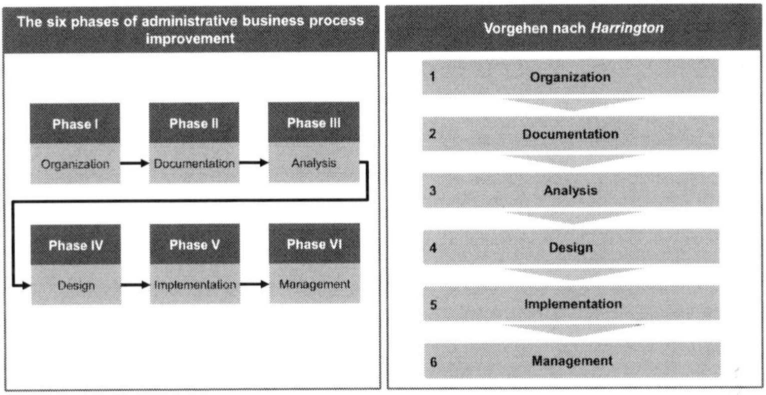

Abbildung 3-10: Business Process Improvement nach HARRINGTON[523]

In der Organization-Phase werden zwei Teams, eines für Projektmanagement und eines zur Prozessverbesserung, gebildet. Des Weiteren wird das Projekt unter Einbezug der beteiligten Mitarbeiter[524] geplant, ein Zeitplan aufgestellt und die Projektdetails geklärt.[525] Die zweite Phase dient der Auswahl einer passenden Dokumentationstechnik. Die eigentliche Analyse findet in der Analysis-Phase als drittem Schritt statt. Zusätzlich werden dort die Ergebnisse mit den beteiligten Teammitgliedern diskutiert, bevor dem Projektmanagementteam Bericht erstattet wird.[526] Die Neugestaltung und Verbesserung der Prozesse obliegt der Design-Phase.[527] Die anschließende Implementierung der zukünftigen Lösung ist Gegenstand der fünften Phase. Diese besteht aus acht Aktivitäten, zu denen neben der Implementierungs-

[519] Vgl. Studt, J. F. (Nachhaltigkeit in der Post Merger Integration) 2008, S. 54.
[520] Vgl. Hess, T./Brecht, L. (Business Process Redesign) 1995, S. 58.
[521] Vgl. Siegert, W. (Expert Praxis) 2001, S. 25.
[522] Vgl. Grunwald, S. (Produktentwicklung und Montageplanung) 2002, S. 27.
[523] I. A. a. Harrington, H. J./Esseling, E. K. C. et al. (Business Improvement Workbook) 1997, S. xvii.
[524] Vgl. Salzgeber, F. (Kunden- und Prozessorientierung) 1996, S. 247.
[525] Vgl. Harrington, H. J./Esseling, E. K. C. et al. (Business Improvement Workbook) 1997, S. 31.
[526] Vgl. Harrington, H. J./Esseling, E. K. C. et al. (Business Improvement Workbook) 1997, S. 110f.
[527] Vgl. Kobler, M. (Qualität von Prozessmodellen) 2010, S. 56.

durchführung auch das Messen der Ergebnisse sowie der Vergleich ebendieser mit den Zielen gehören.[528] Schließlich werden in der Management-Phase unterschiedliche Managementarten für administrative Geschäftsprozesse aufgezeigt, die helfen, eine kontinuierliche Verbesserung zu implementieren.[529]

Die Stärken des Business Process Improvement nach HARRINGTON liegen im integrierten Benchmarking und den detaillierten Kennzahlen, die dem Veränderungsprozess zugrunde gelegt werden. Demgegenüber sind Schwachpunkte vor allem im Umfang und der Durchgängigkeit der Modellierung auszumachen. Diese bezieht sich auf einzelne Funktionsbereiche und deckt nicht das gesamte Unternehmen ab. Zudem wird die Neugestaltung der Prozesse nicht durch konkrete Handlungshinweise unterstützt. Prozessorientierte Reorganisation wird rein auf Basis der Veränderungen von bestehenden Zuständen vorgenommen.[530]

3.3.3 Methodiken aus weiteren relevanten Bereichen

Die Ansätze aus weiteren relevanten Bereichen umfassen Methodiken aus dem Bereich der Fabrikplanung und der Fertigungsorganisation. Im Gegensatz zu den generischen Ansätzen des Prozessmanagements und der prozessorientierten Reorganisation sind die nachfolgend vorgestellten Ansätze als fertigungsnah einzuordnen. Sie versprechen dadurch einen größeren Bezug zur Gestaltung der Wertschöpfungsprozesse innerhalb der Auftragsabwicklung produzierender Unternehmen sowie zur Branche Werkzeugbau.

3.3.3.1 Fraktale Fabrik (WARNECKE)

Das Modell der „fraktalen Fabrik" wurde aus in der Natur existierenden Phänomenen abgeleitet bzw. entworfen[531] und versucht, die seit den 1970er Jahren erkennbaren Entwicklungen der Produktionsorganisation zu einem ganzheitlichen Ansatz zusammenzufassen.[532] Der Begriff des „Fraktals" bezeichnet laut WARNECKE „eine selbstständig agierende Unternehmenseinheit, deren Ziele und Leistungen eindeutig beschreibbar sind".[533] Dabei bilden sich Fraktale als dynamische Einheit selbst um, entstehen neu und lösen sich wieder auf, sodass trotz schnell wechselnder Zielsetzungen eine hohe Kundenorientierung gewährleistet werden kann.[534] Die wesentlichen, ein Fraktal kennzeichnenden Merkmale sind Selbstähnlichkeit, Selbstorganisation und Zielorientierung. Zusätzlich existieren Methoden, die zur Optimierung der Fraktale zu verwenden sind.[535]

Die Umstrukturierung eines Unternehmens nach den Merkmalen und Methoden der Fraktalen Fabrik entspricht nach KÜHNLE in ihrer Zielsetzung weitgehend einem Business Process Reengineering.[536] Die einzelnen Ablaufphasen der Anwendung des Modells sind in Abbildung 3-11 übersichtlich dargestellt.

---

[528] Vgl. Harrington, H. J./Esseling, E. K. C. et al. (Business Improvement Workbook) 1997, S. 205.
[529] Vgl. Harrington, H. J./Esseling, E. K. C. et al. (Business Improvement Workbook) 1997, S. 213.
[530] Vgl. Sabisch, H./Tintelnot, C. (Integriertes Benchmarking) 1997, S. 105.
[531] Vgl. Friedli, T. (Technologiemanagement) 2006, S. 169.
[532] Vgl. Wiendahl, H. P. (Handbuch Fabrikplanung) 2009, S. 96.
[533] Vgl. Warnecke, H. J. (Die Fraktale Fabrik) 1992, S. 142.
[534] I. A. a. Klug, F. (Fertigungssegmentplanung) 2000, S. 16.
[535] Vgl. Warnecke, H. J. (Die Fraktale Fabrik) 1992, S. 142f.
[536] Vgl. Kühnle, H. (Paradigmenwechsel in der Produktion) 1995.

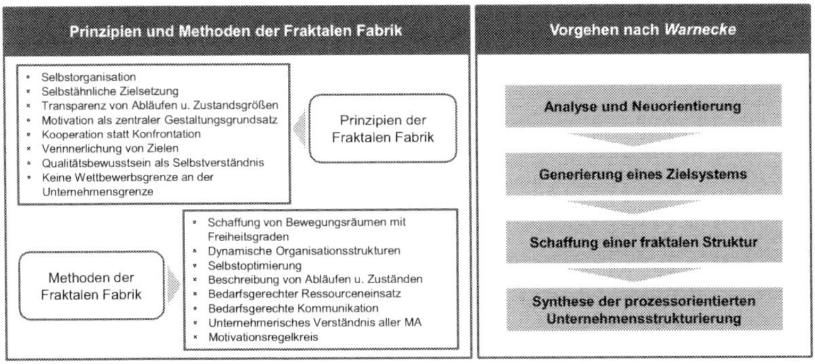

Abbildung 3-11: Ablaufphasen der fraktalen Fabrik nach WARNECKE[537]

In einem ersten Schritt werden die Unternehmensphilosophie, die Unternehmenskultur und die Unternehmensstrategie analysiert und gegebenenfalls neu festgeschrieben. Darauf aufbauend wird ein Zielsystem aufgestellt, das in ein unternehmerisches Gesamtziel sowie in strategische, taktische und operative Ziele innerhalb der Zielgruppen gegliedert wird. Die strategischen Ziele bilden die langfristige Ausrichtung des Unternehmens ab. Zur mittel- und kurzfristigen Beeinflussung der Marktorientierung dienen die taktischen Ziele, wohingegen die operativen Ziele konkrete Maßnahmen zur Zielerreichung beinhalten. Auf der Basis des Zielsystems wird im dritten Schritt eine fraktale Struktur geschaffen und durch eine überlappende Teamorganisation verankert. Dabei besitzt jedes Fraktal ein definiertes Maß an Anpassungs- und Wandlungsfähigkeit, je nach Art der zu bewältigenden Aufgabe.[538] Durch die Betrachtung der informationellen und vor allem der wirtschaftlich-finanziellen Ebene kann anschließend festgelegt werden, inwieweit der kybernetische Strukturierungsansatz zum Tragen kommt, d. h. welche zentralen Funktionsbereiche in Zukunft benötigt werden. Eine abschließende Synthese der prozessorientierten und kybernetischen Unternehmensstrukturierung schafft eine modulare Unternehmensorganisation, die gemeinsam mit den Merkmalen und Methoden der fraktalen Fabrik eine ganzheitliche Zielerreichung sicherstellt.[539]

Die fraktale Fabrik nach WARNECKE ist als idealtypisches Konzept zu betrachten, das nur in Ansätzen in der Praxis umzusetzen ist.[540] Ein Problem bei der Anwendung besteht in dem hohen Maß an Selbstorganisation der Fraktale, wodurch nicht miteinander vereinbare Zieldiskrepanzen entstehen.[541] Zudem fehlt ein konkreter Erklärungsansatz, wie die Koordination der einzelnen Fraktale sowie der Informationsfluss zwischen diesen und der Führung aussehen kann.[542] Positiv hervorgehoben wird von WIENDAHL die explizite Einbindung der Mitarbeiter als Treiber von Verbesserungen und Veränderungen.[543]

---

[537] I. A. a. Kühnle, H. (Paradigmenwechsel in der Produktion) 1995,; Warnecke, H. J. (Die Fraktale Fabrik) 1992, S. 226.
[538] Vgl. Mayer, A. (Modularisierung der Logistik) 2007, S. 150.
[539] Vgl. Kühnle, H. (Paradigmenwechsel in der Produktion) 1995,
[540] Vgl. Friedli, T. (Technologiemanagement) 2006, S. 170.
[541] Vgl. Sichler, R. (Autonomie in der Arbeitswelt) 2006, S. 33.
[542] Vgl. Zahn, E./Dillerup, R. et al. (Ansätze eines Produktionsmanagement) 1997, S. 129ff.
[543] Vgl. Wiendahl, H. P. (Handbuch Fabrikplanung) 2009, S. 97.

3.3.3.2 Modulare Fabrik (WILDEMANN)

Das aus den Fertigungsinseln hervorgehende Konzept der „modularen Fabrik" nach WILDEMANN[544] basiert auf dem Grundgedanken der Prozessorientierung.[545] Der Begriff „modulare Fabrik" kann synonym für Fertigungssegmente genutzt werden. Der typische Anwendungsbereich ist die Fertigung produzierender Unternehmen mit dem Ziel, die hohe Flexibilität der Werkstattfertigung mit den Kosten- und Produktivitätsvorteilen der Fließfertigung zu vereinen.[546] Kennzeichen der segmentierten Fabrik sind die modulare Fabrikorganisation sowie die flexibel dezentralisierten Produktionsstrukturen.[547] Zusätzlich können Wertschöpfungsstufen wie Montage, Verpackung und Versand zu Fertigungssegmenten zusammengefasst werden, um spezifische Wettbewerbsstrategien zu adressieren.[548] Die Fertigungssegmentierung integriert folglich mehrere Stufen der logistischen Kette.

Die Umsetzung und Gestaltung der Fertigungssegmente erfolgt anhand eines Stufenprozesses, dessen einzelne Schritte Abbildung 3-12 entnommen werden können.[549]

Abbildung 3-12: Modulare Fabrik nach WILDEMANN[550]

Den Ausgangspunkt für die Markt- und Wettbewerbsanalyse bildet die eigene Wettbewerbsposition. WILDEMANN empfiehlt die Orientierung an PORTER´S Branchenstrukturanalyse. In einem zweiten Schritt werden strategische Erfolgsfaktoren formuliert, die dazu beitragen sollen, eine günstigere Position gegenüber dem Mitwettbewerber aufzubauen. Zusätzlich findet die Trennung unterschiedlicher Produkt-Markt-Kombinationen in Schritt drei statt.[551] Die ermittelten Kombinationen und Erfolgsfaktoren werden im Hinblick auf die gesamte

[544] Vgl. Wiendahl, H. P. (Handbuch Fabrikplanung) 2009, S. 10.
[545] Vgl. Wildemann, H. (Die modulare Fabrik) 1994, S. 285ff.
[546] Vgl. Güthenke, G. (Center-Konzeption für Unternehmen) 2000, S. 28.
[547] Vgl. Schenk, M./Wirth, S. (Fabrikplanung und Fabrikbetrieb) 2004, S. 20.
[548] Vgl. Wiendahl, H. P. (Handbuch Fabrikplanung) 2009, S. 87f.
[549] Vgl. Wildemann, H. (Die modulare Fabrik) 1994, S. 285.
[550] I. A. a. Wildemann, H. (Die modulare Fabrik) 1994, S. 48/285.
[551] Vgl. Schultheiß, W. (Lean Management) 1995, S. 60f.

Wertschöpfungskette betrachtet und vertikal segmentiert.[552] Anschließend erfolgt eine horizontale Segmentierung innerhalb der einzelnen logistischen Ketten. Die hierbei verwendeten Kriterien lassen sich aus dem Fertigungsprozess und den vorhandenen Produktionsanlagen ableiten. Die Schaffung von durchgängigen und ganzheitlichen Verantwortungsbereichen steht im Vordergrund. Die Module werden durch die Gestaltung des Autonomiegrades abgeschlossen, notwendige Kernfunktionen und daraus abgeleitete Funktionsabgrenzungen bestimmen die zu gestaltenden Schnittstellen.[553] Innerhalb der Wirtschaftlichkeitsanalyse als Schritt sechs werden alle Zahlungswirkungen der Segmentierung erfasst und in einem Investitionsrechenmodell abgebildet. Die anschließende Risiko- und Sensitivitätsanalyse ist entscheidend für die Qualität der Planungsergebnisse. Abschließend wird die Umsetzung geplant und durchgeführt.[554]

In der Literatur wird die modulare Fabrik als Quantensprung in der Entwicklung von Fabrikkonzepten angesehen.[555] Aufgrund einer integrierten Fertigungssegmentierung stellt die modulare Fabrik ein durchgängiges und umfangreiches Konzept zur markt- und prozessorientierten Restrukturierung von Fertigung und Montage dar.[556] Problematisch ist die Schnittstellengestaltung der Module. Kleine Module sind einfach zu handhaben, flexibel und universell einsetzbar, erfordern allerdings viele Schnittstellen. Große Module sind autonom und bedürfen weniger Schnittstellen. Die interne Koordination ist dadurch eine zentrale Herausforderung, die im Rahmen des Konzepts nicht umfassend Berücksichtigung findet.[557]

3.4 Bewertung bestehender Methodiken und Ansätze

Auf Grundlage der in Unterkapitel 3.2 definierten Anforderungen wird nachfolgend eine Bewertung der vorgestellten Methodiken aus verschiedenen Wissenschaftsbereichen vorgenommen. Für die Bewertung werden die prozessbezogenen, die branchenbezogenen und die allgemeinen Anforderungen aus wissenschaftlicher Sicht zunächst separat betrachtet. Anschließend wird der Erfüllungsgrad bzgl. der Anforderungen tabellarisch dargestellt.

Bewertung der prozessbezogenen Anforderungen

In Bezug auf die geforderte **Ganzheitlichkeit** der Methodik weisen zehn der elf vorgestellten Ansätze einen holistischen Charakter auf, d. h. es wird die gesamte Prozesskette der Auftragsabwicklung betrachtet. Eine Abweichung lässt sich hierzu nur bei WARNECKE und GAITANIDES erkennen, deren Betrachtungsschwerpunkt nicht explizit die gesamte Prozesskette beinhaltet. Die Forderung nach Prozessorientierung innerhalb der gesamten Organisation, die den meisten Ansätzen zugrunde liegt, beinhaltet hingegen eine Prozessbetrachtung, die mit den vorgeschalteten Prozessen des Zulieferers beginnt und ebenso die Prozessschnittstelle zum Prozesskunden mit einschließt.

Die **Integrativität** ist bei den einzelnen Methodiken unterschiedlich ausgeprägt und reicht von einer nur ansatzweisen Beachtung bis hin zur vollständigen Erfüllung dieser Anforde-

552 Vgl. Westkämper, E./Bullinger, H.-J. et al. (Montageplanung) 2001, S. 85.
553 Vgl. Pfohl, H.-C. (Logistikmanagement) 2004, S.154.
554 Vgl. Wildemann, H. (Die modulare Fabrik) 1994, S. 285ff.
555 Vgl. Hernandez, M. R. (Systematik der Wandlungsfähigkeit) 2003, S. 19.
556 Vgl. Westkämper, E./Bullinger, H.-J. et al. (Montageplanung) 2001, S. 77.
557 Vgl. Spitta, T. (Schnittstellengestaltung) 1998, S. 5.

rung. Die MOTION-Methodik nach SCHUH beispielsweise erfüllt die Anforderung vollumfänglich, da hier ausgehend von einem Strategie-Audit alle zentralen Bereiche einbezogen werden. Hingegen erreichen bspw. GAITANIDES und WILDEMANN nur eine geringe Erfüllung, da die Betrachtung und Optimierung von einzelnen Bereichen im Vordergrund steht. Allen Methodiken ist gemein, dass sie die Phasen der Initiierung, Prozessanalyse, Prozessgestaltung und Umsetzung durchlaufen. Die Bezeichnungen differieren dabei von Ansatz zu Ansatz.

Die geforderte **Umsetzungsunterstützung** wird von keiner der vorgestellten Methodiken vollständig erfüllt. Stattdessen weisen einige der vorgestellten Methodiken einen iterativen Charakter mit mehreren Schleifen auf, der für eine kontinuierliche Optimierung der Unternehmensprozesse vorgesehen ist. Insbesondere die Methodiken aus dem Bereich des Prozessmanagements können der Anforderung nach Umsetzungsunterstützung aufgrund ihres vornehmlich generischen Vorgehens sowie der fehlenden Detaillierung und Konkretisierung der Maßnahmen zur Prozessgestaltung und zur Umsetzung der Ergebnisse der Methodik nicht entsprechen. Bei den Methodiken zur prozessorientierten Reorganisation werden unterstützende Maßnahmen vorgestellt, sodass eine teilweise Erfüllung vorliegt. Beispielweise beinhaltet der Ansatz der Modularen Fabrik nach WILDEMANN als abschließenden Schritt die Einführungsplanung und Umsetzung.

Bewertung der branchenbezogenen Anforderungen

In Bezug auf die Eignung für die Anwendung im Werkzeugbau konnte bei keiner Methodik **Branchenbezug** vorgefunden werden. Lediglich WARNECKE adressiert mit seiner Idee der Dynamik sowie der ständigen Restrukturierung der Fraktale in seinem Ansatz der fraktalen Fabrik die geforderte Flexibilität in der Auftragsabwicklung. Die übrigen Ansätze weisen jedoch keinen Branchenbezug auf und berücksichtigen daher auch die charakteristischen Eigenschaften der Wertschöpfungsprozesse der Branche Werkzeugbau nicht. Die mangelnde Wiederholhäufigkeit in den Abläufen führt vielmehr dazu, dass sich die meisten der vorgestellten Ansätze nicht anwenden lassen, da die Wirkung der beschriebenen Optimierungen häufig explizit auf einem repetitiven Charakter der Prozesse beruht.

Keiner der vorgestellten Ansätze bietet **Differenziertheit** gegenüber den aufgrund von verschiedenartigen unternehmerischen Rahmenbedingungen vorhandenen unterschiedlichen Eigenschaften und Zielsetzungen einer Synchronisierung der Auftragsabwicklung. Der generische Charakter und der fehlende Branchenbezug äußern sich vielmehr darin, dass die meisten Ansätze nicht hinsichtlich der verschiedenen Typen der Auftragsabwicklung produzierender Unternehmen unterscheiden. Die Ausnahmen bilden die Ansätze von WILDEMANN, WARNECKE und WETH, die zumindest im Ansatz eine Differenzierung vorschlagen. Jedoch bleibt diese vage und unterstreicht in keinem Fall die Bedeutung der Differenzierung. Letztere Ansätze integrieren zwar Unterschiede in der Auftragsabwicklung in ihr Vorgehen, eine direkte Beeinflussung der Gestaltungsempfehlung für bspw. eine typabhängige Soll-Prozessgestaltung der Auftragsabwicklung ist jedoch in keinem der Ansätze vorgesehen.

Bewertung der allgemeinen, wissenschaftlichen Anforderungen

Die **Praktikabilität** der vorgestellten Ansätze ist hoch. Sie alle enthalten konkrete Verfahrensanweisungen für die Anwendung der Methodik. Der direkte Realitätsbezug ist jedoch aufgrund des hohen Abstraktionslevels teilweise nur eingeschränkt vorhanden. Auffällig ist, dass die verschiedenen Ansätze eine ausgeprägte Ähnlichkeit in Bezug auf das zugrunde gelegte Vorgehen aufweisen.

Beim **Nutzen-Aufwand-Verhältnis** erreicht der Ansatz nach SCHUH die beste Bewertung. Die meisten anderen Methodiken erfüllen diese Anforderung zumindest teilweise. Die Ausnahme bilden das Business Reengineering nach HAMMER und CHAMPY zusammen mit dem Ansatz der Fraktalen Fabrik nach WARNECKE. Die schlechte Bewertung resultiert bei Ersterem aus dem Beharren auf radikale Veränderungen und bei Letzterem auf der ständigen Neu- und Umbildung der Fraktale, die jeweils einen hohen Aufwand zur Folge haben.

Mit wenigen Ausnahmen erfüllen die vorgestellten Methodiken die Anforderung der **Quantifizierbarkeit** durch die Verwendung von Kenngrößen z. B. in Form von Benchmarks. Die quantitative Bewertung der eingeführten Veränderungen kann somit sichergestellt werden. Hierzu gehören das Auffinden möglicher Schwachstellen und die Messung der Effektivität der Methodik. Die Erfüllung des Kriteriums Kenngrößen ist, bis auf drei Ausnahmen, bei allen Methodiken voll erfüllt.

Die abschließende Bewertung der Ansätze in Bezug auf die definierten Anforderungen ist Abbildung 3-13 zu entnehmen.

	Prozessbezogene Anforderungen				Branchenbezogene Anforderungen		Allgemeine Anforderungen aus wissenschaftlicher Sicht		
AUTOR/-EN	Ganzheitlichkeit	Integrierbarkeit	Konkretes Ablaufmodell	Umsetzungsunterstützung	Branchenbezug	Differenziertheit	Praktikabilität	Hohes Nutzen-Aufwand-Ver.	Quantifizierbarkeit
Hammer und Champy	Voll erfüllt	Zum Teil erfüllt	Voll erfüllt	Nicht erfüllt	Nicht erfüllt	Nicht erfüllt	Voll erfüllt	Ansatzweise erfüllt	Voll erfüllt
Davenport	Voll erfüllt	Zum Teil erfüllt	Voll erfüllt	Nicht erfüllt	Nicht erfüllt	Nicht erfüllt	Voll erfüllt	Zum Teil erfüllt	Voll erfüllt
Gaitanides	Zum Teil erfüllt	Ansatzweise erfüllt	Voll erfüllt	Nicht erfüllt	Nicht erfüllt	Nicht erfüllt	Zum Teil erfüllt	Zum Teil erfüllt	Zum Teil erfüllt
Johansson	Voll erfüllt	Voll erfüllt	Voll erfüllt	Nicht erfüllt	Nicht erfüllt	Nicht erfüllt	Voll erfüllt	Zum Teil erfüllt	Voll erfüllt
Osterloh und Frost	Voll erfüllt	Zum Teil erfüllt	Voll erfüllt	Nicht erfüllt	Nicht erfüllt	Nicht erfüllt	Voll erfüllt	Zum Teil erfüllt	Voll erfüllt
Weth	Voll erfüllt	Zum Teil erfüllt	Voll erfüllt	Zum Teil erfüllt	Nicht erfüllt	Ansatzweise erfüllt	Voll erfüllt	Zum Teil erfüllt	Voll erfüllt
Schuh	Voll erfüllt	Voll erfüllt	Voll erfüllt	Zum Teil erfüllt	Nicht erfüllt	Nicht erfüllt	Zum Teil erfüllt	Voll erfüllt	Voll erfüllt
Kugeler	Voll erfüllt	Zum Teil erfüllt	Voll erfüllt	Zum Teil erfüllt	Nicht erfüllt	Nicht erfüllt	Voll erfüllt	Zum Teil erfüllt	Voll erfüllt
Harrington	Voll erfüllt	Zum Teil erfüllt	Voll erfüllt	Zum Teil erfüllt	Nicht erfüllt	Nicht erfüllt	Voll erfüllt	Zum Teil erfüllt	Voll erfüllt
Warnecke	Zum Teil erfüllt	Ansatzweise erfüllt	Voll erfüllt	Nicht erfüllt	Zum Teil erfüllt	Zum Teil erfüllt	Zum Teil erfüllt	Ansatzweise erfüllt	Ansatzweise erfüllt
Wildemann	Voll erfüllt	Ansatzweise erfüllt	Voll erfüllt	Zum Teil erfüllt	Ansatzweise erfüllt	Ansatzweise erfüllt	Voll erfüllt	Zum Teil erfüllt	Zum Teil erfüllt

Voll erfüllt · Zum Teil erfüllt · Ansatzweise erfüllt · Nicht erfüllt

Abbildung 3-13: Bewertung der vorgestellten Methoden und Ansätze

Fazit der Bewertung

Als Ergebnis der Analyse ist festzustellen, dass die vorgestellten Methodiken vor allem vier zentrale Anforderungen, die auf der Grundlage des identifizierten Handlungsbedarfs aus der Praxis abgeleitet wurden, nicht zufriedenstellend erfüllen:

1. Die charakteristischen Eigenschaften der Auftragsabwicklung im Werkzeugbau finden keine Berücksichtigung, ein Branchenbezug ist nicht gegeben.

2. Bestehende Abhängigkeiten zwischen der Gestaltung synchroner Wertschöpfungsprozesse und weiteren Elementen der Industrialisierung bleiben unberücksichtigt.

3. Es existiert keine Differenziertheit gegenüber den unternehmerischen Rahmenbedingungen bzw. den bestehenden Synchronisierungsvoraussetzungen und -optionen.

4. Die Gestaltung synchroner Wertschöpfungsprozesse wird durch das Fehlen konkreter Gestaltungshinweise nicht hinreichend unterstützt.

3.5 Handlungsbedarf aus der Theorie

Aufbauend auf der Zielsetzung der vorliegenden Arbeit, dem Handlungsbedarf aus der Praxis und der konzeptionellen Einordnung der Synchronisierung innerhalb des übergeordneten Konzepts der Industrialisierung im Werkzeugbau wurden Anforderungen an eine Methodik zur Synchronisierung der Auftragsabwicklung im industriellen Werkzeugbau abgeleitet. Durch diese Anforderungen ist eine Grundlage geschaffen worden, bestehende Ansätze zur Wertschöpfungsgestaltung vor dem Hintergrund ihrer Anwendbarkeit für die Synchronisierung der Auftragsabwicklung im industriellen Werkzeugbau bewerten zu können.

Die Analyse der bestehenden Methodiken zur Gestaltung synchroner Wertschöpfungsprozesse in Unterkapitel 3.3 hat gezeigt, dass verschiedene Methodiken und Ansätze aus unterschiedlichen Bereichen vorhanden sind. Dabei befassen sich alle Ansätze mit der prozessorientierten Ausrichtung des Unternehmens, fokussieren jedoch nicht explizit den Werkzeugbau mit seinen charakteristischen Eigenschaften der Werkzeugherstellung. Die Unterschiede zwischen den Ansätzen liegen zum einen im Ablaufcharakter, der repetitiv oder sequenziell ist. Andererseits bestehen sie in der prozessorientierten Gestaltung der Wertschöpfungsstrukturen, die entweder auf bestehende Prozesse aufbaut oder die Prozesse vollkommen neu gestaltet. Der Praxisbezug der vorgestellten Methodiken variiert stark.

Die Bewertung von bestehenden Methodiken zur Gestaltung von Wertschöpfungsprozessen weist insbesondere vier Defizite aus, die einer Anwendung zur Synchronisierung der Auftragsabwicklung im industriellen Werkzeugbau entgegenstehen. Die Methodiken besitzen vorwiegend einen generischen Charakter, keine der vorgestellten Methodiken bezieht dadurch die spezifischen Eigenschaften der Auftragsabwicklung im Werkzeugbau in die Gestaltung der Wertschöpfungsprozesse ein. Ein spezieller Branchenbezug, den die spezifischen Eigenschaften der kundenindividuellen Unikatfertigung erforderlich machen, ist in keinem Fall gegeben. Der Fokus der Methodiken liegt rein auf der Prozessgestaltung. Bestehende Abhängigkeiten zwischen den einzelnen Elementen und Konzepten des übergeordneten Konzepts der Industrialisierung im Werkzeugbau lassen sich dadurch nicht in das Vorgehen zur Gestaltung einbeziehen und berücksichtigen. Bei der Gestaltung synchroner Wertschöpfungsprozesse bleiben die unternehmerischen Rahmenbedingungen und die Synchronisierungsvoraussetzungen der Auftragsabwicklung, entsprechend derer die Synchronisierungsoptionen zuzuordnen sind, im Vorfeld unberücksichtigt. Darüber hinaus wird der Anwender der Methodiken bei der Gestaltung synchroner Wertschöpfungsprozesse nicht hinreichend unterstützt, da keine der Methodiken konkrete Hinweise für die Gestaltung synchroner Wertschöpfungsprozesse beinhaltet.

Als Fazit der Bewertung ist festzustellen, dass keine der vorgestellten Methodiken die Zielsetzung der Gestaltung synchroner Wertschöpfungsprozesse zur Synchronisierung der Auftragsabwicklung im industriellen Werkzeugbau hinreichend unterstützt. Dies begründet den Handlungsbedarf aus der Theorie.

3.6 Konkretisierung der Forschungsfrage

Im Folgenden wird eine, auf der Grundlage des aufgezeigten Handlungsbedarfs aus der Praxis und der Theorie basierende, Konkretisierung der Forschungsfrage vorgenommen. Die Unterkapitel 2.5 und 3.5 haben die Handlungsbedarfe aufgezeigt, die sich aus Praxis- und Theoriedefizit im Rahmen der Themenstellung „Methodik zur Synchronisierung der Auftragsabwicklung im industriellen Werkzeugbau" ableiten lassen. Gemäß dem in der Zielsetzung dieser Arbeit dargestellten Forschungsbedarf wurde bereits die folgende handlungsleitende Forschungsfrage formuliert:

„Wie muss eine Methodik zur Synchronisierung der Auftragsabwicklung im industriellen Werkzeugbau gestaltet sein?"

Verbunden mit dieser einleitend gestellten Fragestellung lassen sich weitere Fragestellungen identifizieren, deren Bearbeitung einen Beitrag zur Beantwortung der übergeordneten Forschungsfrage leistet.[558] Die Beantwortung der Forschungsfrage erfolgt über die Beantwortung folgender abgeleiteter Unterforschungsfragen:

1. Wie lassen sich die bestehenden Abhängigkeiten der Synchronisierung zu den weiteren Elementen der Industrialisierung im Werkzeugbau in die Methodik integrieren?

2. Wie kann die Heterogenität der Branche Werkzeug- und Formenbau bezüglich des Anforderungsprofils an die Prozesse der Auftragsabwicklung berücksichtigt werden?

3. Wie lassen sich anhand des Anforderungsprofils typabhängig Synchronisierungsvoraussetzungen identifizieren und konkrete Synchronisierungsoptionen zuordnen?

4. Welche konkreten Gestaltungshinweise lassen sich zur Umsetzung der identifizierten Synchronisierungsoptionen geben?

5. Welche Schritte sind für die Gestaltung synchroner Wertschöpfungsprozesse vorzusehen und wie sind diese methodisch zu unterstützen?

6. Welche Möglichkeiten zur Quantifizierung der Synchronisierungserfolge ergeben sich und wie ist eine erfolgreiche Umsetzung der Synchronisierung zu unterstützen?

Die aufgezeigten Fragestellungen strukturieren die im folgenden Kapitel vorgenommene Konzeption der Methodik zur Synchronisierung der Auftragsabwicklung im industriellen Werkzeugbau und unterstützen die Beantwortung der übergeordneten Fragestellung.

[558] Vgl. Kubicek, H./Köhler, R. (Heuristische Bezugsrahmen) 1977, S. 18.

4 Konzeption der Methodik

Nachdem in Kapitel 2 der bestehende Handlungsbedarf aus der Praxis zur methodischen Unterstützung der Gestaltung synchroner Wertschöpfungsprozesse für die Synchronisierung der Auftragsabwicklung im industriellen Werkzeugbau aufgezeigt wurde, konnte in Kapitel 3 gezeigt werden, dass keine der bestehenden Methodiken zur Gestaltung von Wertschöpfungsprozessen die formulierten Anforderungen hinreichend erfüllt. Die beschriebenen Handlungsbedarfe aus Praxis und Theorie stellen die Grundlage dar, auf Basis derer in diesem Kapitel die Konzeption einer Methodik zur Synchronisierung der Auftragsabwicklung im industriellen Werkzeugbau vorgenommen wird, welche die initial gestellte handlungsleitende Forschungsfrage beantwortet und die abgeleiteten Anforderungen erfüllt.

Zunächst werden dazu in diesem Kapitel die für die Entwicklung der Methodik relevanten Grundlagen der Systemtechnik und der Modelltheorie dargelegt. Zur Systematisierung und Strukturierung des Vorgehens wird anschließend ein Ordnungsrahmen für die Methodik aus verbreiteten Ansätzen des Prozessmanagements abgeleitet. Der Ordnungsrahmen unterstützt somit die Konzeption der Methodik, die den zentralen Inhalt dieses Kapitels darstellt. Die Detaillierung der Methodikbausteine erfolgt im fünften Kapitel.

4.1 System- und modelltheoretische Grundlagen

Zur Unterstützung der zu entwickelnden Methodik wird auf die Systemtechnik und Modellierung zurückgegriffen, die sich als Lösungsansätze für komplexe Problemstellungen etabliert haben.[559]

Durch die hohe Varianz in der Auftragsabwicklung im Werkzeugbau und die vielfältigen Wirkbeziehungen zwischen einzelnen Prozessschritten ist die Prozesssynchronisierung ein solches komplexes Problem. Die Lösungsentwicklung basiert folglich auf der Komplexitätsreduktion durch eine Modellbildung als Lösungselement. Für eine zielgerichtete methodische Vorgehensweise zur Prozesssynchronisierung werden zudem allgemeine Grundsätze der Methodikentwicklung herangezogen. Die wissenschaftlichen Grundlagen dazu werden im Folgenden erläutert.

4.1.1 Systemtheorie

Die Systemtheorie enthält Ansätze und Vorgehensweisen, die es erlauben, komplexe Problemstellungen, die sich auf Systeme wie bspw. Unternehmen und weitere Organisationen beziehen, zu bearbeiten.[560]

Innerhalb der Systemtheorie wird ein System als die Gesamtheit von Elementen verstanden, die untereinander eine wechselseitige, beeinflussbare und zeitlich variable Beziehung aufweisen.[561] Es wird zwischen offenen und geschlossenen Systemen unterschieden. Neben

---

[559] Vgl. Neemann, C. (Methodik zum Schutz gegen Produktimitationen) 2007, S. 32; ULRICH und HILL erläutern grundlegende wissenschaftstheoretische Ansätze mit Eignung für ein pragmatisches und ergebnisorientiertes Wissenschaftsziel. Vgl. Ulrich, P./Hill, W. (Wissenschaftstheoretische Grundlagen) 1976, S. 304ff.

[560] Vgl. Giehler, F. (Erhöhung der Planungsproduktivität) 2010, S. 75.

[561] Vgl. Bruns, M. (Systemtechnik) 1991, S. 31.

systemimmanenten Beziehungen bestehen bei offenen Systemen zusätzliche Beziehungen des Systems zu den Elementen der Systemumwelt. Beziehungen der Elemente über Systemgrenzen hinweg sind schwächer als die Beziehungen von Elementen des gleichen Systems.[562] Ein System kann sowohl weitere Teilsysteme beinhalten als auch selbst Bestandteil eines übergeordneten Systems und somit Systemeinheit sein. Das Systemelement ist die kleinste Einheit eines Systems.[563] Struktur und Elemente von Systemen sind in Abbildung 4-1 zusammenfassend dargestellt.

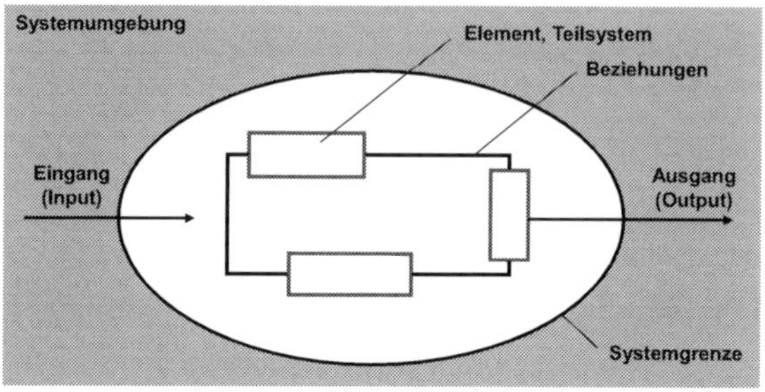

Abbildung 4-1: Struktur und Elemente eines Systems[564]

In der Systemtheorie werden drei Betrachtungsperspektiven unterschieden. Die strukturelle Perspektive konzentriert sich auf die Eigenschaften und relationalen Verknüpfungen der Elemente im System.[565] Die funktionale Perspektive fokussiert die Veränderung von Eingabe- zu Ausgabeoperanden, wodurch die Funktion des Systems festgelegt wird.[566] Die hierarchische Perspektive zerlegt das System in verschiedene Subsysteme, die durch abgrenzende Bereiche auf einzelnen Ebenen konkretisiert werden.[567] Die Fokussierung auf eine oder alle drei Perspektiven hängt vom Ziel der Systemgestaltung ab.[568]

Die Grundsätze für die zielgerichtete Entwicklung von Systemen zur Lösung komplexer Problemstellungen lassen sich in Form von vier Grundprinzipien eines Vorgehensmodells formulieren.[569] Das Prinzip vom Groben ins Detail dient der schrittweisen Einengung des Betrachtungshorizontes. Ziel bei der Untersuchung des Problemfeldes ist es, eine frühzeitige Detailbetrachtung einzelner Aspekte zu verhindern. Das Prinzip der Variantenbildung beschreibt das Denken in Alternativen.[570] Es hilft bei einer Vielzahl an Lösungsalternativen die zur Problemlösung geeigneten Varianten zu identifizieren und eine finale Lösungsalternative auszuwählen. Die Phasengliederung als drittes Prinzip ist bestrebt, den Lösungsweg zeitlich in einzelne Etappen und Teilziele zu gliedern. Der Problemlösungsprozess skizziert eine problemneutrale, arbeitslogische Reihenfolge einzelner Schritte und stellt das letzte Grund-

562 Vgl. Haberfellner, R./Nagel, P. et al. (Systems Engineering) 1999, S. 6; Kuhlmann, K. (Gestaltung von Geschäftsprozessen) 2011, S. 76.
563 Vgl. Ulrich, H. (Die Unternehmung als produktives soziales System) 1968, S. 107f.
564 I. A. a. Paulukuhn, L. (Typologisierung von Entwicklungsprojekten) 2005, S. 84; Haberfellner, R./Nagel, P. et al. (Systems Engineering) 2002, S. 5.
565 Vgl. Ropohl, G. (Allgemeine Technologie) 1999, S. 75.
566 Vgl. Ropohl, G. (Allgemeine Technologie) 1999, S. 75f.
567 Vgl. Niemeyer, G. (System- und Modelltheorie) 1977, S. 48ff.
568 Vgl. Spur, G./Mertins, K. et al. (Integrierte Unternehmensmodellierung) 1993, S. 6.
569 Vgl: Haberfellner, R./Nagel, P. et al. (Systems Engineering) 1999, S. 29ff.
570 Vgl. Kuster, J./Huber, E. et al. (Handbuch Projektmanagement) 2008, S. 15.

prinzip dar. Ausgehend von einer Problemstellung und einem jeweiligen Ziel wird eine Lösungssuche und Lösungsauswahl vorgenommen, um zu einem Ergebnis zu gelangen.[571]

Auf der geschaffenen Grundlage für die Beschreibung komplexer Systeme, ihrer Teilsysteme und Elemente sowie der zwischen ihnen bestehenden Beziehungen kann die Modellierung der Auftragsabwicklung im Werkzeugbau erfolgen.

4.1.2 Modelltheorie

Die Modelltheorie behandelt die Generierung, Pflege und Deutung von Modellen. Ein Modell (ital. modello = Form, Muster, Entwurf, Vorbild)[572] ist eine vereinfachte Abbildung eines realen Systems. Es dient dem Erkenntnisgewinn über Zusammenhänge der Realität sowie der Komplexitätsbeherrschung.[573] STACHOWIAK charakterisiert Modelle durch drei Merkmale:[574]

- **Abbildungsmerkmal**
  Modelle sind Ab- oder Vorbilder eines vorhandenen oder zu schaffenden Originals
- **Verkürzungsmerkmal**
  Modelle abstrahieren, d. h. nur relevante Attribute werden betrachtet
- **Pragmatisches Mittel**
  Modelle werden im Hinblick auf einen Verwendungszweck geschaffen

Die Klassifizierung von Modellen wird durch eine Vielzahl an Konzepten in der Literatur beschrieben. An dieser Stelle wird die etablierte Unterteilung nach PATZAK aufgegriffen und erweitert, der vier grundlegende Modelltypen differenziert. (Abbildung 4-2)

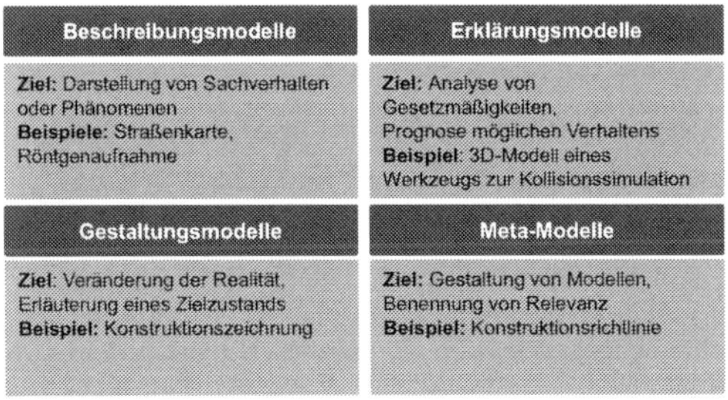

Abbildung 4-2: Grundlegende Modelltypen[575]

Darüber hinaus werden nach ihrem Verwendungszweck Beschreibungs-, Erklärungs-, Prognose- und Entscheidungsmodelle unterschieden.[576] Dabei ist zu beachten, dass die exakte Zuordnung zu einem dieser vier Modelltypen nicht immer realisierbar ist.[577]

---

[571] Vgl. Haberfellner, R./Nagel, P. et al. (Systems Engineering) 1999, S. 30ff.
[572] Vgl. Ludewig, J. (Modelle im Software Engineering) 2002, S. 8.
[573] Vgl. Gierhake, O. (Integriertes Geschäftsprozessmanagement) 2000, S. 12; Friedrich, M. (Prozesskoordination) 2002, S. 43.
[574] Vgl. Stachowiak, H. (Allgemeine Modelltheorie) 1973, S. 131ff.
[575] Vgl. Giehler, F. (Erhöhung der Planungsproduktivität) 2010, S. 78.
[576] Vgl. Patzak, G. (Systemtechnik) 1982, S. 313ff.
[577] Vgl. Bandte, H. (Komplexität in Organisationen) 2007, S. 205.

Das Erstellen von Modellen wird als Modellierung bezeichnet. Bei der Modellierung sollten bestimmte Grundsätze und Anforderungen beachtet werden. In dieser Hinsicht bieten die Grundsätze ordnungsgemäßer Modellierung ein weitverbreitetes Rahmenwerk:[578]

- Der Grundsatz der **Richtigkeit** stellt die semantische und syntaktische Richtigkeit des Modells sicher. Die beschriebene Struktur (z. B. die Aufbauorganisation) und das beschriebene Verhalten (z. B. die Geschäftsprozesse) des entsprechenden realen Systems müssen unter Einhaltung der jeweiligen Notationsregeln richtig dargestellt sein.
- Der Grundsatz der **Relevanz** fordert, alle relevanten Aspekte mit in das Modell aufzunehmen und zugleich sämtliche Aspekte unberücksichtigt zu lassen, die ohne Nutzenverlust aus dem Modell weggelassen werden können.
- Ziel des Grundsatzes der **Wirtschaftlichkeit** ist ein angemessenes Kosten-Nutzen-Verhältnis des Modells.
- Durch den Grundsatz der **Klarheit** wird ein Modell sichergestellt, das für den Leser bzw. Nutzer verständlich ist, indem es strukturiert, übersichtlich und intuitiv lesbar ist.
- Die Berücksichtigung des Grundsatzes der **Vergleichbarkeit** ermöglicht eine modellübergreifend konforme Anwendung der Modellierungsempfehlungen, was besonders in umfangreichen Modellierungsprojekten bedeutsam ist.
- Der Grundsatz des **systematischen Aufbaus** fordert definierte Schnittstellen zu korrespondierenden Modellen, da jedes Modell jeweils nur einen Teilaspekt eines realen Systems wiedergibt.

4.1.3 Methodikentwicklung nach System- und Modelltheorie

In der Literatur wird der Begriff „Methodik“ unterschiedlich definiert. Das dieser Arbeit zugrunde liegende Verständnis begreift unter einer Methodik ein Gebilde aus Modellen, Methoden und Hilfsmitteln.[579] Folglich impliziert es die Aspekte der Systemtheorie, der Modelltheorie und die Nutzung von Methoden und Hilfsmitteln. (Abbildung 4-3)

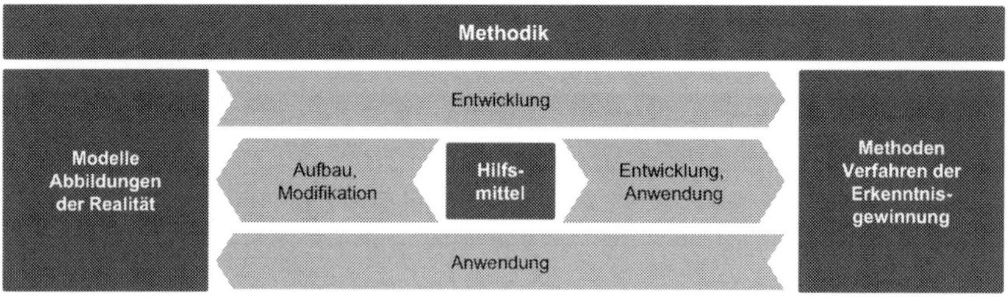

Abbildung 4-3: Elemente einer Methodik[580]

Eine Methodik ist ein **System** einzelner Bestandteile. Um diese zu kombinieren, ist eine sinnvolle Verknüpfung der Bestandteile erforderlich. So nutzt eine Methodik das Prinzip vom

578 Vgl. Becker, J./Rosemann, M./ et al. (Vorbereitung der Prozessmodellierung) 2008, S. 48ff.
579 Vgl. Laufenberg, L. (Simultaneous Engineering) 1996, S. 6ff.; Neuhausen, J. (Gestaltung modularer Produktionssysteme) 2001, S. 6f.
580 I. A. a. Neuhausen, J. (Gestaltung modularer Produktionssysteme) 2001, S. 7.

Groben ins Detail. Dazu sichert eine erste umfassende Betrachtung den Einbezug aller wichtigen Aspekte, um darauf folgend eine zielgerichtete Detailbetrachtung vorzunehmen. Das Prinzip der Variantenbildung verhilft zur Umsetzung einer Typologisierung innerhalb der Methodik. Basierend darauf werden typenabhängige Handlungsempfehlungen abgeleitet. Im Ganzen folgt die Methodik einer determinierten Sequenz in sich geschlossener Phasen und beruht folglich auf dem Prinzip der Phasengliederung. Das Prinzip des Problemlösungsprozesses ermöglicht die reproduzierbare Anwendung der durchlaufenden Schritte und sichert somit die aufeinander abgestimmte Anwendung der Methodikelemente.

Die **Modelltheorie** offeriert die Auswahl und den Einsatz speziell zweckbezogener Modelle und hilft somit die Methodikentwicklung zu unterstützen. Verkürzungen sind erforderlich, sobald komplexe soziotechnische Systeme wie Unternehmen betrachtet werden. Eine zielgerichtete pragmatische Verkürzung gestattet die Fokussierung auf Aspekte bedeutender komplexer Sachverhalte.[581]

Eine Methode ist ein Verfahren, das zum Lösen überschaubarer Aufgaben und dem Erkenntnisgewinn dient.[582] Hilfsmittel helfen bei der Erstellung, Anpassung und Anwendung von Modellen und Methoden, indem sie bspw. die Modellierung von Prozessen unterstützen.

Begründet durch die genannten Eigenschaften der Systemtechnik und Modelltheorie eignen sie sich für den Aufbau einer Methodik im Sinne des Forschungsziels dieser Dissertation. Daher werden sie in der Folge zur Konzeptionierung verwendet.

4.2 Ordnungsrahmen für die Methodik

Die im Folgenden vorgenommene Ableitung eines Ordnungsrahmens für eine zielorientierte Prozessgestaltung unterstützt die anschließende Konzeption der Methodik. Durch einen Ordnungsrahmen werden die einzelnen Elemente einer Methodik in Bezug zueinander gesetzt und in eine allgemeine Rangfolge gebracht.[583] Der hohe Abstraktionsgrad dient der Darstellung der zugrunde gelegten Zusammenhänge und verschafft eine Übersicht. Die Definition eines Ordnungsrahmens hat sich in der wissenschaftlichen Forschung für die Lösung komplexer wissenschaftlicher Aufgabenstellungen bewährt.[584]

Die Ableitung eines Ordnungsrahmens für die zielorientierte Prozessgestaltung basiert im Folgenden auf einer Analyse struktureller Gemeinsamkeiten im Vorgehen der in Kapitel 3 vorgestellten relevanten Ansätze und Theorien. Anschließend erfolgt die Entwicklung eines generischen Ordnungsrahmens für die Prozesssynchronisierung als zielorientierte Prozessgestaltung. Dieser wird der Konzeption der Methodik zur Prozesssynchronisierung nachfolgend zugrunde gelegt.

4.2.1 Ablaufschema der analysierten Methodiken

Die in Unterkapitel 3.3 analysierten Methodiken zur Gestaltung von Prozessen weisen als Gemeinsamkeit ein einheitliches Ablaufschema auf. Diese Gemeinsamkeit lässt darauf

---

[581] Vgl. Bachthaler, M. (Systemtechnik) 2000, S. 24f.
[582] Vgl. Berens, W./Delfmann, W. et al. (Quantitative Planung) 2004, S. 102.
[583] Vgl. Meise, V. (Ordnungsrahmen zur prozessorientierten Organisationsgestaltung) 2001, S. 59ff.
[584] Vgl. Meise, V. (Ordnungsrahmen zur prozessorientierten Organisationsgestaltung) 2001, S. 59ff.

schließen, dass ein übergeordnetes Phasenmodell als methodische Grundlage in den betrachteten Ansätzen hinterlegt ist.[585] Die wiederkehrend zu beobachtenden generischen Phasen der Prozessgestaltung entsprechen der Initiierung, der Prozessanalyse, der Prozessgestaltung und der Umsetzung.

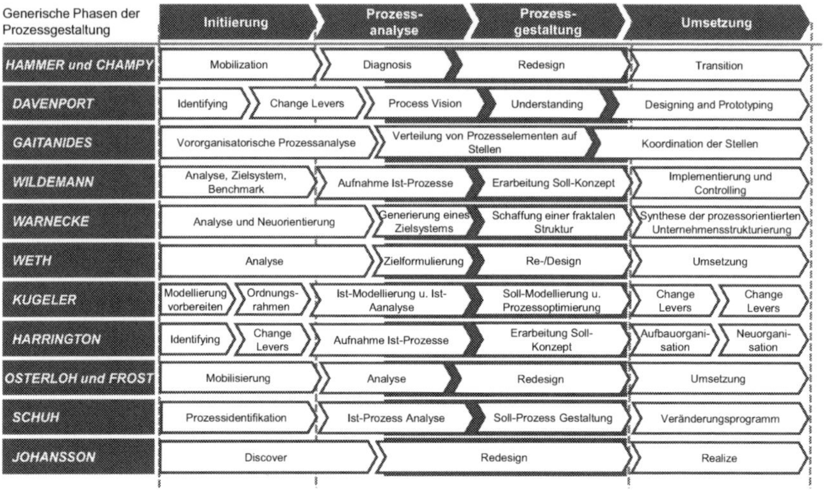

Abbildung 4-4: Generische Phasen der Prozessgestaltung

Trotz differierender Anzahl und Benennung lassen sich die Ablaufphasen der einzelnen Methodiken anhand der vorgesehenen Inhalte einzelner Schritte den generischen Phasen der Prozessgestaltung zuordnen. Die Phasenverläufe der analysierten Methodiken stellt Abbildung 4-4 gegenüber. Die identifizierten generischen Phasen der Prozessgestaltung werden nachfolgend beschrieben, um das der Zuordnung zugrunde gelegte Verständnis zu verdeutlichen.

Die **Initiierung** dient der Identifizierung der übergeordneten Zielsetzung der Prozessgestaltung sowie der relevanten Hauptprozesse. Dabei werden unterschiedliche Vorgehen gewählt, um die zugrunde liegende Bewertung und Priorisierung von Prozesszielen und Einzelprozessen vorzunehmen. Im Rahmen der anschließenden **Prozessanalyse** wird der Ist-Zustand der ausgewählten Prozesse modelliert und analysiert. Die darauf folgende **Prozessgestaltung** sieht die Optimierung der Prozesse anhand der Ergebnisse der erfolgten Analyse sowie die Gestaltung der Soll-Prozesse unter Berücksichtigung verschiedenster Kriterien vor. Die abschließende **Umsetzung** hat die Transformation vom Ist- zum angestrebten Soll-Zustand zum Inhalt.

Aufbauend auf der durch einen Ablaufvergleich der vorgestellten Methodiken vorgenommenen Identifikation eines wiederkehrenden Phasenverlaufs in Form von generischen Phasen der Prozessgestaltung wird im folgenden Teilkapitel ein Ordnungsrahmen für die zielorientierte Prozessgestaltung zur Unterstützung der Konzeption der eigenen Methodik abgeleitet.

[585] Vgl. Stöger, R. (Prozessmanagement) 2009, S. 28.

4.2.2 Ableitung eines Ordnungsrahmens für die Methodik

Die Ableitung eines Ordnungsrahmens für die zu entwickelnde Methodik stellt eine Konkretisierung der identifizierten generischen Prozessgestaltungsphasen im Anwendungskontext der angestrebten Prozesssynchronisierung in der Auftragsabwicklung des industriellen Werkzeugbaus dar. Der abgeleitete Ordnungsrahmen basiert auf den vier Schritten einer zielorientierten Prozessgestaltung nach SCHUH und wird in Anlehnung an den Prozessmanagementansatz nach HOCHKEPPLER erweitert.

Die vier generischen Phasen der zielorientierten Gestaltung von Prozessen nach SCHUH, Definition der Zielsetzung, Ist-Prozess Analyse, Soll-Prozess Gestaltung und Definition der Veränderungsmaßnahmen, stellen den Ausgangspunkt der Ableitung des Ordnungsrahmens dar. Das Vorgehen lässt sich für die Analyse und die Gestaltung jeglicher Art von Prozessen in produzierenden Unternehmen anwenden.[586] Ziel des Vorgehens nach SCHUH ist die einmalige Gestaltung der Prozesse unter Berücksichtigung der übergeordneten Unternehmensziele. Die Berücksichtigung der charakteristischen Eigenschaften der Auftragsabwicklung im Werkzeugbau macht eine Anpassung des Vorgehens erforderlich.

Bei den Prozessen der Auftragsabwicklung im Werkzeugbau handelt es sich, wie bereits beschrieben, aufgrund der charakteristischen geringen Wiederholhäufigkeit und der resultierenden Prozessvielfalt der Einzel- und Kleinserienfertigung um sogenannte Einmal-Prozesse. Eine einmalige Anwendung der Methodik zur Synchronisierung einzelner Prozesse ist somit im Kontext der angestrebten Prozesssynchronisierung im industriellen Werkzeugbau nicht ausreichend. Zur Unterstützung einer erfolgreichen Umsetzung der Prozesssynchronisierung ist im Anwendungskontext vielmehr abweichend die Eignung für eine kontinuierliche Anwendung zu gewährleisten. Diese wird durch den Prozessmanagementansatz nach HOCHKEPPLER unterstützt, der einen zyklischen Ansatz verfolgt. (Abbildung 4-5)

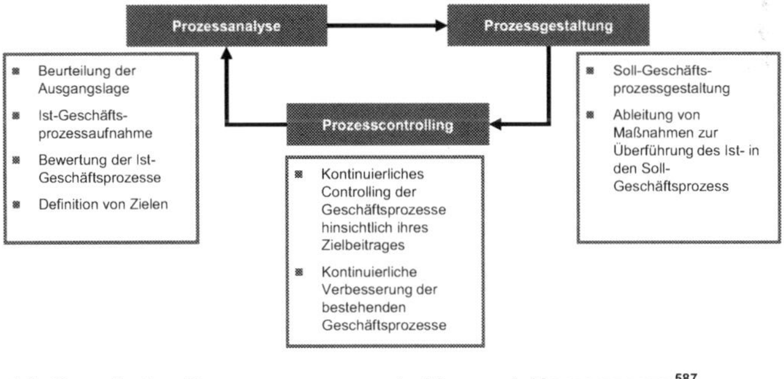

Abbildung 4-5: Generischer Prozessmanagementzyklus nach HOCHKEPPLER[587]

HOCHKEPPLER unterscheidet drei Phasen des Prozessmanagements, die Prozessanalyse, die Prozessgestaltung und das Prozesscontrolling. Das Prozesscontrolling beschreibt in dem bestehenden Zusammenhang die kontinuierliche Messung der Performance der neugestalteten Prozesse. Die Performance Messung stellt den Ausgangspunkt für einen erneuten Durchlauf von Prozessanalyse und Prozessgestaltung dar. Sie begründet somit das zyk-

[586] Vgl. Schuh, G. (Partizipativer Ansatz) 2009, S. 4.
[587] Vgl. Hochkeppler, B. (Analyse von Geschäftsprozessen) 2007, S. 13.

lische Vorgehen. Dadurch bilden die drei Phasen einen Kreislauf, in dem die Prozesse im Sinne einer fortlaufenden Optimierung mehrmalig analysiert und gestaltet werden. Die auf einer Performance Messung basierende Zyklizität des Vorgehens wird im Folgenden für die Ableitung des eigenen Ordnungsrahmens aufgegriffen. Die Ableitung des Ordnungsrahmens erfolgt als Synthese der Prozessmanagementansätze von SCHUH und HOCHKEPPLER.

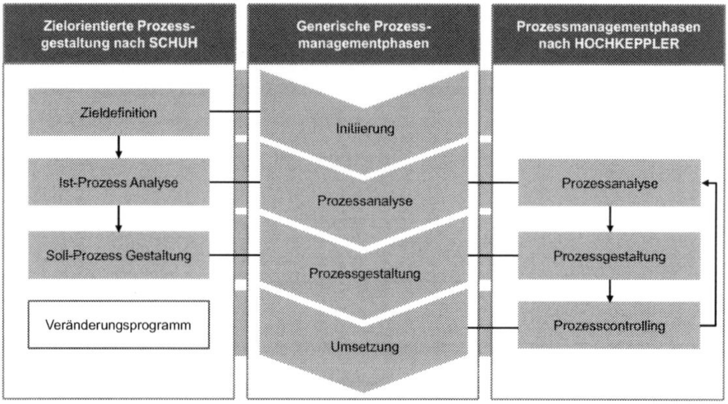

Abbildung 4-6: Ableitung des Ordnungsrahmens

Abbildung 4-6 stellt die Zusammenhänge der Ableitung des Ordnungsrahmens auf Grundlage der Prozessmanagementansätze von SCHUH und HOCHKEPPLER dar. In Anlehnung an die zielorientierte Prozessgestaltung nach SCHUH ist als zentrales Element der **Initiierungsphase** die Definition der Zielsetzung unter Berücksichtigung der unternehmerischen Rahmenbedingungen vorzusehen. Zudem werden die relevanten Hauptprozesse identifiziert und ein gemeinsames Prozessverständnis geschaffen. Die darauf folgende **Phase der Prozessanalyse** enthält eine Modellierung der Prozesskette auf einem hohen Abstraktionsgrad sowie die Prüfung der Qualität der Prozesse und die Identifikation von Schwachstellen. Als Teil der anschließenden Soll-Prozess Gestaltung während der **Prozessgestaltungsphase** werden einerseits identifizierte Schwachstellen adressiert. Andererseits erfolgt die Optimierung der Prozesskette entsprechend der im Vorfeld identifizierten Zielsetzung anhand von definierten Gestaltungsoptionen der Prozessverbesserung durch deren Zuordnung. Das Ergebnis ist die Festlegung der Soll-Prozesse als Zielzustand der Prozessgestaltung, die den Ausgangspunkt für die Umsetzung als vierte Phase der Prozessgestaltung bildet. In der abschließenden **Umsetzungsphase** erfolgt einerseits die Transformation vom Ist- zum Soll-Prozess, indem konkrete Veränderungsmaßnahmen entwickelt und im Maßnahmenplan verankert werden, andererseits unterstützt entsprechend dem Vorgehen nach HOCHKEPPLER die Quantifizierung der Prozessleistungsfähigkeit durch eine Performance Messung anhand von kontextabhängig zuzuordnenden Kennzahlen die Nachhaltigkeit der Umsetzung. Die **Performance Messung** stellt ihrerseits einen Ausgangspunkt für den erneuten Durchlauf des Phasenmodells und seiner kontinuierlichen Anwendung dar. Für den Fall, dass sich die unternehmerischen Rahmenbedingungen geändert haben, sind in der Anwendung erneut sämtliche Phasen zu durchlaufen, andernfalls können einzelne Phasen übersprungen werden.

Der sich ergebende Ordnungsrahmen lässt sich übergeordnet in eine Vorphase, die Phase der Prozessgestaltung im eigentlichen Sinne sowie eine die Umsetzung unterstützende Phase untergliedern. Die vorgesehenen Elemente des abgeleiteten Ordnungsrahmens und ihre Beziehung zueinander sind Abbildung 4-7 zu entnehmen.

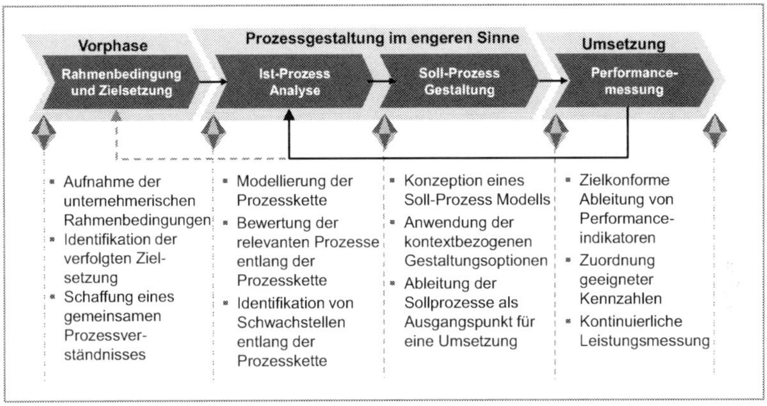

Abbildung 4-7: Ordnungsrahmen für die Methodik

Aufbauend auf dem beschriebenen generischen Ordnungsrahmen erfolgt im nächsten Unterkapitel die Konzeption der Methodik zur Synchronisierung der Auftragsabwicklung im industriellen Werkzeugbau unter Berücksichtigung der in Kapitel 3 formulierten Anforderungen an die Methodik.

4.3 Grobkonzept der Methodik

„Die Prozesssynchronisierung als Teil der Industrialisierung lässt sich in jedem Werkzeugbau erfolgreich realisieren, jedoch nicht in jedem Werkzeugbau gleich."[588]

Für die Konzeption einer Methodik zur Umsetzung der Prozesssynchronisierung in der Auftragsabwicklung im Werkzeugbau ist, wie bereits in Kapitel 3 beschrieben, aufgrund der Heterogenität der Branche Werkzeugbau die Differenziertheit gegenüber den unternehmerischen Rahmenbedingungen und den spezifischen Synchronisierungsvoraussetzungen ein entscheidender Erfolgsfaktor. Führende Experten auf dem Gebiet der Prozesssynchronisierung im Werkzeugbau stimmen darin überein, dass die Berücksichtigung der jeweiligen Ausgangssituation, d. h. der Zielstellung, der unternehmerischen Rahmenbedingungen der Wertschöpfung sowie der spezifischen Eigenschaften der Auftragsabwicklung des Werkzeugbaus einen entscheidenden Erfolgsfaktor für eine erfolgreiche Gestaltung und Umsetzung der Prozesssynchronisierung darstellt.[589]

[588] Fazit 2. Expertengespräch „Synchronisierung im Werkzeugbau" in Frankfurt, 24. Februar 2011.
[589] Fazit 2. Expertengespräch „Synchronisierung im Werkzeugbau" in Frankfurt, 24. Februar 2011.

Um den beschriebenen Unterschieden bezüglich Ausgangssituationen und Rahmenbedingungen der Prozesssynchronisierung Rechnung zu tragen, gliedert sich die entwickelte Methodik in eine **Basisphase** (vgl. Teilkapitel 4.3.1) und eine **Gestaltungsphase**.

Ziel der **Basisphase** ist es, die Grundlagen für die erfolgreiche Prozesssynchronisierung der Auftragsabwicklung im industriellen Werkzeugbau zu schaffen. Die Basisphase dient dazu, durch die unternehmensspezifische Identifikation von Synchronisierungsvoraussetzungen eine Grundlage zu schaffen, auf der eine erfolgreiche Prozesssynchronisierung in einer anschließenden Gestaltungsphase aufbauen kann. Die **Gestaltungsphase** der Methodik verfolgt die Zielsetzung, die eigentliche Prozesssynchronisierung in der Auftragsabwicklung vorzunehmen und eine Unterstützung für ihre Durchführung und Umsetzung in der Praxis zu bieten.

Das Ablaufmodell der Methodik ist unterteilt in **sechs Hauptschritte** (A-F), von denen die ersten beiden Hauptschritte der Basisphase (A-B) zugeordnet werden und die vier aufbauenden Hauptschritte der Gestaltungsphase (C-F) zuzuordnen sind. Die Hauptschritte der Methodik werden im Folgenden detailliert und entsprechend ihrer Zuordnung zur Basisphase und Gestaltungsphase separat vorgestellt.

4.3.1 Konzeptionierung der Basisphase der Methodik

Die Basisphase schafft eine Grundlage für die erfolgreiche Prozesssynchronisierung der Auftragsabwicklung im industriellen Werkzeugbau unter Berücksichtigung der unternehmensspezifischen Ausgangssituation für eine Prozesssynchronisierung. Dazu erfolgt zunächst die Analyse der unternehmerischen Zielstellungen und Rahmenbedingungen sowie der jeweiligen Eigenschaften der Auftragsabwicklung, anhand derer ein Anforderungsprofil an die Prozesssynchronisierung abgeleitet wird. Anschließend werden dem abgeleiteten Anforderungsprofil der Auftragsabwicklung typische Synchronisierungsvoraussetzungen zugeordnet, die den Ausgangspunkt für die Prozesssynchronisierung in der anschließenden Gestaltungsphase darstellen. Dazu sind innerhalb der Basisphase der Methodik die beiden Schritte „**Analyse der Ausgangssituation**“ und „**Prozesstypisierung der Auftragsabwicklung**“ vorgesehen.

Schritt A: Analyse der Ausgangssituation

Durch die **Analyse der Ausgangssituation** als ersten Schritt der Methodik zur Synchronisierung der Auftragsabwicklung im industriellen Werkzeugbau wird der Forderung nach Differenziertheit gegenüber den unternehmerischen Rahmenbedingungen und den Eigenschaften der Auftragsabwicklung Rechnung getragen. Diese Anforderung ergibt sich aus der Heterogenität der Branche Werkzeugbau, deren Berücksichtigung ein entscheidender Erfolgsfaktor bei der Gestaltung und Umsetzung synchroner Wertschöpfungsprozesse ist.[590] Die Prozesssynchronisierung kann darüber hinaus nicht losgelöst von den weiteren Kernelementen industrieller Wertschöpfung des übergeordneten Konzepts der Industrialisierung im Werkzeugbau nach KLOTZBACH erfolgen.[591] Bestehende Wirkzusammenhänge zwischen den Elementen werden durch die vorgesehene Reihenfolge des Vorgehens berücksichtigt.

[590] Fazit 2. Expertengespräch „Synchronisierung im Werkzeugbau“ in Frankfurt, 24. Februar 2011.
[591] Vgl. Klotzbach, C. (Industrieller Werkzeugbau) 2006, S. 163ff.; Schuh, G./Haefke, B. et al. (Strategien im Werkzeugbau) 2008, S. 419ff.

Die Analyse der **unternehmerischen Rahmenbedingungen** umfasst die strategische Ausrichtung, das Leistungsspektrum und die Wertschöpfungsgestaltung für den Werkzeugbau. Diese drei Einzelaspekte sind den beiden Elementen Fokussierung und Kooperation des Gestaltungsmodells des industriellen Werkzeugbaus zuzuordnen, die zur Schaffung der Grundlagen für die Industrialisierung dienen. Die Analyse der unternehmerischen Rahmenbedingungen erfolgt unter Anwendung des Strategie-Audits, das Teil der in Abschnitt 3.3.2.2 vorgestellten MOTION-Methode ist. In der Anwendung des Strategie-Audits zur Analyse der strategischen Ausrichtung sowie des „Fits" zwischen Leistungsspektrum und Wertschöpfungsgestaltung liegen am Werkzeugmaschinenlabor WZL der RWTH Aachen langjährige Erfahrungen vor. Die erfolgreiche Anwendung schließt dabei interne wie auch externe Werkzeugbauunternehmen ein. Im Rahmen der Anwendung innerhalb der Methodik sind nicht sämtliche Schritte des Strategie-Audits zu durchlaufen. Die Analyse der Wettbewerbsarenen, die Identifikation der strategischen Erfolgspositionen sowie die Ableitung des strategischen Programms sind im Abgleich mit den Kernprozessen und der Wertschöpfungsstruktur ausreichend, um die unternehmerischen Rahmenbedingungen zu berücksichtigen.

Die Analyse der **Eigenschaften der Auftragsabwicklung** erfolgt in einem zweiten Schritt in den Teilschritten 2a und 2b, die der Produktstandardisierung bzw. der Prozessstandardisierung innerhalb der Kernelemente der Industrialisierung im Werkzeugbau zuzuordnen sind. Hierbei werden die Komplexitätsvoraussetzungen für die Synchronisierung der Auftragsabwicklung analysiert, von denen die Synchronisierungsvoraussetzungen stark beeinflusst werden. Für die Analyse und Bewertung der Produktkomplexität wird zunächst der Standardisierungsgrad der Werkzeuge ermittelt, um eine Aussage über die durch die Fokussierung angestrebte Ähnlichkeit im Werkzeugspektrum ableiten zu können. Dazu wird der Grad der Ähnlichkeit im Werkzeugspektrum als Ersatzgröße eingeführt und ermittelt. Aufbauend auf der geschaffenen Wiederholhäufigkeit im Werkzeugspektrum sieht das Konzept der Industrialisierung die Prozessstandardisierung vor, mit dem Ziel, die vorhandene Prozessvarianz zu senken und die Planungsvoraussetzungen zu verbessern. Zudem dient die Fokussierung dazu, die Planbarkeit im Auftragsspektrum zu erhöhen, indem der Anteil planbarer Aufträge möglichst hoch ausfällt. Für die Planbarkeit im Auftragsspektrum wird innerhalb der Methodik der Grad der Planbarkeit eingeführt und ebenfalls im Rahmen der Analyse der Eigenschaften der Auftragsabwicklung ermittelt.

Als Ergebnis des ersten Schritts der Basisphase der Methodik liegen dem Anwender zentrale Aussagen zu strategischer Ausrichtung, Leistungsspektrum und zur Wertschöpfungsgestaltung vor, die als unternehmerische Rahmenbedingungen für die Gestaltung der Synchronisierung berücksichtigt werden. Darüber hinaus werden mit dem Grad der Ähnlichkeit des Werkzeugspektrums und dem Grad der Planbarkeit des Auftragsspektrums zentrale Determinanten der Prozessanforderungen ermittelt, die als Eigenschaften der Auftragsabwicklung das Anforderungsprofil für die Synchronisierung definieren und zur Ermittlung der Synchronisierungsvoraussetzungen herangezogen werden können.

Schritt B: Prozesstypisierung der Auftragsabwicklung

Das Anforderungsprofil der Auftragsabwicklung ist die Eingangsgröße für die anschließende **Prozesstypisierung der Auftragsabwicklung** als zweiten Hauptschritt der Basisphase der Methodik. Die Prozesstypisierung verfolgt das Ziel, das betrachtete Unternehmen hinsichtlich seiner Prozessanforderungen einzuordnen und die spezifischen Synchronisierungsvoraussetzungen zu identifizieren. Dadurch wird die Grundlage für die Prozesssynchronisierung durch Zuordnung typabhängiger Synchronisierungsoptionen im Rahmen der Gestaltungsphase geschaffen.

Eine Typologisierung fasst ähnliche Bündel von Ausprägungen in vorher festgelegten Dimensionen zu Typen zusammen.[592] Die entwickelte Prozesstypisierung der Auftragsabwicklung für die Branche Werkzeugbau fasst typische Anforderungsprofile an die Auftragsabwicklung zusammen und ordnet den definierten Typen Synchronisierungsvoraussetzungen zu. Durch die Definition der enthaltenen Typen berücksichtigt die Methodik die relevanten Unterschiede hinsichtlich der Anforderungen und Voraussetzungen für die Synchronisierung.[593] Die Einordnung in die Typologie erfolgt anhand der im ersten Schritt der Basisphase ermittelten Determinanten der Prozessanforderungen, dem Grad der Ähnlichkeit und dem Grad der Planbarkeit der Auftragsabwicklung, wodurch die Berücksichtigung des Anforderungsprofils der Auftragsabwicklung gewährleistet wird. Als Ergebnis der Typisierung, d. h. der aktiven Einordnung des im Anwendungsfall betrachteten Unternehmens in die präsentierte Typologie, erfolgt die Zuordnung des Werkzeugbaus zu idealisierten Typen. Diese lassen sich hinsichtlich ihrer Synchronisierungsvoraussetzungen und der sich daraus ergebenden Implikationen für die Gestaltung und Umsetzung der Synchronisierung der Wertschöpfungsprozesse klar voneinander abgrenzen und unterscheiden. Zur Sicherung des Praxisbezugs als potenzielle Schwäche einer theoretisch entwickelten Typologisierung erfolgt die Validierung der entwickelten Prozesstypen anhand einer umfangreichen Betrachtung der Empirie. Dies trägt der Forderung von BOZARTH Rechnung, wonach eine Typologie ohne die empirische Validierung nicht vollständig entwickelt ist.[594]

Ergebnis der im zweiten Schritt der Basisphase vorgenommenen Prozesstypisierung der Auftragsabwicklung anhand deren Anforderungsprofils in der bereitgestellten Typologie ist die eingangs motivierte Differenziertheit der Ausgestaltung der Synchronisierung durch Einbezug der spezifischen Eigenschaften der Auftragsabwicklung, der durch das Vorgehen Rechnung getragen wird. Zudem werden im Rahmen der Typisierung Entwicklungsmöglichkeiten des Unternehmens mit positivem Einfluss auf die Synchronisierung aufgezeigt, die im Vorfeld der eigentlichen Gestaltung synchroner Wertschöpfungsprozesse adressiert werden können, um die Synchronisierungsvoraussetzungen anzupassen und zu optimieren.

Die Ergebnisse der beiden Schritte der Basisphase der Methodik schaffen eine Grundlage und geben eine grundsätzliche Ausrichtung für die Gestaltung synchroner Wertschöpfungsprozesse im Rahmen der Synchronisierung der Auftragsabwicklung im industriellen Werkzeugbau als Ziel der Methodik vor. Im Gegensatz zu den Schritten der Gestaltungsphase der Methodik sind die Schritte der Basisphase nicht mehrmals zu durchlaufen. Entsprechend des gewählten Ordnungsrahmens ist ein erneuter Durchlauf der Prozesstypisierung für die Identifikation des Synchronisierungstyps der Auftragsabwicklung lediglich notwendig, wenn sich die unternehmerischen Rahmenbedingungen oder die Eigenschaften und Komplexitätsvoraussetzungen der Auftragsabwicklung grundlegend verändern oder bewusst verändert werden.

[592] Vgl. Hambrick, D. (Taxonomic Approaches to Studying Strategy) 1984, S. 27ff.
[593] Vgl. Boyt, T./Harvey, M. (Classification of industrial services) 1997, S. 298f.
[594].Vgl. Bozarth, C./McDermott, C. (Configurations in manufacturing strategy) 1998, S. 431.

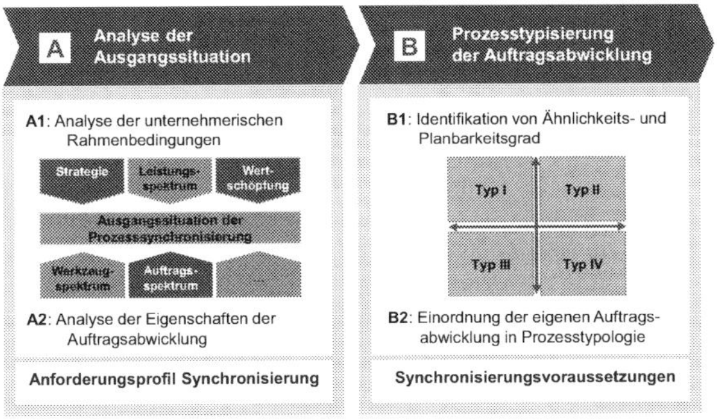

Abbildung 4-8: Basisphase der Methodik

Die Abfolge der aufeinander aufbauenden Schritte der Basisphase ist in Abbildung 4-8 veranschaulichend dargestellt.

4.3.2 Konzeptionierung der Gestaltungsphase der Methodik

Ziel der Gestaltungsphase ist die Gestaltung synchroner Prozesse zur Synchronisierung der Auftragsabwicklung im industriellen Werkzeugbau unter Berücksichtigung der in Unterkapitel 3.2 formulierten Anforderungen an eine Methodik für die erfolgreiche und nachhaltige Umsetzung der Synchronisierung.

Dazu wird im Rahmen der Gestaltungsphase der Methodik **ein vierschrittiges Vorgehen** verfolgt. Schritt C dient der Modellierung der direkten Wertschöpfungsprozesse der Auftragsabwicklung. Auf der Grundlage der Modellierung erfolgen in Schritt D die typabhängige Zuordnung von Synchronisierungsoptionen entlang der Prozesskette sowie die Konzeption eines synchronen Prozessmodells, das die Grundlage für die Gestaltung synchroner Prozesse bildet. Schritt E der Gestaltungsphase enthält ein dreischrittiges generisches Vorgehen, das zur Gestaltung synchroner Wertschöpfungsprozesse im Rahmen der Synchronisierung der Auftragsabwicklung im industriellen Werkzeugbau anzuwenden ist. Im abschließenden Schritt F wird der Rahmen für die Performancemessung der synchronen Auftragsabwicklungsprozesse als Teil eines Prozesscontrollings vorgestellt, das die Umsetzung der synchronen Wertschöpfungsprozesse unterstützt und Ausgangspunkt für eine laufende Analyse und Optimierung der Synchronisierung der Auftragsabwicklung durch mehrmalige Wiederholung der Gestaltungsphase ist.

Schritt C: Modellierung der Wertschöpfungsprozesse

Aufbauend auf der Analyse des Anforderungsprofils der Auftragsabwicklung und der Zuordnung typabhängiger Synchronisierungsvoraussetzungen erfolgt in Schritt C als erstem Schritt der Gestaltungsphase die **Modellierung der Wertschöpfungsprozesse** der Auftragsabwicklung sowie die Detaillierung der für die Synchronisierung relevanten Prozessschritte. An dieser Stelle der Methodik fließen die Grundsätze der Modelltheorie ein, um durch eine auf die relevanten Eigenschaften für eine Prozesssynchronisierung fokussierte Prozessbeschreibung eine vereinfachte Abbildung der komplexen Zusammenhänge in der Auftragsabwicklung des Werkzeugbaus zu erreichen. Die Modellierung erfolgt mit der Zielsetzung, durch ein Prozessmodell ein vereinfachtes Abbild der Wirklichkeit als Grundlage für die Zuordnung der Synchronisierungsoptionen zu erarbeiten. Zudem bietet sich die Möglichkeit der Analyse und Bewertung der Ist-Prozesse, um ggf. vorhandenen Anpassungsbedarf der Prozessverläufe im Vorfeld der Anwendung der Methodik zu identifizieren und durch gezielte Maßnahmen der Prozessgestaltung zu adressieren.

Grundlage für die Modellierung der Wertschöpfungsprozesse ist die generische Prozesskette für den Werkzeugbau[595], die an die im Unternehmen existierende Prozesslandschaft angepasst wird. Die Wahl eines geeigneten Detaillierungsgrads wird im Rahmen dieses Teilschritts der Methodik abhängig von den Synchronisierungsvoraussetzungen unterstützt. Dazu erfolgt die Modellierung zunächst auf Ebene der Hauptprozesse, für die ein Vorgehen vorgestellt wird. Anschließend erfolgt die Detaillierung auf Prozessschrittebene in den Bereichen, die für die Synchronisierung besonders relevant sind. Für die Detaillierung der Hauptprozesse durch eine Modellierung auf Prozessschrittebene wird ein separates Vorgehen vorgestellt, das die Anforderungen der anschließenden Synchronisierung berücksichtigt.

Ergebnis des ersten Schritts der Gestaltungsphase der Methodik ist die Prozessmodellierung des Auftragsabwicklungsprozesses, auf deren Basis die Konzeption eines synchronen Prozessmodells als Soll-Zustand der Prozessgestaltung vorgenommen werden kann. Zudem ist auf Basis der Modellierung der Ist-Prozesse im Rahmen der Methodik die Bewertung der prozessualen Voraussetzungen für die Synchronisierung vorgesehen, auf deren Basis abzuschätzen ist, ob die Voraussetzungen für die Synchronisierung im weiteren Verlauf der Gestaltungsphase gegeben sind. Die in den nachfolgenden Schritten der Methodik vorgenommene Prozesssynchronisierung erfolgt unter der Annahme, dass sämtliche produkt- und prozessgestalterischen Maßnahmen des Konzepts zur Industrialisierung im Werkzeugbau, die im Vorfeld der Synchronisierung als deren Grundlage zu ergreifen sind, erfolgreich durchgeführt wurden. Werden hingegen Defizite bei deren Umsetzung festgestellt, so sei für die Schaffung der Voraussetzungen der Synchronisierung auf die Dissertationen von FRICK, BOOS und KUHLMANN verwiesen, die mit der Fokussierung sowie der Produkt- bzw. Prozessstandardisierung die vorgelagerten Konzepte innerhalb des Konzepts des industriellen Werkzeugbaus nach KLOTZBACH abdecken.[596]

Schritt D: Sollkonzeption des synchronen Prozessmodells

Ziel des anschließenden Schritts D der Methodik ist die Soll-Konzeption eines synchronen Prozessmodells. Diese wird durch die Zuordnung von typabhängigen Synchronisierungsoptionen abhängig von der Einordnung des Werkzeugbauunternehmens in die Prozesstypologisierung der Auftragsabwicklung unterstützt. Das synchrone Prozessmodell enthält die Soll-Prozesse der synchronen Auftragsabwicklung und dient nachfolgend als Grundlage für die Prozesssynchronisierung.

Im Rahmen der Methodik wird dazu in einem ersten Schritt ein Ordnungsrahmen für die Synchronisierung im industriellen Werkzeugbau bereitgestellt, der zur **Einordnung der zu realisierenden Synchronisierungsoptionen** entlang der Prozesskette dient. Dieser unterstützt die im ersten Teilschritt von Methodikschritt D vorgesehene Zuordnung von Synchronisierungsoptionen entsprechend der Einordnung in die Prozesstypologie der Auftragsabwicklung und den daraus abgeleiteten Synchronisierungsvoraussetzungen.

[595] Vgl. Boos, W. (Modulare Werkzeuge) 2008, S. 41ff.
[596] Vgl. Frick, L. (Geschäftsmodelle im WZB) 2005,; Boos, W. (Modulare Werkzeuge) 2008; Kuhlmann, K. (Gestaltung von Geschäftsprozessen) 2011.

Synchronisierungsoptionen ergeben sich entlang der gesamten Werkzeugbauprozesskette und sind nicht beschränkt auf die eigentliche Werkzeugfertigung. Der Betrachtungsrahmen für die Einordnung von Synchronisierungsoptionen im Werkzeugbau wird bestimmt von dem übergeordneten Produktentstehungsprozess (PEP), in den sich der parallel verlaufende Werkzeugentstehungsprozess (WEP) integriert. Die eigentliche Werkzeugfertigung mit den Hauptprozessschritten Konstruktion, Arbeitsplanung, Mechanische Fertigung und Werkzeugmontage sowie das Try-Out stellen als eine Unterbrechung des PEP zwischen Produktkonstruktion und Serienanlauf eine Zeitspanne dar, in der keine Veränderungen am Produktdesign mehr zulässig sind. Während der Produktkonzeptionsphase des PEP im Vorfeld der Werkzeugfertigung unterstützt der Werkzeugbau die Produktentwicklung bereits vielfach durch beratende Dienstleistungen, Prototypen und Machbarkeitsstudien. Auch der einer Werkzeugfertigung nachgelagerte Bereich der Qualifizierung des Werkzeugs zur Serienreife ist durch eine enge Zusammenarbeit von Werkzeugbau und Serienfertigung geprägt, in dem einerseits durch einen iterativen Qualifizierungsprozess, andererseits durch beratende Dienstleistungen ein umfangreicher Austausch stattfindet.

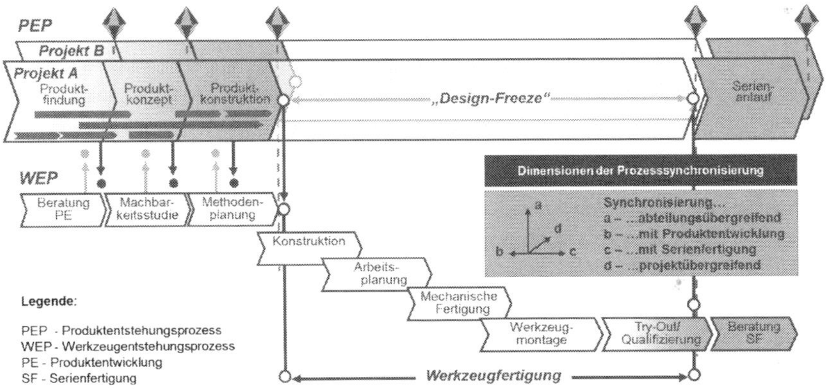

Abbildung 4-9: Dimensionen der Synchronisierung im industriellen Werkzeugbau[597]

Synchronisierungsoptionen lassen sich anhand ihrer charakteristischen Eigenschaften mehreren Dimensionen der Synchronisierung zuordnen. Gemäß der in Abbildung 4-9 dargestellten Einordnung ergeben sich die folgenden vier Synchronisierungsdimensionen, anhand derer sich die Synchronisierungsoptionen einordnen lassen. Dies sind die abteilungsübergreifende Synchronisierung entlang der Prozesskette der Werkzeugfertigung, die Synchronisierung mit der Produktentwicklung in der Produktkonzeptionsphase, die Synchronisierung mit der Serienfertigung im Bereich des Try-Outs und der anschließenden Werkzeugqualifizierung sowie die projektübergreifende Synchronisierung.

Folgende Synchronisierungsoptionen stehen typabhängig für die Synchronisierung der Auftragsabwicklung im industriellen Werkzeugbau zur Verfügung:

- Interne Synchronisierung der Werkzeugfertigung

[597] AWK2011; Ordnungsrahmen der Synchronisierung im Werkzeugbau, 1. und 2. Expertentreffen der Vortragserstellung „Synchronisierung im industriellen Werkzeugbau“, Frankfurt, 8. Oktober 2011.

- Synchronisierung mit externen Partnern
- Synchronisierung von Werkzeugbau und Serienfertigung
- Synchronisierung von Werkzeugbau und Produktentwicklung
- Projektübergreifende Synchronisierung

Durch Zuordnung der zu realisierenden Synchronisierungsoptionen entsprechend der mit der Synchronisierung verbundenen unternehmensindividuellen Zielstellung und den Synchronisierungsvoraussetzungen zu dem Prozessmodell erfolgt die **Soll-Konzeption eines synchronen Prozessmodells** im zweiten Teilschritt von Methodikschritt D. Die detaillierte Beschreibung der Synchronisierungsoptionen stellt die Grundlage der Umsetzung der Synchronisierungsoptionen entlang der Prozesskette dar und definiert im Einklang mit dem aufgestellten Ordnungsrahmen als Zielzustand den Rahmen der Soll-Prozessgestaltung.

Als Ergebnis des Methodikschritts D stellt das abgeleitete synchrone Prozessmodell die Grundlage für die Gestaltung und Umsetzung synchroner Wertschöpfungsprozesse im weiteren Verlauf der Methodik dar, in dem ein Soll-Zustand der Prozessgestaltung definiert wird.

Schritt E: Gestaltung synchroner Prozesse

Schritt E umfasst als dritter Schritt der Gestaltungsphase der Methodik eine generische Schrittfolge zur **Gestaltung synchroner Wertschöpfungsprozesse**. Die aufeinander aufbauenden Teilschritte zur Prozessgestaltung, die auf unterschiedlichen Prozessebenen ansetzen, lassen sich unabhängig von der Typzuordnung entlang der gesamten Prozesskette der Auftragsabwicklung zur Realisierung des typabhängig angestrebten synchronen Prozessmodells anwenden. Für die Konzeption der in Schritt E vorgenommenen Gestaltungsschritte der Prozesssynchronisierung werden die in Teilkapitel 4.1 eingeführten Grundsätze der Systemtheorie zur Beschreibung komplexer Systeme, ihrer Elemente sowie der wechselseitigen Beziehungen herangezogen. In diesem Zusammenhang stellt die Auftragsabwicklung im Werkzeugbau das komplexe System dar, bei deren Elementen es sich um die einzelnen Prozessschritte handelt, deren Wechselwirkungen und Abhängigkeiten es für die Synchronisierung zu berücksichtigen gilt. Die generische Schrittfolge zur Prozesssynchronisierung orientiert sich an bestehenden Ansätzen zur komplexitätsorientierten Produktionsgestaltung.

Auf Ebene des einzelnen Prozessschritts erfolgt in einem ersten Schritt die **Kapselung des Prozessschrittinhalts**. Übergeordnetes Ziel der Kapselung ist es, die auftragsneutrale Durchführung einzelner, an der Auftragsabwicklung beteiligter Prozessschritte trotz ihres für die Auftragsabwicklung im Werkzeugbau charakteristischen auftragsspezifischen Inhalts zu gewährleisten. Dadurch wird einerseits die geringe Wiederholhäufigkeit auf Ebene einzelner Prozessschritte erhöht, andererseits leistet die Kapselung einen Beitrag zur Prozessstabilität durch die Reduzierung von Abhängigkeiten zwischen Prozessschritten sowie die Vermeidung der Ausbreitung von Prozessstörungen über einzelne Prozessschritte hinweg. Im Rahmen der Kapselung von Prozessinhalten erfolgt dazu die Festlegung geeigneter Prozessschrittgrenzen, die Harmonisierung von Kapazitätsquerschnitten und die Implementierung von Fehlerregelkreisen, die in angepassten Verantwortungsbereichen verankert werden.

Die **Standardisierung der Prozessschnittstellen** als zweiter Teilschritt des Methodikschritts D erfolgt auf Ebene der aus mehreren Prozessschritten bestehenden Haupt- und Teilprozesse. Übergeordnetes Ziel der Standardisierung von Prozessschnittstellen ist es, eine auftragsneutrale inhaltliche Abstimmung an Prozessschnittstellen vorzunehmen, die trotz der auftragsspezifischen Prozessschrittinhalte einen optimierten Auftragsabwicklungsprozess mit reduzierten Reibungsverlusten und minimalen Übergangszeiten zulässt. Die Schnittstellenstandardisierung leistet einen zusätzlichen Beitrag zur Komplexitätsreduktion durch eine weitere Verringerung der Abhängigkeiten auf Haupt- und Teilprozessebene sowie der Planungs- und Steuerungskomplexität zwischen einzelnen Prozessschritten. Zusammen mit der Kapselung der Prozessinhalte werden durch die Standardisierung der Prozessschnittstellen die Grundlagen für eine auftragsneutrale Durchführung der auftragsspezifischen Auftragsabwicklungsinhalte geschaffen, die eine im dritten Teilschritt vorgesehene zeitliche Koordination von Prozessschritten zur eigentlichen Synchronisierung ermöglicht.

Als dritter Teilschritt der Gestaltungsphase erfolgt die Zuordnung eines Steuerungsmechanismus zur **zeitlichen Abstimmung der Prozessschritte** aufeinander. Durch diesen auf den vorherigen Teilschritten aufbauenden letzten Schritt wird die Synchronisierung gemäß der zugrunde gelegten Definition als inhaltliche und zeitliche Abstimmung von Prozessschritten erreicht. Ziel der Gestaltung von Steuerungsmechanismen im Rahmen der Gestaltung synchroner Wertschöpfungsprozesse zur Synchronisierung der Auftragsabwicklung im industriellen Werkzeugbau ist der Übergang von der chaotischen Steuerung zur Planung sowie die Koordination des Auftragsdurchlaufs mit möglichst geringem Steuerungsaufwand trotz hoher Prozessleistungsfähigkeit und Prozessstabilität. Für die zeitliche Abstimmung von Prozessschritten aufeinander lassen sich auftragsneutrale, starre Abstimmungsformen (z. B. die Palettentaktung der mechanischen Fertigung oder die Pull-Steuerung einer getakteten Werkzeugmontage) sowie auftragsspezifische, flexible Abstimmungsformen (wie z. B. die Netz- oder Meilensteinplanung) unterscheiden.

Ergebnis der Durchführung der in Methodikschritt E vorgesehenen drei generischen Schritte zur Gestaltung synchroner Prozesse ist die inhaltliche und zeitliche Abstimmung der Prozesssynchronisierung im betrachteten Prozessabschnitt. Die aufeinander aufbauenden Schritte erlauben dadurch die Umsetzung der im vorherigen Methodikschritt identifizierten Synchronisierungsoptionen.

Schritt F: Performancemessung synchroner Auftragsabwicklung

Der abschließende **Schritt F** als vierter Schritt der Gestaltungsphase der Methodik dient dem Aufbau eines **kennzahlengestützten Performance Measuring Systems** zur kontinuierlichen Bewertung der Prozessleistungsfähigkeit synchroner Wertschöpfungsprozesse. Die dazu durchgeführte Quantifizierung der Prozessleistungsfähigkeit dient zur Sicherung der Nachhaltigkeit der Umsetzung einer Synchronisierung und ist Ausgangspunkt für eine erneute Anwendung der Methodik zur fortlaufenden Optimierung der synchronen Auftragsabwicklung eines industriellen Werkzeugbaus.

Das Performance Measuring System basiert auf dem in Teilschritt D der Methodik abgeleiteten synchronen Prozessmodell. Eine weitere Komponente besteht in einem typabhängigen Zielsystem, das unter Berücksichtigung der unternehmerischen Rahmenbedingungen sowie der strategischen Positionierung des Werkzeugbaus die Bewertung der realisierten Synchronisierungsoptionen ermöglicht. Zusätzlich zum typabhängigen Zielsystem wird ein generisches Kennzahlensystem als weiteres Element des Performance Measuring Systems vorgestellt, das die Bewertung der Prozessgüte aus verschiedenen Anforderungsperspektiven ermöglicht. Das Kennzahlensystem ist an das AWFM-Modell des seit 1993 verwendeten Prozessbenchmarkings des *aachener werkzeug- und formenbaus (awf)* angelehnt.[598] Der Aufbau eines Informationssystems dient der Informationsverdichtung sowie der Kommunikation der vorhandenen Informationen an die handelnden Personen.

Die vorgestellte Performancemessung der synchronen Auftragsabwicklung eignet sich ebenfalls als Grundlage für eine über die Methodik hinausgehende Prozessauditierung, im Rahmen derer der Umsetzungsgrad der Synchronisierung in regelmäßigen Abständen auditiert und der Prozessreifegrad festgestellt werden kann. Diese stellt ebenfalls den Ausgangspunkt für ein Umsetzungscontrolling sowie für einen erneuten Durchlauf der Gestaltungsphase der Methodik als Teil einer Optimierung dar.

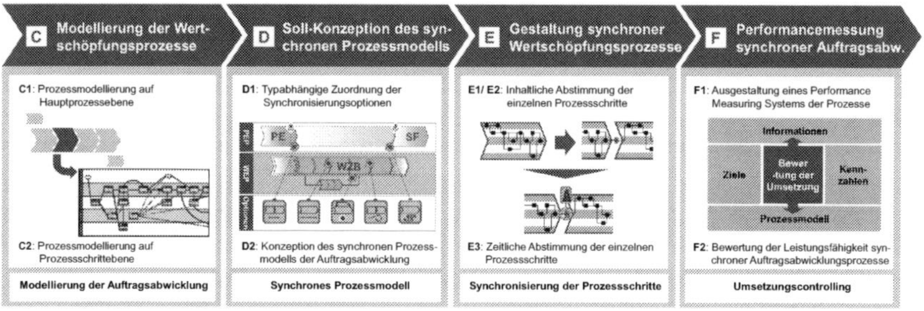

Abbildung 4-10: Gestaltungsphase der Methodik

Die vier Schritte der Gestaltungsphase der Methodik zur Prozesssynchronisierung der Auftragsabwicklung im industriellen Werkzeugbau sind in Abbildung 4-10 dargestellt.

4.4 Zwischenfazit

Systemtechnik und Modellierung wurden als Grundlagen der vorgenommenen Konzeption einer Methodik zur Synchronisierung der Auftragsabwicklung im industriellen Werkzeugbau in Unterkapitel 4.1 vorgestellt. Die vier Grundsätze für ein Vorgehensmodell zur zielgerichteten Lösungsentwicklung flossen als die Grundlage für die Strukturierung der Lösungsentwicklung komplexer Problemstellungen[599] in die Konzeption der Methodik ein.

Für die Ausgestaltung des Ablaufs des innerhalb der Methodik vorgesehenen Ablaufmodells wurde aus verbreiteten Ansätzen des Prozessmanagements ein Phasenmodell als generischer Ordnungsrahmen zur Unterstützung der Konzeption der Methodik abgeleitet. Ordnungsrahmen haben sich für die Lösung komplexer wissenschaftlicher Aufgabenstellungen bewährt.[600] In Anlehnung an die Phasen zur zielgerichteten Prozessgestaltung nach

598 Datenbank mit über 140 Einträgen aus der Unternehmensbewertung.
599 Vgl. Neemann, C. (Methodik zum Schutz gegen Produktimitationen) 2007, S. 32; Ulrich, P./Hill, W. (Wissenschaftstheoretische Grundlagen) 1976, S. 304ff.
600 Vgl. Meise, V. (Ordnungsrahmen zur prozessorientierten Organisationsgestaltung) 2001, S. 59ff.

SCHUH[601] bzw. den generischen Prozessmanagementphasen nach HOCHKEPPLER[602] wurden der Methodikentwicklung die vier Schritte Initiierung, Prozessanalyse, Prozessgestaltung und Umsetzung zugrunde gelegt und innerhalb der Phasen der Methodik aufgegriffen.

Die im Vorfeld der Konzeption der Methodik definierten Anforderungen (Unterkapitel 3.2) sowie die daraus abgeleiteten Unterforschungsfragen (Unterkapitel 3.6), die eine Konkretisierung der aus der Zielsetzung der Arbeit abgeleiteten Forschungsfrage darstellen, wurden der inhaltlichen Entwicklung der Methodik zugrunde gelegt. Ein Abgleich der formulierten Anforderungen und Unterforschungsfragen mit den Inhalten der konzipierten Methodik ist in Abbildung 4-11 dargestellt.

	Anforderungen	Forschungsfrage	Erfüllung in der Methodik
Prozessbezogen	▪ Integnerbarkeit und Ganzheitlichkeit ▪ Konkretes Ablaufmodell ▪ Umsetzungsunter-stützung	▪ Wie lassen sich bestehende Abhängigkeiten der Synchronisierung zu weiteren Elementen der Industrialisierung im WZB integrieren? ▪ Welche konkreten Gestaltungshinweise lassen sich zur Umsetzung der identifizierten Synchronisierungsoptionen geben? ▪ Wie ist eine erfolgreiche Umsetzung der Synchronisierung zu unterstützen?	▪ Analyse der Industrialisierungs- und Komplexitätsvoraussetzungen ▪ Einbezug der gesamten Prozesskette in synchrones Prozessmodell ▪ Unterteilung der Methodik in unabhängige Phasen ▪ Bereitstellung konkreter Handlungs-anweisungen zur Synchronisierung ▪ Einbezug eines Prozesscontrollings
Branchenbezogen	▪ Branchenbezug ▪ Differenziertheit gegen-über unternehmerischen Rahmenbedingungen	▪ Wie lassen sich anhand des Anforderungs-profils Synchronisierungsvoraussetzungen identifizieren und Synchronisierungsoptionen zuordnen? ▪ Wie kann die Heterogenität der Branche bzgl. des Anforderungsprofils an die Prozesse der Auftragsabwicklung berücksichtigt werden?	▪ Branchenspezifische Synchronisie-rungsoptionen für Prozessgestaltung ▪ Berücksichtigung unternehmerischer Rahmenbedingungen ▪ Typabhängige Zuordnung von Synchronisierungsoptionen
Allgemein	▪ Praktikabilität ▪ Nutzen-Aufwand-Verhältnis ▪ Quantifizierbarkeit	▪ Welche Schritte sind für die Gestaltung synchroner Wertschöpfungsprozesse vorzusehen und wie sind sie methodisch zu unterstützen? ▪ Wie ist ein hohes Nutzen-Aufwand-Verhältnis der praktischen Anwendung zur realisieren? ▪ Welche Möglichkeiten zur Quantifizierung ergeben sich?	▪ Branchenbezogenes Vorgehen zur Gestaltung synchroner Prozesse ▪ Unterteilung in Basisphase und Gestaltungsphase reduziert Aufwand ▪ Anwendung von Kennzahlen zur Quantifizierung des Umsetzungserfolgs

Abbildung 4-11: Abgleich der Methodik mit den Anforderungen und Forschungsfragen

Die prozessbezogenen Anforderungen werden durch den vorgesehenen Phasenverlauf als konkretes Ablaufmodell sowie den ganzheitlichen Einbezug der Industrialisierungs- und Komplexitätsvoraussetzungen der Auftragsabwicklung zur Integration der Synchronisierung in das übergeordnete Konzept der Industrialisierung adressiert. Für die Gestaltung synchroner Wertschöpfungsprozesse zur Synchronisierung der Auftragsabwicklung im industriellen Werkzeugbau werden Synchronisierungsoptionen entlang der gesamten Prozesskette angeführt und ein konkretes Vorgehen zur Synchronisierung auf Haupt- und Teilprozess- sowie auf Prozessschrittebene gegeben. Darüber hinaus unterstützt das vorgesehene Kennzahlencontrolling die Umsetzung der Synchronisierung.

Branchenbezogene Anforderungen werden durch die Gestaltung des Vorgehens, die auf die charakteristischen Eigenschaften der Auftragsabwicklung im Werkzeugbau bezogenen spezifischen Synchronisierungsoptionen sowie durch das synchrone Prozessmodell für den industriellen Werkzeugbau erfüllt. Zudem wird die Heterogenität der Branche durch die Prozesstypisierung der Auftragsabwicklung zur Identifikation der Synchronisierungsvorausset-

[601] Vgl. Meise, V. (Ordnungsrahmen zur prozessorientierten Organisationsgestaltung) 2001, S. 59ff.
[602] Vgl. Meise, V. (Ordnungsrahmen zur prozessorientierten Organisationsgestaltung) 2001, S. 59ff.

zungen berücksichtigt, auf deren Grundlage die Zuordnung geeigneter Synchronisierungsoptionen erfolgt.

Die Berücksichtigung der allgemeinen Anforderungen aus wissenschaftlicher Sicht äußert sich in dem Phasenverlauf der Methodik sowie ihrer Unterteilung in eine Basisphase und eine Gestaltungsphase bestehend aus voneinander unabhängigen Methodikbausteinen. Hierdurch wird die Praktikabilität gesichert und ein hohes Nutzen-Aufwand Verhältnis erzielt, da für den mehrmaligen Durchlauf der Methodik jeweils nur die relevanten Methodikschritte durchlaufen werden müssen. Die Quantifizierbarkeit der Prozessleistungsfähigkeit anhand von Branchenkennzahlen trägt zusätzlich zur Nachvollziehbarkeit und Reproduzierbarkeit der Methodikergebnisse bei.

Eine Berücksichtigung des Veränderungsprozesses innerhalb der Methodik erfolgt trotz der hohen Bedeutung des Themas für die betriebliche Praxis gerade auch im Zusammenhang mit der Synchronisierung explizit nicht.[603] An dieser Stelle wird auf die einschlägige Fachliteratur zum Change-Management[604] verwiesen.

Die in diesem Kapitel erfolgte Konzeption der Methodik zur Prozesssynchronisierung in der Auftragsabwicklung des industriellen Werkzeugbaus gibt eine Übersicht über die beiden Phasen der Anwendung sowie über die beinhalteten Methodikschritte. Der konzeptionelle Kern der Einzelschritte sowie die bestehenden Zusammenhänge zwischen den aufeinander aufbauenden Methodikschritten wurden im Rahmen der Konzeptbeschreibung auf einem hohen Abstraktionsniveau aufgezeigt, sodass nun im folgenden Kapitel 5 die Detaillierung der einzelnen Schritte der Methodik erfolgen kann.

[603] Aussage AWK Expertenvortrag „Synchronisierung im industriellen Werkzeugbau“, Referent: Michael Breme, Leiter Audi Werkzeugbau Center of Excellence, Aachen, den 27. Mai 2011.

[604] Vgl. z. B. Doppler, K./Lauterburg, C. (Change Management) 2008; Rank, S./Scheinpflug, R. (Change Management) 2008; Krüger, W. (Excellence in Change) 2009; Vahs, D./Leiser, W. (Change Management) 2007; Schuh, G. (Change Management) 2006.

5 Detaillierung der Methodik

Im fünften Kapitel werden die sechs Methodikbausteine der Basis- und Gestaltungsphase entsprechend der in Unterkapitel 4.3 vorgenommenen Grobkonzeption der Methodik zur Prozesssynchronisierung in der Auftragsabwicklung des industriellen Werkzeugbaus detailliert und anschließend integriert. Ein vollständiger Überblick über die Methodikschritte sowie den vorgesehenen Ablauf ihrer Durchführung wird durch Abbildung 5-1 gegeben.

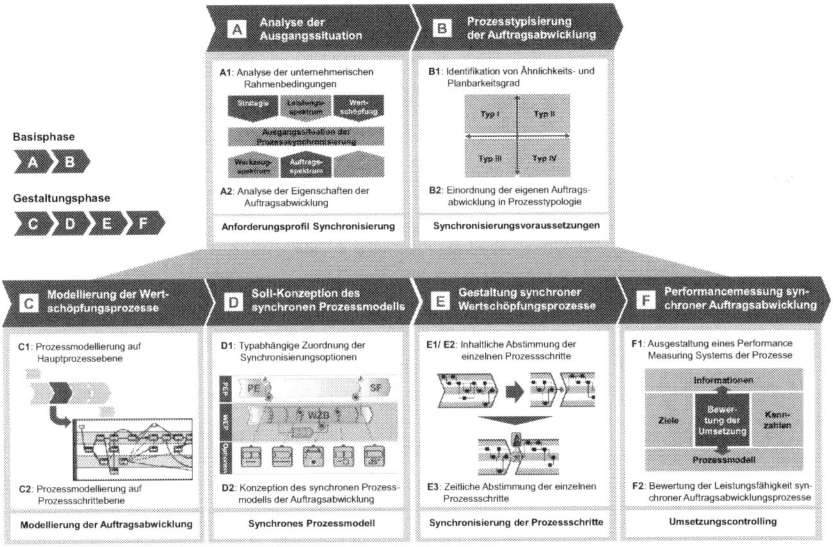

Abbildung 5-1: Methodik zur Prozesssynchronisierung in der Auftragsabwicklung

Die Detaillierung der Methodikschritte erfolgt analog zu Unterkapitel 4.3 separat für Basisphase (Unterkapitel 5.1) und Gestaltungsphase (Unterkapitel 5.2).

5.1 Detaillierung der Basisphase der Methodik

Nachfolgend wird die Detaillierung der Methodikschritte der Basisphase vorgenommen. Diese besteht aus zwei Einzelschritten, die die Grundlagen zur Prozesssynchronisation der Auftragsabwicklung im industriellen Werkzeugbau schaffen. In Hauptschritt A werden zunächst Zielstellungen und Rahmenbedingungen für eine Synchronisierung analysiert sowie das Anforderungsprofil an die Auftragsabwicklung identifiziert. Auf dieser Grundlage erfolgt in Hauptschritt B die Einordnung des Anforderungsprofils der Auftragsabwicklung in eine Prozesstypologie anhand von identifizierten Schlüsselkriterien für die Synchronisierungsgestaltung, die eine Zuordnung von typabhängigen Synchronisierungsvoraussetzungen erlauben.

5.1.1 Schritt A: Analyse der Ausgangssituation

In Unterkapitel 3.1 wurde die Synchronisierung der Auftragsabwicklung bereits in das übergeordnete Gesamtkonzept der Industrialisierung im Werkzeugbau eingeordnet und kontextbezogen definiert. Als wesentliche Grundlagen der Synchronisierung wurden dabei folgende Elemente des Konzepts der Industrialisierung eingeführt:

- Anpassung des Leistungsspektrums durch Fokussierung und Kooperation.
- Komplexitätsbeherrschung durch Produkt- und Prozessstandardisierung.

Im Folgenden werden diese Punkte aufgegriffen, um innerhalb des Schritts A der Methodik eine Analyse der Ausgangssituation für die Synchronisierung der Auftragsabwicklung vorzunehmen. Die Analyse der Ausgangssituation soll die geforderte Differenziertheit gegenüber den unternehmerischen Rahmenbedingungen und verfolgten Zielstellungen der Synchronisierung leisten. Zudem ist es Ziel der Analyse, ein Anforderungsprofil der Auftragsabwicklung unter Berücksichtigung ihrer Komplexitätsvoraussetzungen für eine Synchronisierung zu ermitteln, anhand dessen sich die Synchronisierungsvoraussetzungen ableiten lassen.

5.1.1.1 Grundlagen des Vorgehens

Die Analyse der Ausgangssituation mit ihren beiden Komponenten **Analyse der unternehmerischen Rahmenbedingungen** und **Analyse der Eigenschaften der Auftragsabwicklung** erfolgt unter Berücksichtigung der bestehenden Abhängigkeiten der Synchronisierung zu den weiteren Elementen der Industrialisierung innerhalb des Gestaltungsmodells für den industriellen Werkzeugbau nach KLOTZBACH, die die Synchronisierung ermöglichen. Die bestehenden Abhängigkeiten sind in Abbildung 5-2 dargestellt und in Bezug auf die Auswirkungen auf die Synchronisierung detailliert.

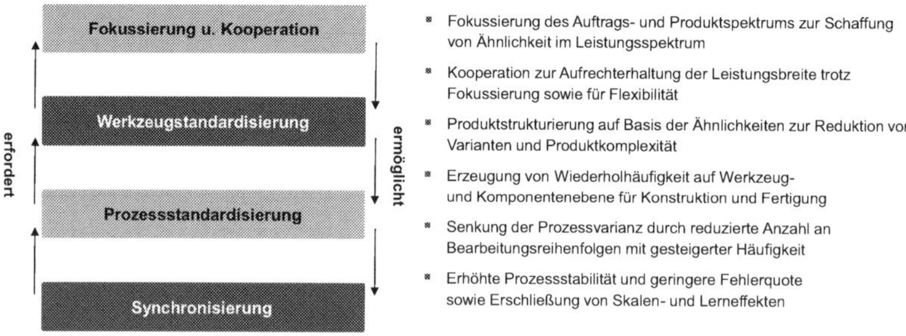

Abbildung 5-2: Initiierung der Synchronisierung im industriellen Werkzeugbau[605]

Ziel dieses Schritts der Methodik zur Synchronisierung der Auftragsabwicklung im industriellen Werkzeugbau ist es, den geforderten Bezug zum übergeordneten Gesamtkonzept der Industrialisierung im Werkzeugbau herzustellen und das Vorgehen damit in den Gesamtkontext einzuordnen. Im Vorfeld der Vorstellung des Vorgehens zur Analyse der Ausgangssituation werden dazu die bestehenden Abhängigkeiten zwischen den in Abbildung 5-2 dargestellten Elementen der Industrialisierung beschrieben. Gleichzeitig dient der aufgezeigte Zusammenhang zur Strukturierung des Vorgehens zur Analyse der Ausgangssituation sowie zur Ableitung eines Anforderungsprofils für die Auftragsabwicklung, das in Abschnitt 5.1.1.2 detailliert wird.

[605] I. A. a. Schuh, G./Boos, W. et al. (Komplexitätsmanagement im WZB) 2008, S. 437.

Die strategische **Fokussierung** des Leistungsspektrums ist Grundlage zur Schaffung der Voraussetzungen für die Industrialisierung und somit von hoher Bedeutung für die Synchronisierung der Wertschöpfungsprozesse im industriellen Werkzeugbau.[606] Wie beschrieben, setzt sich das Leistungsspektrum aus dem Auftrags- und dem Werkzeugspektrum zusammen. Entsprechend ergeben sich zwei verfolgte Zielrichtungen der Fokussierung. Die Fokussierung des Auftragsspektrums dient unmittelbar der Verbesserung von Planbarkeit und Vorhersagbarkeit durch einen möglichst hohen Anteil planbarer Aufträge am Gesamtspektrum. Die Fokussierung des Werkzeugspektrums dient hingegen als Grundlage, um Ähnlichkeiten systematisch zu erzeugen, zu nutzen und die Wiederholhäufigkeit auf Werkzeug-, Baugruppen- und Bauteilebene sowie in den Prozessen zu erhöhen. Planbarkeit und Wiederholhäufigkeit schaffen die Möglichkeit, die mit der Synchronisierung verbundene Abstimmung von Prozessen in der Einzel- und Kleinserienfertigung zu leisten. In enger Verbindung mit der Fokussierung dient die **Kooperation** dazu, trotz Fokussierung die Breite des Leistungsspektrums gegenüber dem Kunden nicht zu reduzieren.[607] Für die Kooperation ergeben sich ebenfalls mit dem kompetenz- und kapazitätsgetriebenen Sourcing zwei Stoßrichtungen, durch die unterschiedliche Zielstellungen in Bezug auf die Synchronisierung verfolgt werden. Kooperation in Form von kompetenzgetriebenem Sourcing unterstützt die Fokussierung, indem die Wertschöpfung gezielt auf die als Kernkompetenz bzw. Kernprozess definierten Tätigkeiten ausgerichtet wird. Kapazitätsgetriebenes Sourcing sichert die Flexibilität und eine schnelle Reaktion auf ungeplante Arbeitsumfänge und dient dazu, den Einfluss von Prozessstörungen gering zu halten. Hierbei steht das Ziel im Vordergrund, den Anteil geplanter Auftragsumfänge am insgesamt im Werkzeugbau bearbeiteten Auftragsspektrum zu steigern und die Anzahl von Eilaufträgen zu verringern, wodurch Planbarkeit und Vorhersagbarkeit in der Werkzeugherstellung verbessert werden.[608] Durch die Schaffung von Ähnlichkeit im Auftrags- und Werkzeugspektrum sowie durch die Erhöhung der Planbarkeit in der Auftragsabwicklung schaffen Fokussierung und Kooperation auf Ebene der unternehmerischen Rahmenbedingungen wichtige Voraussetzungen für die Komplexitätsbeherrschung der Auftragsabwicklung durch die aufbauenden Konzepte der Werkzeug- und Prozessstandardisierung.[609]

Ziel der **Werkzeugstandardisierung** ist es, in der auftragsbezogenen und kundenindividuellen Unikatfertigung den Unikatcharakter des Produkts zu gewährleisten, bei gleichzeitig größtmöglicher Nutzung und Wiederverwendung vordefinierter Standards auf Werkzeugebene, Baugruppenebene, Komponentenebene und Teileebene.[610] Im Rahmen der Werkzeugstandardisierung werden Ähnlichkeiten im Werkzeugspektrum genutzt und konsequent zur Schaffung von Kommunalitäten umgesetzt.[611] Die Basis zur Produktstandardisierung wird durch eine Aufgliederung in einzelne Funktionselemente und die Realisierung analoger oder ähnlicher Funktionen verschiedener Werkzeuge in identischen Modulen geschaffen.[612] Die Schnittstellen der Module müssen dabei so gestaltet sein, dass eine größtmögliche Varianz an möglichen Produkten abgedeckt werden kann.[613] Die Standardisierung ermöglicht dabei eine Reduzierung der Variantenvielfalt und minimiert die produktbezogene Komplexi-

[606] Vgl. Schuh, G./Boos, W. et al. (Komplexitätsmanagement im WZB) 2008, S. 438.
[607] Vgl. Schuh, G./Boos, W. (Operative Exzellenz) 2010, S. 55.
[608] Vgl. Schleyer, C. (Kooperationsmanagement im WZB) 2006, S. 162.
[609] Vgl. Schuh, G./Boos, W. et al. (Synchronisierung im industriellen WZB) 2011, S. 388.
[610] Vgl. Schuh, G./Boos, W. (Operative Exzellenz) 2010, S. 37.
[611] Vgl. Boos, W. (Modulare Werkzeuge) 2008, S. 54.
[612] Vgl. Schuh, G./Haefke, B. et al. (Strategien im Werkzeugbau) 2008, S. 438.
[613] I. A. a. Boos, W. (Modulare Werkzeuge) 2008, S. 19.

tät.[614] Dadurch wird die Wiederholhäufigkeit auf Teileebene hergestellt, die einerseits der Erschließung von Lern- und Skaleneffekten dient, die direkt zur Synchronisierung beitragen, andererseits die Vereinheitlichung von Fertigungsprozessen unterstützt.[615] Die **Prozessstandardisierung** erzeugt Wiederholhäufigkeit auf Prozessebene.[616] Im Rahmen der Prozessstandardisierung werden auftragsspezifische Umfänge kategorisiert und entsprechend ihrer technologischen Anforderungen auftragsneutralen Standardprozessfolgen und -vorgehen zugeordnet. Dies reduziert die Anzahl unterschiedlicher Fertigungsfolgen und trägt dadurch zur Reduktion der Prozessvarianz durch die Schaffung von Wiederholhäufigkeit bei.[617] Die Wiederholhäufigkeit auf Prozessebene trägt ebenfalls zur Komplexitätsreduktion in der Auftragsabwicklung sowie zur Verbesserung der Planbarkeit bei. Die einhergehende Komplexitätsreduktion sowie die Erhöhung von Planbarkeit und Wiederholhäufigkeit legen den Grundstein für Fließfertigung und Taktung und schaffen damit die Voraussetzungen für die Synchronisierung im Werkzeugbau.[618]

Der beschriebene Zusammenhang identifiziert die **Wiederholhäufigkeit** in Produkt und Prozess sowie die **Planbarkeit** des Auftragsspektrums als bestimmende Parameter für die Synchronisierungsvoraussetzungen der Prozesse im industriellen Werkzeugbau. Diese werden durch Fokussierung und Kooperation auf Ebene der unternehmerischen Rahmenbedingungen unterstützt. Darauf aufbauend setzen Werkzeug- und Prozessstandardisierung die Steigerung von Wiederholhäufigkeit und Planbarkeit mit dem Ziel der Komplexitätsreduzierung in der Auftragsabwicklung weiter um. Die beiden Schlüsselfaktoren Wiederholhäufigkeit und Planbarkeit bestimmen direkt die erreichbare Exaktheit der Planung sowie die damit zusammenhängenden Flexibilitätsanforderungen, die, wie in Unterkapitel 3.1 beschrieben, direkt die Möglichkeiten zur Synchronisierung bestimmen.

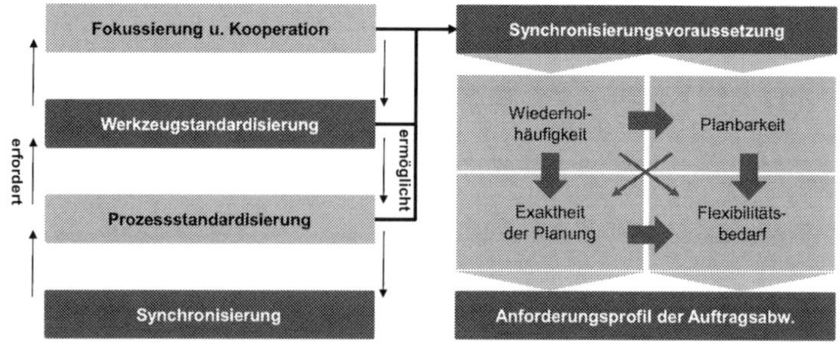

Abbildung 5-3: Anforderungsprofil der Auftragsabwicklung für die Synchronisierung

Wie in Abbildung 5-3 illustriert, stellen die Wiederholhäufigkeit in Produkt und Prozess sowie Planbarkeit im Auftragsspektrum durch ihren Einfluss auf die Exaktheit der Planung und den Flexibilitätsbedarf die entscheidenden Eigenschaften der Auftragsabwicklung dar, die das Anforderungsprofil der Auftragsabwicklung aufspannen.

614 Vgl. Schuh, G./Schittny, S. et al. (Komplexitätsmanagement) 2004.
615 Vgl. Schuh, G./Haefke, B. et al. (Strategien im Werkzeugbau) 2008, S. 438.
616 Vgl. Schuh, G./Boos, W. et al. (Synchronisierung im industriellen WZB) 2011, S. 382.
617 Vgl. Schuh, G./Boos, W. (Operative Exzellenz) 2010, S. 39.
618 Vgl. Klotzbach, C. (Industrieller Werkzeugbau) 2006, S. 180ff.; Schuh, G./Boos, W. (Operative Exzellenz) 2010, S. 43; i. A. a. Takeda, H. (Das synchrone Produktionssystem) 2006, S. 139.

5.1.1.2 Vorgehen zur Analyse der Ausgangssituation

Ziel des Vorgehens zur Analyse der Ausgangssituation ist es, die unternehmerischen Rahmenbedingungen und die Eigenschaften der Auftragsabwicklung zu analysieren, um das Anforderungsprofil der Auftragsabwicklung für die Prozesssynchronisierung zu ermitteln und die Synchronisierungsvoraussetzungen zu identifizieren. In einem ersten Schritt erfolgt dazu die Bewertung der **unternehmerischen Rahmenbedingungen**, die der Ableitung der Rahmenbedingungen in Bezug auf strategische Ausrichtung, Leistungsspektrum und Wertschöpfungsgestaltung dient. Die angeführten Punkte greifen die Elemente Fokussierung und Kooperation des Konzepts der Industrialisierung im Werkzeugbau auf. Zur Analyse der **Eigenschaften der Auftragsabwicklung** werden für die Ermittlung der Schlüsselfaktoren Wiederholhäufigkeit und Planbarkeit in einem zweiten Schritt zwei Ersatzgrößen eingeführt, um das Anforderungsprofil für die Synchronisierung zu erfassen. Dazu wird für die Bewertung der Wiederholhäufigkeit die Ähnlichkeit im Produktspektrum als **Grad der Ähnlichkeit** sowie die Planbarkeit im Auftragsspektrum als **Grad der Planbarkeit** definiert.

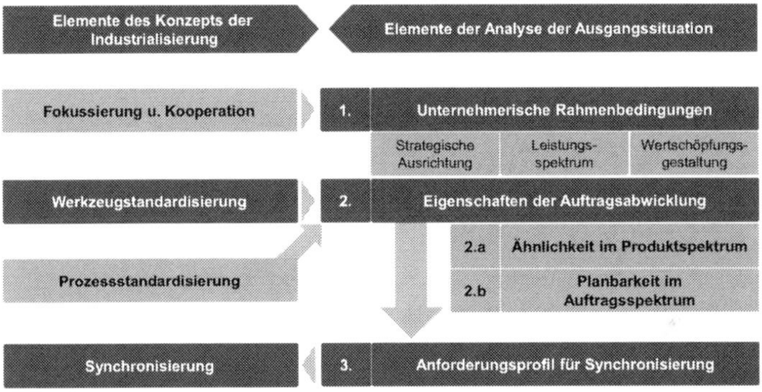

Abbildung 5-4: Vorgehen zur Analyse der Ausgangssituation für die Synchronisierung

Das Vorgehen zur Analyse der Ausgangssituation ist in Abbildung 5-4 dargestellt und in Bezug zu den für die Strukturierung herangezogenen Elementen der Industrialisierung gesetzt.

Schritt 1: Analyse der unternehmerischen Rahmenbedingungen

Für die Analyse der unternehmerischen Rahmenbedingungen zur Ermittlung der strategischen Ausrichtung, des Leistungsspektrums sowie zur Analyse der Wertschöpfungsgestaltung wird im Rahmen der Methodik auf das Strategie-Audit zurückgegriffen. Das Strategie-Audit, das Teil der in Abschnitt 3.3.2.2 vorgestellten MOTION-Methodik ist, eignet sich zur Ermittlung und Überprüfung der strategischen Ausrichtung sowie deren Abgleich mit dem Leistungsspektrum und der vorgenommenen Ausgestaltung der Wertschöpfungsprozesse.[619] Das Vorgehen des Strategie-Audits hat sich bereits in einer Vielzahl von Industrieprojekten des WZL, sowohl in internen als auch in externen Werkzeugbauunternehmen, bewährt und wird im Folgenden kurz vorgestellt.

Ausgangspunkt des Strategie-Audits ist die Überprüfung der aktuellen sowie der angestrebten **Positionierung** des Werkzeugbauunternehmens in den betreffenden Wettbewerbsare-

[619] Vgl. Schuh, G. (Change Management) 2006, S. 19ff.

nen. Ziel ist die Bestimmung der Wettbewerbskräfte, die nach PORTER die Profitabilität des Unternehmens wesentlich beeinflussen. Die sogenannten „Five Forces" geben einen Überblick über den Wettbewerb in der Branche sowie Informationen über die Lieferanten und Kunden, neue Wettbewerber und Ersatzprodukte.[620]

Im anschließenden zweiten Schritt sind die strategischen Erfolgspositionen des Unternehmens zu ermitteln. Nach PÜMPIN werden unter strategischen Erfolgspositionen die wettbewerbsbezogenen Fähigkeiten eines Unternehmens verstanden, durch die bewusst Voraussetzungen geschaffen werden, um im Vergleich zur Konkurrenz auch längerfristig überdurchschnittliche Ergebnisse zu erzielen.[621]

Das strategische Programm formalisiert die Strategie des Unternehmens. In einem dritten Schritt werden dazu den formulierten strategischen Zielen die einzusetzenden Mittel und Verfahren zugeordnet, die zu deren Realisierung vorzusehen sind.[622] Auf dieser Grundlage kann die verfolgte Strategie mit den verfügbaren Ressourcen und Kernprozessen abgeglichen werden, um darauf aufbauend die erforderlichen Prozessstrategien zu entwickeln, die zur Umsetzung der verfolgten Strategie notwendig sind.

Abschließend wird ein Veränderungsprogramm formuliert, das die zu ergreifenden Maßnahmen zur Umsetzung des formulierten strategischen Programms und der Prozessstrategien priorisiert und deren zeitliche Abfolge festlegt. Die Vorgehensweise des Strategie-Audits ist in Abbildung 5-5 dargestellt.

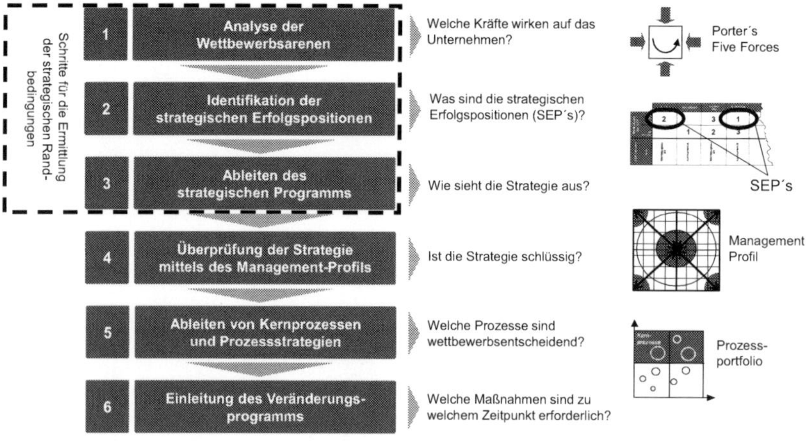

Abbildung 5-5: Vorgehensweise des Strategie-Audits

Zur Analyse der unternehmerischen Rahmenbedingungen als Teil der Ausgangssituation sind nicht sämtliche Schritte des Strategie-Audits zu durchlaufen. Für die Anwendung innerhalb der Methodik stellt sich die Analyse der Wettbewerbsarenen, die Identifikation der strategischen Erfolgspositionen sowie die Ableitung eines strategischen Programms als ausrei-

[620] Vgl. Porter, M. E. (Wettbewerbsstrategie) 1999, S. 33f.
[621] Vgl. Pümpin, C. (Erfolgspositionen) 1992, S. 28ff.
[622] Vgl. Krah, O. (Prozessmodell) 1998, S. 55f.

chend dar, um auf dieser Grundlage den Abgleich mit dem angebotenen Leistungsspektrum sowie der aktuellen Wertschöpfungsgestaltung vorzunehmen.

Die Vorgehensweise im Strategie-Audit wird unter Verweis auf die existierende Literatur nicht weiter vertieft.[623] Statt einer ausführlichen Vorgehensbeschreibung werden grundsätzliche Fragen angeführt, die im Rahmen der Analyse der unternehmerischen Rahmenbedingungen im Kontext der angestrebten Synchronisierung der Auftragsabwicklung zu beantworten sind:

- Sind die verfolgten strategischen Zielstellungen mit der Industrialisierung konform bzw. bestehen Zielkonflikte zwischen der Synchronisierung und weiteren Zielen?
- Ist das angebotene Leistungsspektrum für die aktive Nutzung von Ähnlichkeiten im Auftrags- und Produktspektrum geeignet? Ist eine weitere Fokussierung sinnvoll?
- Können in Kooperationen weitere Elemente des eigenen Leistungsspektrums durch Wertschöpfungspartner beigetragen werden, um die Fokussierung zu unterstützen?

Aufbauend auf der Analyse der unternehmerischen Rahmenbedingungen werden in einem zweiten Schritt die Eigenschaften der Auftragsabwicklung in Bezug auf die Schlüsselparameter Wiederholhäufigkeit und Planbarkeit analysiert, um den Umsetzungsstatus der weiteren Kernelemente industrieller Wertschöpfung des Konzepts der Industrialisierung im Werkzeugbau als grundlegende Voraussetzung für die Synchronisierung zu prüfen.

Schritt 2: Analyse der Eigenschaften der Auftragsabwicklung

Zur Analyse der für die Synchronisierungsvoraussetzungen entscheidenden Faktoren Wiederholhäufigkeit und Planbarkeit werden nachfolgend die Ersatzgrößen **Grad der Ähnlichkeit** als Maß für die Wiederholhäufigkeit im Produktspektrum sowie **Grad der Planbarkeit** als Maß für die Planbarkeit im Auftragsspektrum eingeführt und ermittelt.

Den **Grad der Ähnlichkeit** im Produktspektrum des Werkzeugbaus gilt es durch eine Analyse des spezifischen Werkzeugspektrums zu ermitteln. Ein geeignetes Kriterium zur Charakterisierung stellt nach EVERSHEIM U. KLOCKE das wesentliche Fertigungsverfahren des produzierten Werkzeugs dar.[624] Unter Berücksichtigung der Breite des Produktspektrums intern gefertigter Werkzeuge im Werkzeugbau bietet sich als alternatives Kriterium die Analyse des Werkzeugspektrums mittels der mit dem Werkzeug herzustellenden Artikel an.[625] Diese Charakterisierung sichert ein allgemeingültiges Vorgehen unter Beachtung der Heterogenität der Produkte. Innerhalb der Methodik sind die Werkzeuge anhand ihrer Masse und ihrer Maße einzuordnen, um den Ähnlichkeitsgrad zu bestimmen. Somit werden die Werkzeuge zur Identifikation der Breite des internen Werkzeugspektrums auf lediglich zwei Merkmale reduziert. Die Anwenderfreundlichkeit der Methodik wird durch die Einteilung in nur jeweils fünf unterschiedliche Maße- bzw. Masseklassen gewährleistet. Im Anschluss an die ausführliche Analyse des Werkzeugspektrums, unter Zuhilfenahme von Zeichnungen und Stücklisten, werden die Resultate in eine Tabelle, ähnlich Abbildung 5-6, eingetragen. Die Auswertung der Tabelle liefert Erkenntnisse über die Breite respektive die Ähnlichkeit

[623] Vgl. Friedli, T. (Technologiemanagement) 2006, S. 285f.; Schuh, G. (Change Management) 2006, S. 22ff.
[624] Vgl. Eversheim, W./Klocke, F. (Werkzeugbau mit Zukunft) 1998, S. 121.
[625] Vgl. Boos, W. (Modulare Werkzeuge) 2008, S. 97.

des Werkzeugspektrums. Eine geringe Anzahl an Maße- und Masseklassen suggeriert einen hohen Ähnlichkeitsgrad.

Maßeklasse [mm]	< 250 x250	< 500 x500	< 1000 x1000	< 2000 x1000	> 2000 x1000	Anzahl Klassen
Im Produktprogramm? [ja/nein]						

Masseklasse [kg]	< 100	< 500	< 1000	< 5000	> 5000	Anzahl Klassen
Im Produktprogramm? [ja/nein]						

Abbildung 5-6: Tabelle zur Analyse des Werkzeugspektrums

Die Ermittlung des **Grads der Planbarkeit** im Leistungsspektrum des Werkzeugbaus erfolgt durch die Analyse des Auftragsspektrums. Für die Analyse der Planbarkeit wird die Auftragsstruktur untersucht, die sich nach EVERSHEIM U. KLOCKE durch vier verschiedene Auftragsarten kategorisieren lässt. Diese sind die in Teilkapitel 2.3.3 detaillierten Neuaufträge, Änderungsaufträge, Reparaturaufträge und Wartungsaufträge, die sich entsprechend der vorgesehenen Abarbeitungspriorität und des Planungshorizonts sowie dem Durchlauf durch die Prozesskette unterscheiden.[626]

Neuaufträge durchlaufen die gesamte Prozesskette, wohingegen Änderungsaufträge nur die zur Änderung notwendigen Schritte in Anspruch nehmen. Reparatur- und Wartungsaufträge greifen meist auf existierende Auftragsunterlagen zurück. Dementsprechend werden die Prozessschritte mechanische Fertigung, Montage und Try-Out beansprucht. Im Rahmen der Methodik ist vereinfachend für die Ermittlung der Planbarkeit die Erfassung der anteiligen Kosten für planbare und unplanbare Auftragsumfänge vorgesehen. Die einzelnen Kosten der Auftragsarten gilt es zu bestimmen und aufzusummieren, um im Anschluss die spezifischen Kostenanteile an den gesamt angefallenen Kosten zu quantifizieren. Dies geschieht im Rahmen der Methodik anhand einer Tabelle, wie in Abbildung 5-7dargestellt.

Auftragsart	Neu-aufträge	Änderungs-aufträge	Reparatur-aufträge	Wartungs-aufträge	Summe
Kosten [€]					
Kostenanteil [%]					100

Abbildung 5-7: Tabelle zur Analyse des Auftragsspektrums

Ergebnis:

Ist die Analyse der Rahmenbedingungen abgeschlossen, liegt dem Anwender folgendes Ergebnis von Schritt A in Bezug auf die Rahmenbedingungen seines Werkzeugbaus vor:

- Identifikation der Strategie und Kernprozesse für das eigene Unternehmen.
- Erschließung des Planbarkeits- und Ähnlichkeitsgrads im Leistungsspektrum.
- Identifikation des Anforderungsprofils der Auftragsabwicklung.

---

[626] Vgl. Eversheim, W./Klocke, F. (Werkzeugbau mit Zukunft) 1998, S. 20.

5.1.2 Schritt B: Prozesstypisierung der Auftragsabwicklung

Differenziertheit gegenüber den unternehmerischen Rahmenbedingungen, den Eigenschaften der Auftragsabwicklung und den sich daraus ergebenden Synchronisierungsvoraussetzungen wurde für eine erfolgreiche Synchronisierung der Auftragsabwicklung aufgrund der Heterogenität der Branche Werkzeugbau bereits in Unterkapitel 3.2 als Anforderung an die zu entwickelnde Methodik formuliert. Hierfür wird in Schritt B ein Vorgehen zur Typisierung vorgestellt, durch das sich Werkzeugbauunternehmen anhand von Typologisierungskriterien in ein Raster einordnen lassen, um der Auftragsabwicklung des Werkzeugbauunternehmens unter Berücksichtigung ihres spezifischen Anforderungsprofils typabhängige Synchronisierungsvoraussetzungen zuzuordnen.

Dazu werden im Folgenden zunächst die relevanten Grundlagen der Typologisierung eingeführt. Anschließend erfolgt die Übertragung zum Aufbau einer Prozesstypisierung der Auftragsabwicklung für den Werkzeugbau. Hierzu werden die entscheidenden Parameter zur Bestimmung der Voraussetzungen für die Synchronisierung als Typologisierungskriterien genutzt, die bereits in Teilkapitel 5.1.1 eingeführt wurden. Anschließend erfolgt die empirische Validierung der aufgestellten Typologisierung anhand der EIP–Benchmarkingdatenbank. Die identifizierten Typen zeichnen sich durch homogene Merkmale entsprechend ihrer Prozessanforderungen und Synchronisierungsvoraussetzungen aus. Aufbauend auf der ermittelten Zugehörigkeit des Werkzeugbauunternehmens zu einem der Typen erfolgt anschließend die Zuordnung von Synchronisierungsoptionen im Rahmen der nachfolgenden Gestaltungsphase der Methodik.

5.1.2.1 Grundlagen des Vorgehens

Zunächst werden in diesem Abschnitt die Grundlagen der Typologisierung eingeführt und die zentralen Begrifflichkeiten definiert, bevor anschließend der Bezug zur Branche Werkzeugbau hergestellt wird, um eine eigene Prozesstypologisierung aufzubauen.

Typologisierung

Der DUDEN definiert einen **Typ** als eine durch bestimmte charakteristische Merkmale gekennzeichnete Kategorie, Art von Dingen oder Personen.[627] Eine erweiterte Definition nach HONER beschreibt Typen als „ein notwendiges Mittel des pragmatischen Umgangs mit der Welt".[628] Demgegenüber definiert WUNDT einen Typen als „einfachste Form, in der ein gewisses Gesetz der Struktur oder der Zusammensetzung gegeben sein kann".[629] Eine detailliertere Beschreibung von Typen erfolgt durch SCHIERENBECK. Er verbindet Typen mit der Fähigkeit, eine Ordnung unter der Gesamtheit herzustellen und zugleich den jeweiligen Untersuchungszweck einzugrenzen. Möglich wird dies durch eine typenspezifische präzise Auswahl sowie Zuordnung messbarer und somit skalierbarer Merkmale.[630]

Eine **Typologie** ist das Ergebnis eines Gruppierungsprozesses, der **Typisierung**, bei dem Untersuchungsobjekte mithilfe zuvor definierter Merkmale in Gruppen eingeteilt werden.[631] Der Begriff der **Typologisierung** bezeichnet eine systematische Einteilung oder Einordnung

[627] Vgl. o.V. (Duden) 1982, S. 782.
[628] Vgl. Honer, A. (Lebensweltliche Ethnographie) 1993, S. 111.
[629] Vgl. Wundt, W. M. (Einführung in die Psychologie) 1920, S. 55f.
[630] Vgl. Schierenbeck, H. (Grundzüge der Betriebswirtschaftslehre) 2003, S. 27.
[631] Vgl. Lamnek, S. (Qualitative Sozialforschung) 2005, S. 124.

von Begriffen, Gegenständen, Erscheinungen in Gruppen, die durch bestimmte Merkmale charakterisiert sind.[632] (Abbildung 5-8) Für die Aussagefähigkeit der Typologisierung ist es von entscheidender Bedeutung, dass Gruppen mit homogenen Merkmalen zusammengefasst werden können. Zur eindeutigen Differenzierung sollten die Typen untereinander eine hohe Heterogenität aufweisen.[633] Die Erstellung einer allgemeingültigen Typologie ist aufgrund der realen Komplexität nicht möglich. Unter Verwendung spezifischer Merkmalausprägungen ist eine Typologie deshalb stets zweckbezogen zu formulieren.[634]

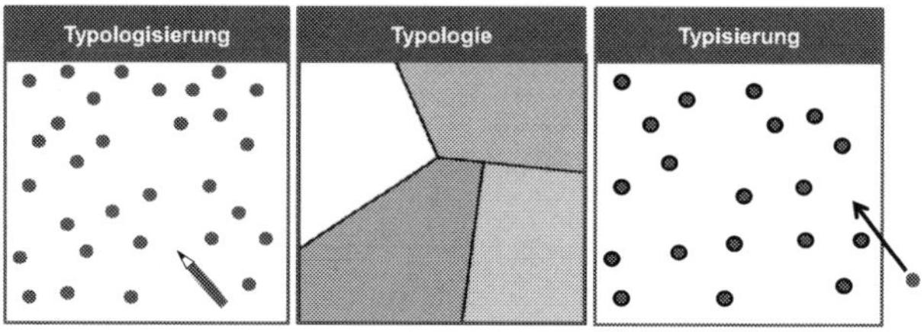

Abbildung 5-8: Begriffsabgrenzung Typologisierung, Typologie, Typisierung

Die Ermittlung von Typen ist durch sachlogische Herleitung oder statistische Methoden möglich. Typen nach sachlogischer Herleitung sind intuitiv, konstruktiv oder durch eine Kombination beider Vorgehensarten ermittelbar. Die in der Methodik vorgesehene Typologisierung der Branche Werkzeugbau folgt der statistischen Methode zur Typenbildung, indem sie auf eine breite empirische Datenbasis zurückgreift.[635]

Typologisierung der Branche Werkzeugbau

Die Branche Werkzeugbau ist heterogen. Unternehmen der Branche stellen Unikate, Prototypen und Kleinserien her – die Aufträge werden als Neu-, Änderungs-, Wartungs- oder Reparaturaufträge eingelastet.[636] Verschiedenste Werkzeugtechnologien werden im Kundenauftrag gefertigt, wobei eine große Vielfalt von Fertigungstechnologien und -verfahren zum Einsatz kommen. Die Herausforderung bei der Typologisierung der Branche Werkzeugbau besteht darin, geeignete Typologisierungskriterien zu definieren, die einerseits eine hohe Aussagekraft über die Eigenschaften der Auftragsabwicklung besitzen, andererseits zu homogenen Typen hinsichtlich der Synchronisierungsvoraussetzungen führen.

Wie bereits in Teilkapitel 5.1.1 motiviert, stellen Wiederholhäufigkeit und Planbarkeit die Schlüsselfaktoren für die Synchronisierungsvoraussetzungen dar. Auf dieser Erkenntnis aufbauend, werden beide Kriterien der Typologisierung der Branche Werkzeugbau zur Zuordnung typabhängiger Synchronisierungsvoraussetzungen zugrunde gelegt. Als Kenngrößen werden dazu der Grad der Planbarkeit sowie der Grad der Ähnlichkeit eingeführt, deren Verwendung im Folgenden motiviert wird.

---

632 Vgl. Kluge, S. (Typenbildung) 1999, S. 32ff.; Schuh, G./Boos, W. et al. (Synchronisierung im industriellen WZB) 2011, S. 394.
633 Vgl. Castillo, M. (Typologisieren als wissenschaftliche Methode) 2008, S. 1.
634 Vgl. Kosiol, E. (Organisationsforschung) 1968, S. 35.
635 Vgl. Knoblich, H. (Betriebswirtschaftliche Warentypologie) 1969, S. 30ff.; Grosse-Oetringhaus, W. F. (Fertigungstypologie) 1974, S. 21ff.
636 Vgl. Eversheim, W./Klocke, F. (Werkzeugbau mit Zukunft) 1998, S. 20.

Das typische Auftragsspektrum im Werkzeugbau umfasst planbare und unplanbare Aufträge. Die Zusammensetzung des Auftragsspektrums legt fest, welcher Anteil der Wertschöpfung im Werkzeugbau planbar und welcher Anteil unplanbar im Rahmen der Auftragsabwicklung bearbeitet werden muss. Für die Typologisierung wird zur Beschreibung der Planbarkeit des Auftragsspektrums entsprechend der in Schritt A der Methodik bereits eingeführte und ermittelte **Planbarkeitsgrad** verwendet. Je höher hierbei der Planbarkeitsgrad ist, desto höher ist der Anteil planbarer Aufträge an den Gesamtaufträgen im Werkzeugbau.

Die zweite maßgebliche Einflussgröße auf die Rahmenbedingungen der Wertschöpfungsprozesse ist die Breite des intern gefertigten Werkzeugspektrums. Von ihr hängt der **Grad der Ähnlichkeit** der Werkzeuge ab, die sowohl die Vielfalt an eingesetzten Bearbeitungstechnologien als auch die Prozessvielfalt sowie die Wiederholhäufigkeit innerhalb der organisatorischen Prozesse bestimmt. Führungsgröße für das Werkzeugspektrum ist im Zusammenhang mit den Rahmenbedingungen der Auftragsabwicklung der Ähnlichkeitsgrad des Werkzeugspektrums, der ebenfalls in Methodikschritt A ermittelt wurde. Je fokussierter das Werkzeugspektrum ausgelegt ist, desto höher ist der Wiederholcharakter der Prozesse im Unternehmen.

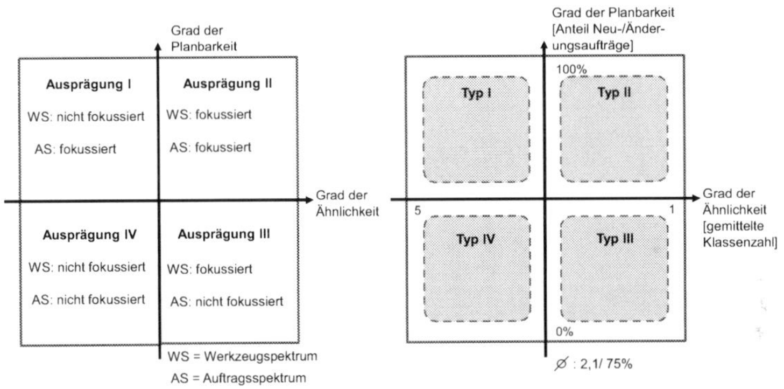

Abbildung 5-9: Idealtypische Ausprägungen und quantifizierbare Typen

Durch die Identifikation der Typisierungskriterien Planbarkeitsgrad und Ähnlichkeitsgrad wurden die Grundlagen für die Bildung möglicher Unternehmenstypen in Bezug auf ihre Anforderungen an die Wertschöpfungsprozesse geschaffen. Eine Unterteilung der Kriterien in die jeweils idealtypischen, vorläufigen Ausprägungen „hohe Planbarkeit“ und „geringe Planbarkeit“ sowie „große Ähnlichkeit“ und „geringe Ähnlichkeit“ lässt grundsätzlich die in Abbildung 5-9 dargestellten vier theoretischen Unternehmenstypen als Extremausprägungen der Eigenschaftsmerkmale entstehen. Diese zeichnen sich durch eine hohe interne Homogenität aus und lassen sich anhand der im Fokus stehenden Eigenschaften klar voneinander abgrenzen.

Zur Anwendbarkeit einer Typologisierung sind die identifizierten Typisierungskriterien, wie in Teilkapitel 5.1.1 beschrieben, zu operationalisieren, um deren Ausprägungen darzustellen.[637] Hinsichtlich des Ähnlichkeitsgrads ist die Varianz des Werkzeugspektrums zu be-

[637] Vgl. Paulukuhn, L. (Typologisierung von Entwicklungsprojekten) 2005, S. 92f.

trachten, die durch die Einteilung der Werkzeuge in Masse- und Maßeklassen charakterisiert wurde. Eine gehaltvolle Kennzahl bildet das arithmetische Mittel der Anzahl im Werkzeugbau vorkommender Masse- und Maßeklassen. Ein hoher Wert indiziert folglich einen geringen Grad an Ähnlichkeit der Tätigkeiten innerhalb der Auftragsabwicklung. Für die Beschreibung des Planbarkeitsgrads anhand der Zusammensetzung der Auftragsarten bietet sich die Betrachtung der Kostenanteile planbarer und unplanbarer Aufträge an den Gesamtkosten an. Zur Vermeidung redundanter Kennzahlen gilt es, als einziges Merkmal die summierten Kostenanteile von Neu- und Änderungsaufträgen zu verwenden. Entsprechend resultiert ein hoher Grad der Planbarkeit innerhalb der Auftragsabwicklung aus einem hohen Kostenanteil.

Die genannten quantifizierbaren Merkmalausprägungen stellen eine vereinfachende Näherung an die Erfassung der komplexen Merkmale zur Charakterisierung der Eigenschaften der Auftragsabwicklung eines Werkzeugbauunternehmens in Bezug auf Wiederholhäufigkeit und Planbarkeit dar. Für die Methodik wirkt sich positiv aus, dass sich sämtliche Unternehmen der Branche im Rahmen der Anwendung anhand von leicht zu ermittelnden Größen entsprechend ihrer Eigenschaften verlässlich und reproduzierbar in die Typologisierung einordnen können. Damit ist eine wesentliche Anforderung an eine Typologisierung nach GROSSE-OERTINGHAUS erfüllt.[638]

Aus der vorgenommenen Operationalisierung gehen kontinuierliche Skalen hervor, für die im Zuge der Typologisierung geeignete Schwellenwerte zur Unterscheidung der Typen vorzusehen sind.[639] Zur Ermittlung der Schwellenwerte wird als Datengrundlage auf die Datenbank des jährlichen Wettbewerbs „Excellence in Production (EIP)“ des Werkzeugmaschinenlabors WZL der RWTH Aachen und des Fraunhofer Instituts für Produktionstechnologie IPT zurückgegriffen, die eine große Anzahl von Unternehmensdaten aus der Branche enthält. Die im Rahmen dieser Arbeit vorgenommene Schwellenwertberechnung stützt sich auf die Durchschnittswerte der jeweiligen Merkmale sämtlicher vorhandener Datensätze der Datenbank aus der aktuellen Betrachtungsperiode.

Eine „hohe Planbarkeit“ entspricht demnach einem Kostenanteil der Neu- und Änderungsaufträge von größer oder gleich 75 Prozent. Ein geringerer Prozentsatz gilt im Rahmen der Betrachtung entsprechend als „geringe Planbarkeit“. Die über das gesamte Werkzeugspektrum gemittelte Kennzahl des Grads der Ähnlichkeit nimmt Werte zwischen eins und fünf an. Für den vorliegenden Anwendungsfall herrscht per Definition bis zu einem Skalenwert von 2,1 „hohe Ähnlichkeit“, darüber hinaus sinkt der Ähnlichkeitsgrad mit zunehmendem numerischem Wert in den Bereich „geringer Ähnlichkeit“ stetig ab. Die sich ergebene Typologisierung stellt die rechte Seite der vorherigen Abbildung 5-9 dar.

Um den wissenschaftlichen Anforderungen an eine vollständig entwickelte Typologie zu entsprechen, ist eine empirische Validierung notwendig.[640] Durch empirische Evidenz kann dem Nachteil einer theoretischen Entwicklung, der in der fehlenden Praxisrelevanz liegen kann, begegnet werden. Durch den empirischen Abgleich mit realen Unternehmensdaten kann zudem die Plausibilität der definierten Typen überprüft bzw. nachgewiesen werden.[641] Als Grundlage dafür wurden die Unternehmensdaten der Finalisten des Wettbewerbs

[638] I. A. a. Grosse-Oetringhaus, W. F. (Fertigungstypologie) 1974, S. 50ff.
[639] Vgl. Paulukuhn, L. (Typologisierung von Entwicklungsprojekten) 2005, S. 92f.
[640] Vgl. Bozarth, C./McDermott, C. (Configurations in manufacturing strategy) 1998, S. 431.
[641] Vgl. Paulukuhn, L. (Typologisierung von Entwicklungsprojekten) 2005, S. 93.

„Excellence in Production (EIP)“ der Jahre 2008 bis 2010 entsprechend des Planbarkeitsgrads und des Ähnlichkeitsgrads typisiert. Das Ergebnis der Einordnung kann in anonymisierter Form der linken Seite von Abbildung 5-10 entnommen werden.

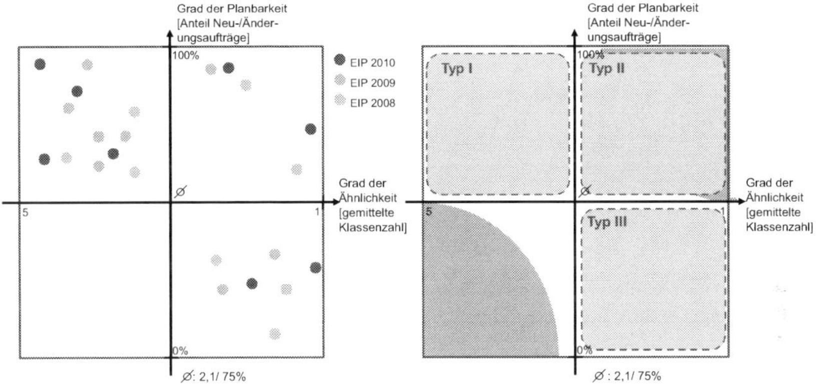

Abbildung 5-10: Typologisierung und Einordnung

Die Typenzugehörigkeit der EIP Finalisten zeigt, dass sich sämtliche Unternehmen den Typen I bis III zuordnen lassen. Das Ergebnis der Einordnung der EIP Finalisten lässt den Schluss zu, dass die Fokussierung von entweder Werkzeug- oder Auftragsspektrum bzw. der beiden eine notwendige Voraussetzung für den unternehmerischen Erfolg von Werkzeugbauunternehmen ist. Aus dieser Erkenntnis lässt sich ebenfalls ableiten, dass ein Werkzeugbauunternehmen, das weder über ein fokussiertes Auftragsspektrum noch über ein fokussiertes Werkzeugspektrum verfügt, nicht dauerhaft erfolgreich sein kann. Deshalb wird der Typ IV im weiteren Verlauf der Methodik nicht weiter betrachtet.

Der dargestellte Abgleich der Unternehmenseigenschaften in Bezug auf die Auftragsabwicklung mit den Ergebnissen der theoretischen Typisierung bestätigt die Relevanz der ausgewählten Typologisierungskriterien. Die voneinander abgrenzbaren Typen I-III gelten somit als nachgewiesen und bilden die Grundlage für die in Abbildung 5-11 dargestellte Zuordnung von Synchronisierungsvoraussetzungen. Hierdurch wird die verfolgte Zielstellung der typabhängigen Zuordnung von Synchronisierungsvoraussetzungen entsprechend der typabhängigen charakteristischen Merkmale erreicht. Grundlage für die Einteilung der Typen ist die Darstellung nach einer Zuordnung der EIP Unternehmen zur Validierung, wie dargestellt in der rechten Seite von Abbildung 5-10.

	Typ 1: Hoher Planbarkeitsgrad, geringer Ähnlichkeitsgrad	Typ 2: Hoher Planbarkeitsgrad, hoher Ähnlichkeitsgrad	Typ 3: Geringer Planbarkeitsgrad, hoher Ähnlichkeitsgrad
Eigenschaften	▪ Bearbeitung vieler Neu- und weniger Reparaturaufträge ▪ Bearbeitung weniger Eilaufträge, seltenes Konterkarieren der Planungen ▪ Fertigung eines breiten Werkzeugspektrums ▪ Einsatz weniger Standards mit übergreifender Nutzbarkeit ▪ Hohe Planbarkeit der Aufträge ▪ Hohe Abhängigkeit von Standards der Kunden ▪ Oft externer Werkzeugbau	▪ Bearbeitung weniger bis gar keiner Reparaturaufträge ▪ Fertigung eines fokussierten Werkzeugspektrums ▪ Hoher Ähnlichkeitsgrad der Aufträge ▪ Oft interner Werkzeugbau eines OEMs, Fertigung von z.B. nur Karosserie-Außenhautteilen ▪ Zumeist Trennung von Reparatur bzw. Instandhaltungswerkzeugbau	▪ Bearbeitung verschiedener Auftragsarten ▪ Fertigung eines fokussierten Werkzeugspektrums ▪ Zumeist interner Werkzeugbau, Bearbeitung von Neu-, Änderungs- und Reparaturaufträgen ▪ Erfolgsrezept : Segmentierung (Segment ähnlich Typ II)

Abbildung 5-11: Charakterisierung der Eigenschaften der identifizierten Typen

Im Folgenden wird das Vorgehen zur Typisierung des eigenen Werkzeugbaus beschrieben.

5.1.2.2 Vorgehen zur Prozesstypisierung der Auftragsabwicklung

Die Typisierung des Werkzeugbaus, d. h. die Einordnung des eigenen Unternehmens in die beschriebene Typologie durch den Anwender anhand der beschriebenen Typologisierungskriterien, erfolgt in einem dreischrittigen Vorgehen:

1. Ermittlung des Grads der Planbarkeit im Auftragsspektrum

Der Werkzeugbau kann nach Teilkapitel 2.3.3 durch vier verschiedene Auftragsarten charakterisiert werden. Dieses Auftragsspektrum gilt es zu analysieren und die entsprechenden Kostenanteile abzuleiten. Die Ergebnisse finden bei der Einschätzung des eigenen Planbarkeitsgrads Verwendung. Als Merkmal wurde der Kostenanteil der Neu- und Änderungsaufträge an den gesamten Kosten aller Aufträge definiert. Um deren Anteil zu quantifizieren, sind die einzelnen Kostenarten beider Auftragsarten zu addieren. Gemäß der zuvor beschriebenen Typologisierung der Werkzeugbaubranche gilt dabei:

- Kostenanteil Neu-/Änderungsaufträge $\geq$ 75% folgt hoher Planbarkeitsgrad.
- Kostenanteil Neu-/Änderungsaufträge $\leq$ 75% folgt niedriger Planbarkeitsgrad.

2. Ermittlung des Grads der Ähnlichkeit im Produktspektrum

Der Ähnlichkeitsgrad wird durch jeweils fünf verschiedene Maße- und Masseklassen des Produktspektrums ermittelt, indem das arithmetische Mittel berechnet wird. Diesbezüglich ist eine Analyse desselben durchzuführen. Die determinierte Anzahl an Klassen begrenzt den Anwendungsaufwand. Der ermittelte Wert definiert den eigenen Ähnlichkeitsgrad anhand folgenden Zusammenhangs:

- Arithmetisches Mittel der Klassenanzahlen < 2,1 folgt hoher Ähnlichkeitsgrad.
- Arithmetisches Mittel der Klassenanzahlen > 2,1 folgt niedriger Ähnlichkeitsgrad.

3. Ermittlung des eignen Werkzeugbautyps

Die Ermittlung des eigenen Werkzeugbautyps erfolgt mithilfe des in Schritt eins und zwei kalkulierten Planbarkeits- und Ähnlichkeitsgrads des Leistungsspektrums und der entsprechenden Positionierung im Diagramm. (Abbildung 5-12) Demzufolge ordnet sich ein Werkzeugbauunternehmen mit einem Kostenanteil seiner Neu- und Änderungsaufträge ab 75% und mehr oberhalb der Abszisse ein, wohingegen ein geringer Planbarkeitsgrad mit einem Kostenanteil kleiner 75% das Gegenteil suggeriert. Die Einteilung bezüglich des Ähnlichkeitsgrads läuft entsprechend. Ein arithmetisches Mittel der Klassenzahlen kleiner 2,1 führt zur Positionierung des Werkzeugbauunternehmens rechts der Ordinate, ein Wert ab 2,1 zur Einordnung links der Ordinate. Die Kombination von Planbarkeits- und Ähnlichkeitsgrad ergibt die exakte Zuordnung innerhalb des Diagramms zu einem der drei möglichen Typen.

Die drei benannten Schritte der Vorgehensweise zur Typisierung des Werkzeugbaus sind in Abbildung 5-12 zur Visualisierung zusammenfassend dargestellt.

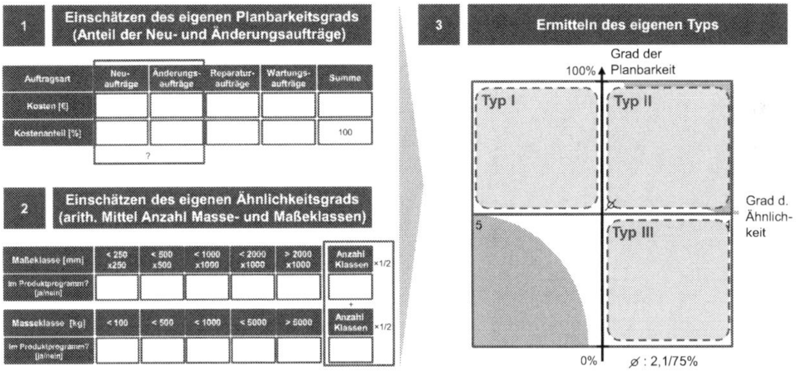

Abbildung 5-12: Vorgehen zur Typisierung des Werkzeugbaus

Abschließend besteht durch eine differenzierte Einordnung in das sich ergebende Portfolio anhand der durchgängigen Skalen die Möglichkeit zu kontrollieren, ob die identifizierten Eigenschaften der Auftragsabwicklung und das abgeleitete Anforderungsprofil zu den unternehmerischen Rahmenbedingungen passen. Die durchzuführende Überprüfung im Einzelfall soll nachfolgend anhand eines Beispiels erläutert werden.

Eine Einordnung im Bereich der hohen Planbarkeit und niedrigen Ähnlichkeit im Produktspektrum kann z. B. für einen externen Werkzeugbau dadurch erklärt werden, dass sich das Leistungsspektrum durch einen hohen Anteil an Neuwerkzeugen auszeichnet, die Erarbeitung und Umsetzung eigener Standards zur Erhöhung der Ähnlichkeit jedoch durch den Zwang zur Fertigung nach Kundenstandards nur eingeschränkt möglich ist. Eine Anordnung an gleicher Stelle kann für einen internen Werkzeugbau, der eine größere Freiheit zur Definition von Standards besitzt, ein Indiz dafür sein, dass seine Anstrengungen im Bereich der Standardisierung bisher noch nicht in vollem Umfang Wirkung entfaltet haben. Im Rahmen der Methodik zur Synchronisierung der Auftragsabwicklung im industriellen Werkzeugbau ist anschließend an die Einordnung in die Typisierung die folgende Frage zu beantworten:

„Sind durch Umsetzung der vorgelagerten Elemente des übergeordneten Konzepts der Industrialisierung die notwendigen Voraussetzungen geschaffen, um die Gestaltung synchroner Wertschöpfungsprozesse zur Synchronisierung der Auftragsabwicklung vorzunehmen?“

Kann diese Frage nicht bejaht werden, besteht die Notwendigkeit, unter Zuhilfenahme der aufgezeigten Konzepte die Voraussetzungen für die Synchronisierung im Rahmen der Industrialisierung zu schaffen und die eigene Typisierung zu wiederholen.

Ergebnis:

Das Vorgehen zur Typisierung des Werkzeugbaus, d. h. zur Einordnung des eigenen Unternehmens in die vorgestellte Typologie durch den Anwender anhand der vorgegebenen Typologisierungskriterien, ermöglicht es, den charakteristischen Eigenschaften der Auftragsabwicklung idealtypische Synchronisierungsvoraussetzungen zuzuordnen. Dadurch ist es möglich, die individuellen unternehmerischen Rahmenbedingungen und Eigenschaften der Auftragsabwicklung in die Gestaltung synchroner Wertschöpfungsprozesse im Rahmen der Synchronisierung der Auftragsabwicklung im industriellen Werkzeugbau einzubeziehen. Darüber hinaus ist es durch den Vergleich der eigenen Positionierung innerhalb der vorgestellten Typologie möglich, Schlüsse darüber zu ziehen, ob durch die vorgelagerten Konzepte der Fokussierung und Kooperation, der Werkzeugstandardisierung sowie der Prozessstandardisierung die notwendigen Voraussetzungen für die Synchronisierung gegeben sind.

Die Synchronisierungsvoraussetzungen lassen sich in der anschließenden Gestaltungsphase abhängig von der verfolgten Zielstellung mit Synchronisierungsoptionen verknüpfen. Die geforderte Differenziertheit gegenüber der Ausgangssituation des Unternehmens wird dadurch gewährleistet und somit eine zentrale Anforderung an die Methodik erfüllt.[642]

5.2 Detaillierung der Gestaltungsphase der Methodik

Dem Konzept der Methodik zur Synchronisation der Auftragsabwicklung im industriellen Werkzeugbau folgend, erfolgt in den Teilkapiteln von Unterkapitel 5.2 die Detaillierung der Anwendungsphase. Dies beinhaltet die vertiefende Beschreibung der Methodikbausteine der Anwendungsphase, für die die Ergebnisse der Basisphase die Eingangsgrößen darstellen. Die Gestaltungsphase enthält vier voneinander abzugrenzende Hauptschritte, die während der Anwendung der Methodik separat und nacheinander zu durchlaufen sind. Zunächst wird in Hauptschritt C die Modellierung der Wertschöpfungsprozesse vorgenommen, bevor im Hauptschritt D die Zuordnung von Synchronisierungsoptionen entsprechend der zuvor definierten Synchronisierungsvoraussetzungen erfolgt. Anschließend wird in Hauptschritt E ein generisches Vorgehen zur Gestaltung synchroner Wertschöpfungsprozesse im Rahmen der Synchronisierung der Auftragsabwicklung im industriellen Werkzeugbau vorgestellt und detailliert. Das in Hauptschritt F angeführte Vorgehen zum Aufbau eines generischen Kennzahlensystems für synchrone Wertschöpfungsprozesse im Werkzeugbau dient der Performancemessung sowie der Umsetzungsunterstützung der Synchronisierung.

5.2.1 Schritt C: Modellierung der Wertschöpfungsprozesse

Aufbauend auf den Ergebnissen der Basisphase wird im Rahmen des Schritts C der Methodik die Prozesskette auf Hauptprozessebene modelliert und anschließend auf Basis des erarbeiteten Prozessmodells die einzelnen Prozessschritte erfasst und bewertet.

[642] Vgl. Schuh, G./Boos, W. et al. (Synchronisierung im industriellen WZB) 2011, S. 382ff.

5.2.1.1 Grundlagen des Vorgehens

Um die Wertschöpfungsprozesse von produzierenden Unternehmen im Wettbewerb in einer bestimmten Branche zu identifizieren und zu modellieren, ist ein geeignetes Analyseinstrument erforderlich.[643] Als geeignetes Analyseinstrument für produzierende Unternehmen hat sich die Wertschöpfungskette nach PORTER in der Literatur etabliert.[644] Das Modell der Wertkette stellt Unternehmen anhand ihrer Aktivitäten dar und ermöglicht es somit, den gesamten Wertschöpfungsprozess transparenter zu gestalten.[645] Dadurch gelingt es, diejenigen Kompetenzen zu erkennen, die einen Wert generieren.[646] Die einzelnen Glieder der Wertkette bilden den gesamten Leistungserstellungsprozess ab, der den Rahmen für die Auftragsabwicklung bietet.[647] Dabei unterteilt PORTER die Wertaktivitäten in „primäre Aktivitäten" und „sekundäre Aktivitäten", die die primären Wertaktivitäten unterstützen. Zusammen mit der Gewinnspanne bilden sie die Wertschöpfungskette. Erstere resultiert aus der Differenz der kumulierten Kosten der Wertaktivitäten und des zu erzielenden Verkaufspreises.[648]

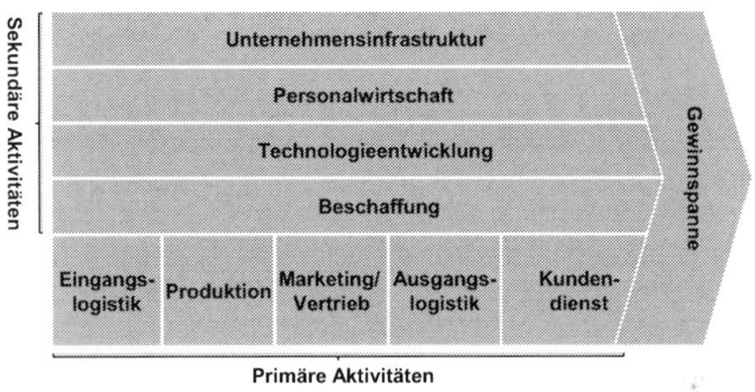

Abbildung 5-13: Wertschöpfungskette nach PORTER[649]

Die Wertschöpfungskette nach PORTER zeigt Abbildung 5-13 mit der charakteristischen Aufteilung in primäre und sekundäre Wertschöpfungsaktivitäten. Die primären Aktivitäten dienen unmittelbar der Herstellung des Produkts durch unternehmensimmanente Fähigkeiten und spiegeln die spezifischen Wertschöpfungsstufen wider.[650] Zu ihnen zählen die Eingangslogistik, Produktion, Marketing und Vertrieb, Ausgangslogistik und Kundendienst.[651] Die sekundären oder unterstützenden Aktivitäten halten die Funktionen der primären Aktivitäten aufrecht, indem sie deren Effizienz und Effektivität steigern, wodurch sie indirekt zur Wertschöpfung beitragen.[652] Sie enthalten die Unternehmensinfrastruktur, Personalwirtschaft, Technologieentwicklung und die Beschaffung.[653]

---

643 I. A. a. Porter, M. E. (Nationale Wettbewerbsvorteile) 1993, S. 62.
644 Vgl. Huber, M. (Kollaborative Wertschöpfung) 2004, S. 14.
645 Vgl. Schleyer, C. (Kooperationsmanagement im WZB) 2006, S. 136.
646 Vgl. Hungenberg, H. (Strategisches Management) 2004, S. 146.
647 Vgl. Porter, M. E. (Competitive Advantage) 1985, S. 36ff.
648 I. A. a. Porter, M. E. (Nationale Wettbewerbsvorteile) 1993, S. 62ff.
649 I. A. a. Porter, M. E. (Globaler Wettbewerb) 1989, S. 23.
650 Vgl. Fink, C. A. (Prozessorientierte Unternehmensplanung) 2005, S. 139.
651 I. A. a. Porter, M. E. (Nationale Wettbewerbsvorteile) 1993, S. 62f.
652 Vgl. Becker, J./Kugeler, M./ et al. (Prozessmanagement) 2008, S. 7ff.
653 I. A. a. Porter, M. E. (Nationale Wettbewerbsvorteile) 1993, S. 62f.

Die Wertschöpfungskette nach PORTER bildet einen Rahmen, um durch die Anwendung auf die Auftragsabwicklung im Werkzeugbau ein geeignetes Analyseinstrument für die Prozessmodellierung der Wertschöpfungsprozesse zu schaffen. Das Prozessmodell stellt die Grundlage für die anschließende Zuordnung von Synchronisierungsoptionen (Schritt D) sowie für die Gestaltung synchroner Wertschöpfungsprozesse (Schritt E) dar.

5.2.1.2 Vorgehen zur Modellierung der Wertschöpfungsprozesse

Aufbauend auf der Wertschöpfungskette nach PORTER stellt die in Teilkapitel 2.3.5 eingeführte *awf*-Prozesskette eine branchenspezifische Übertragung der zugrunde liegenden Prinzipien auf den Werkzeugbau dar, die für die nachfolgende Modellierung auf Hauptprozessebene genutzt wird. Anschließend erfolgt die Detaillierung der Hauptprozesse auf Prozessschrittebene mit der Modellierungssprache *aixperanto*, deren Anwendung im Werkzeugbau sich ebenfalls bereits in einer Vielzahl von Industrieprojekten bewährt hat.

Schritt 1: Modellierung der Wertschöpfungsprozesse auf Hauptprozessebene

Mit dem für die Modellierung gewählten Abstraktionsgrad eignet sich die generische Prozesskette für den Werkzeugbau für die Modellierung der Wertschöpfungsprozesse im Werkzeugbau auf Hauptprozessebene.[654] Wie in Abbildung 5-14 dargestellt, sind die Wertschöpfungsprozesse des Werkzeugbaus zwischen dem Prozess der Produktentwicklung und der Serienfertigung einzuordnen. Die Wertkette in den primären Bereichen enthält die Hauptprozesse Auftragsakquise, Werkzeugentwicklung, Arbeitsplanung und Werkzeugproduktion.[655] Als Stützprozess aus dem Bereich der sekundären Wertschöpfungsaktivitäten ist das Projektmanagement angeführt, das als Stützprozess für die projektorientierte Auftragsabwicklung im Werkzeugbau besondere Bedeutung besitzt.

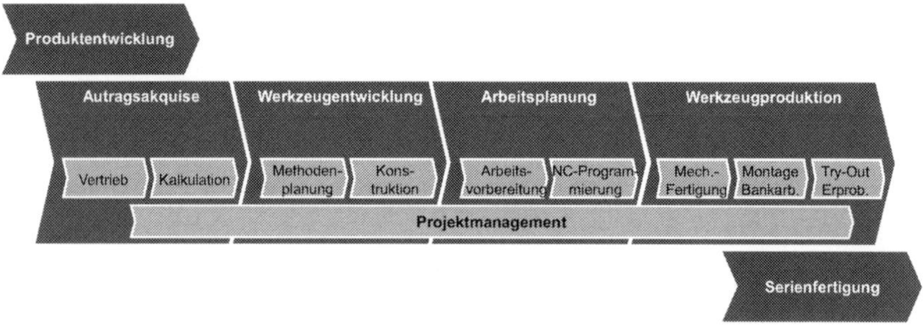

Abbildung 5-14: Prozessmodell auf Hauptprozessebene – generische Prozesskette

Im ersten Schritt der Modellierung der Wertschöpfungsprozesse auf Hauptprozessebene ist die generische Prozesskette für den Werkzeugbau durch den Anwender auf die Prozesskette im betrachteten Werkzeugbau anzupassen.

Die Modellierung der Wertschöpfungsprozesse wird entlang der Auftragsabwicklung vom Eingang einer Kundenanfrage bis zur Übergabe des prozessfähigen Werkzeugs an den Werkzeugbaukunden vorgenommen. Dies stellt eine wichtige Unterscheidung zur häufig für

[654] Vgl. Schleyer, C. (Kooperationsmanagement im WZB) 2006, S. 30.
[655] Vgl. Boos, W. (Modulare Werkzeuge) 2008, S. 41.

die Prozessmodellierung angewandten Wertstromanalyse dar. Zunächst werden die Hauptprozesse in der Vorauftragsphase, d. h. der Anbahnung eines Werkzeugauftrags analysiert und modelliert. Je nach Marktzugang des Werkzeugbaus unterscheiden sich die Prozesse und das Vorgehen in der Vorauftragsphase. Während ein externer Werkzeugbau i. d. R. über einen eigenen Vertrieb verfügt, der die aktive Vermarktung der Werkzeugbauleistungen vornimmt, entfällt dies für einen internen Werkzeugbau zumeist, da ein regelmäßiger Austausch mit der internen Produktentwicklung als Werkzeugbaukunde stattfindet. Der Marktzugang beeinflusst ebenfalls den Umfang und die Genauigkeit der Kalkulation. In der nachfolgenden Werkzeugfertigung mit den Bereichen Werkzeugentwicklung, Arbeitsplanung und Werkzeugproduktion ergibt sich auf Hauptprozessebene hingegen ein identischer Verlauf, bis zu Try-Out und Werkzeugerprobung, die sich aufgrund der Art des Gefahrenübergangs (intern bei internen Werkzeugbaubetrieben und unternehmensübergreifend bei externen Werkzeugbaubetrieben) zwangsläufig unterscheiden.

Für die mit einem hohen Abstraktionsgrad erfolgende Modellierung auf Hauptprozessebene ist es notwendig, sowohl intern wie auch extern ablaufende Hauptprozesse in einer gemeinsamen Modellierung abzubilden und die Schnittstellen in das Prozessmodell zu integrieren. Externe Prozesse umfassen im Werkzeugbau häufig den Einkauf von Einzelteilen, Komponenten, Baugruppen bis hin zu ganzen Werkzeugen, die in die eigene Fertigung integriert werden müssen. Zudem beziehen moderne Werkzeugbaubetriebe eine Vielzahl von Dienstleistungen, die Konstruktionen, Kalkulationen, Bearbeitungsvorgänge bis hin zu Montage- und Qualifizierungsleistungen enthalten können, regelmäßig in die interne Auftragsabwicklung zur Werkzeugherstellung ein.

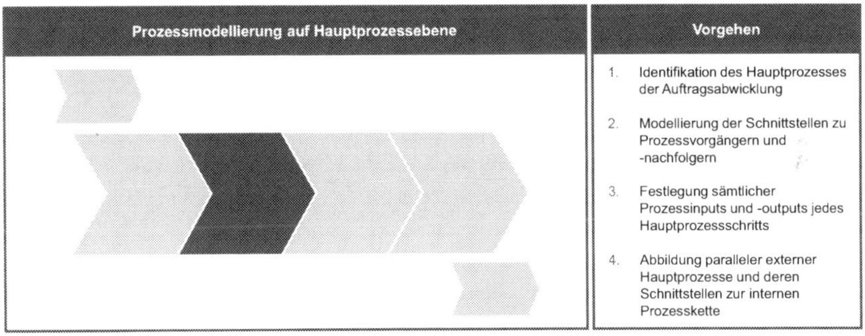

Abbildung 5-15: Prozessmodellierung auf Hauptprozessebene

Das Vorgehen für die Prozessmodellierung auf Hauptprozessebene ist zusammenfassend in Abbildung 5-15 dargestellt. Für die Synchronisierung ist die im nächsten Schritt vorgestellte Modellierung der Wertschöpfungsprozesse auf Prozessschrittebene mit ihrem höheren Detaillierungsgrad notwendig, um die für die Synchronisierung der Wertschöpfungsprozesse erforderliche Genauigkeit zu bieten. Für die Modellierung auf Prozessschrittebene bietet das im ersten Schritt erarbeitete Prozessmodell auf Hauptprozessebene mit den enthaltenen externen Prozessabläufen und Schnittstellen jedoch einen sinnvollen Rahmen, der die Einordnung in den Modellierungskontext sowie die übersichtliche Darstellung der gesamten Prozesslandschaft des Unternehmens unterstützt.

Schritt 2: Modellierung der Wertschöpfungsprozesse auf Prozessschrittebene

Die Modellierung der Wertschöpfungsprozesse auf Prozessschrittebene stellt eine Detaillierung der Prozessmodellierung auf Hauptprozessebene dar und erfolgt auf deren Grundlage. Für die Prozessmodellierung auf Prozessschrittebene hat sich im Werkzeugbau *aixperanto* als eine am WZL der RWTH Aachen entwickelte Prozessmodellierungssprache bewährt.[656] Dem Vorgehen ist ein partizipativer Ansatz nach dem Autor-Kritiker-Zyklus zugrunde gelegt.[657] Insbesondere die *aixperanto* zu eigene Schwimmbahndarstellung (Swimlanes) ermöglicht es, Prozesse übersichtlich abzubilden und Zusammenhänge und Schnittstellen zwischen einzelnen Prozessschritten aufzuzeigen. Vertiefende Informationen zur Prozessmodellierung mit *aixperanto* sind frei verfügbar und in mehreren Veröffentlichungen nachzulesen[658], sodass sich nachfolgend auf dessen Anwendung im Rahmen des Vorgehens der Methodik fokussiert wird.

Ausgangspunkt der Prozessmodellierung auf Prozessschrittebene stellt die Identifikation der an dem Prozess beteiligten Entitäten dar, denen jeweils eine Schwimmbahn zuzuweisen ist. Sämtliche interne wie externe Entitäten, die an dem betrachteten Prozessabschnitt einen Anteil haben, sind in die Modellierung einzubeziehen. Anschließend erfolgt die Modellierung der einzelnen Prozessschritte, die in ihrem Verlauf einen Hauptprozess ergeben. Im Rahmen einer Modellierung mit *aixperanto* besteht die Möglichkeit, Informationen zu Prozesseingang, Prozessausgang, Prozesszeiten und weiteren Prozesscharakteristika detailliert zu erfassen und eine Bewertung des Prozessschritts bezüglich des Wertschöpfungsgrads und des Standardisierungsgrads vorzunehmen. Für die Erfassung im Rahmen der Methodik ist es aus Praktikabilitätsgründen ausreichend, eine Benennung des Prozessschritts sowie die Beschreibung grundlegender Prozesscharakteristika wie z. B. Prozessinput und -output sowie Prozesszeiten zu spezifizieren. Zudem bestehen umfangreiche Möglichkeiten, identifizierte Schwachstellen in den operativen Abläufen zu vermerken, um sie für eine Prozessoptimierung vorzusehen. Die einzelnen Prozessschritte sind entsprechend des Prozessablaufs und bestehender Abhängigkeiten den Schwimmbahnen zuzuordnen und die existierenden Verbindungen kenntlich zu machen. Dazu steht je nach Art der Verbindung innerhalb der Prozessmodellierung mit *aixperanto* eine Auswahl an Verbindungselementen zur Verfügung. Durch die Verbindungen werden die bestehenden Abhängigkeiten sowie Schnittstellen im Prozessverlauf transparent. Im Anschluss an die Modellierung der Wertschöpfungsprozesse ist eine Überprüfung im Rahmen des Autor-Kritiker-Zyklus vorgesehen, in dem die Modellierung der Prozesslandschaft durch die beteiligten Mitarbeiter der von dem Prozess durchlaufenen Abteilungen überprüft wird. Dadurch kann das Ziel gesichert werden, den tatsächlichen Ablauf der Prozesse im Sinne einer Ist-Prozessanalyse zu erfassen.

Eine Optimierung der identifizierten Schwachstellen steht bei dem Vorgehen innerhalb der Methodik nicht im Vordergrund, da eine Neugestaltung der Prozesse für die Synchronisierung der Auftragsabwicklung vorgesehen ist. Eine Optimierung der identifizierten Schwach-

---

[656] *aixperanto* ist eine am Werkzeugmaschinenlabor WZL der RWTH Aachen entwickelte Prozessmodellierungssprache. Mit dieser partizipativen Methodik wird die Möglichkeit geschaffen, einen Geschäftsprozess ganzheitlich zu analysieren und zu verbessern. Zudem werden die beteiligten Mitarbeiter integriert und damit die Akzeptanz der Ergebnisse gesichert sowie eine erfolgreiche Umsetzung gefördert.

[657] Autor-Kritiker-Zyklen sind für den Erstellungsprozess aller Dokumente wichtig. Sie finden zwischen den Gruppen statt, die das jeweilige Fachwissen haben und die thematisch betroffen sind.

[658] Information zu *aixperanto* siehe: http://www.wzl.rwth-aachen.de

stellen durch die Ableitung von Verbesserungsmaßnahmen wird entsprechend nicht verfolgt. Das Vorgehen zur Modellierung der Wertschöpfungsprozesse auf Prozessschrittebene ist in Abbildung 5-16 dargestellt.

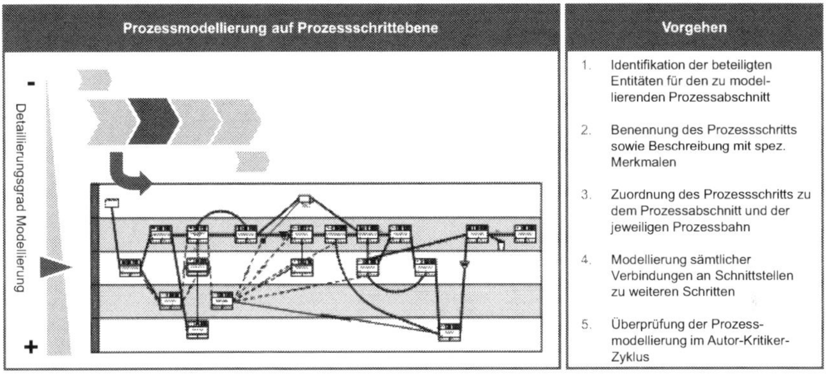

Abbildung 5-16: Prozessmodellierung auf Prozessschrittebene mit *aixperanto*

Für die in den nächsten Schritten der Methodik vorgenommene typabhängige Zuordnung von Synchronisierungsoptionen zur Soll-Konzeption eines synchronen Prozessmodells ist es notwendig, dass die grundsätzlichen Voraussetzungen zur Synchronisierung innerhalb des Konzepts der Industrialisierung bereits durch produkt- und prozessgestalterische Maßnahmen adressiert wurden. Dazu wurde bereits in den beiden Schritten der Basisphase (Schritte A und B) eine Überprüfung vorgenommen. Die bei der Modellierung der Wertschöpfungsprozesse auf Prozessschrittebene identifizierten operativen Schwachstellen bieten eine weitere Möglichkeit zu überprüfen, ob die Grundlagen für eine Synchronisierung bereits geschaffen sind. Werden bei der Prozessmodellierung signifikante Umsetzungslücken der einer Synchronisierung vorgelagerten Konzeptumsetzung erkannt, sind diese im Vorfeld der Synchronisierung abzustellen. Zur individuellen Schaffung der Voraussetzungen für eine Synchronisierung sei an dieser Stelle auf die Dissertationen von FRICK, BOOS und KUHLMANN verwiesen, die mit der Fokussierung sowie der Produkt- bzw. Prozessstandardisierung inhaltlich und konzeptionell die zu assoziierenden Konzepte innerhalb des Konzepts des industriellen Werkzeugbaus nach KLOTZBACH abdecken.[659]

5.2.2 Schritt D: Soll-Konzeption des synchronen Prozessmodells

Zielsetzung des Schritts D der Methodik ist die Soll-Konzeption eines synchronen Prozessmodells durch Zuordnung von Synchronisierungsoptionen zu den in der Basisphase (Schritte A und B) identifizierten unternehmerischen Rahmenbedingungen und Synchronisierungsvoraussetzungen. Dazu werden zunächst die im industriellen Werkzeugbau existierenden Synchronisierungsoptionen entlang der Prozesskette und in einem Ordnungsrahmen eingeordnet. Im Anschluss wird das Vorgehen zur Zuordnung der Synchronisierungsoptionen sowie zur Soll-Konzeption des synchronen Prozessmodells beschrieben.

[659] Vgl. Frick, L. (Geschäftsmodelle im WZB) 2005; Boos, W. (Modulare Werkzeuge) 2008; Kuhlmann, K. (Gestaltung von Geschäftsprozessen) 2011.

5.2.2.1 Grundlagen des Vorgehens

Auf Grundlage der generischen Prozesskette im Werkzeugbau wird im Folgenden ein Ordnungsrahmen für die Einordnung der Synchronisierungsoptionen entlang der Wertschöpfungskette des Werkzeugbaus geboten. Entsprechend des Anwendungszwecks zur Unterstützung der Soll-Konzeption eines synchronen Prozessmodells ist die Darstellung um den Produktentstehungsprozess (PEP) erweitert, der zur Einordnung des Werkzeugentstehungsprozesses (WEP) in die übergeordneten betrieblichen Abläufe dient. Durch die Darstellung wird die Schnittstelle zwischen dem Werkzeugherstellungsprozess und den vor- und nachgelagerten Prozessschritten in die Betrachtung integriert, die für die Synchronisierung des Werkzeugentstehungsprozesses selbst, sowie des Werkzeugentstehungsprozesses mit dem Produktentstehungsprozess von entscheidender Bedeutung ist. Abbildung 5-17 stellt den sich ergebenden Ordnungsrahmen für die Synchronisierung im industriellen Werkzeugbau dar, der im Weiteren für die Soll-Konzeption des synchronen Prozessmodells zugrunde gelegt wird.

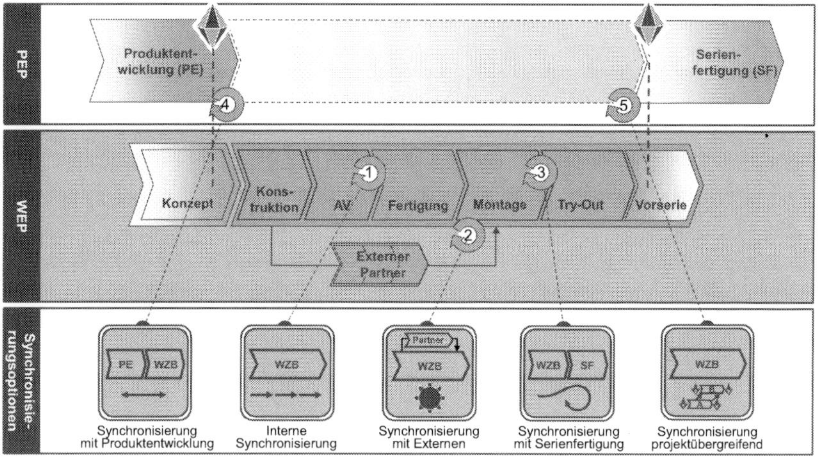

Abbildung 5-17: Verortung der Synchronisierungsoptionen entlang der Prozesskette[660]

Gemäß des Ursprungs der Prozesssynchronisierung im Produktionsmanagement in den klassischen Fertigungsbereichen wird die interne Synchronisierung der Werkzeugfertigung (1) zuerst beschrieben. Auch im Werkzeugbau stellen die Fertigungsbereiche häufig den Ausgangspunkt der Synchronisierung der Wertschöpfungsprozesse dar. Weitere Synchronisierungsoptionen in den direkten Bereichen – die Synchronisierung mit externen Partnern (2) sowie die Synchronisierung mit der Serienfertigung (3) – werden anschließend beschrieben. Dennoch ist es für die angestrebte schnelle, termingerechte und effiziente Herstellung von Werkzeugen von Bedeutung, dass Prozesse in indirekten Bereichen – z. B. der Entwicklung und Konstruktion – sowie unterstützende Prozesse – z. B. im technischen Einkauf – ebenfalls in die Synchronisierung der Auftragsabwicklung einbezogen werden. Deshalb werden Synchronisierungsoptionen in den indirekten Bereichen, die Synchronisierung mit der

660 I. A. a. Schuh, G./Boos, W. et al. (Synchronisierung im industriellen WZB) 2011, S. 385ff.

Produktentwicklung (4) und die projektübergreifende Synchronisierung der Werkzeugherstellung (5) im Anschluss beschrieben.

Synchronisierungsoption 1: Interne Synchronisierung der Werkzeugfertigung

Der zentrale Synchronisierungspunkt für die interne Synchronisierung der Werkzeugfertigung ist der Abschluss des Prozessschritts „Montage“, zu dem ein vollständig gefertigt und montiertes Werkzeug in den Try-Out Prozess zur Qualifizierung übergeben wird. (Abbildung 5-18) Der direkt zuordenbare Termin „erste werkzeugfallende Teile“ ist der führende Termin für die zeitliche Synchronisierung sämtlicher Prozessschritte der Fertigung sowie der vorgelagerten Konstruktion.

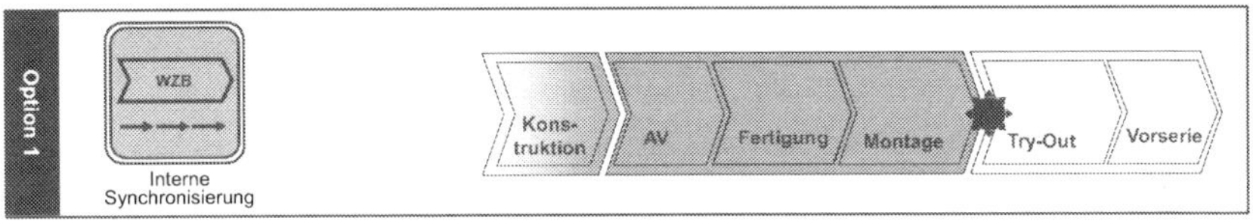

Abbildung 5-18: Interne Synchronisierung der Werkzeugfertigung

Werkzeugbaubetriebe nutzen verschiedenste Koordinationsmechanismen, um den Steuerungsaufwand in dem betrachteten Prozessabschnitt der internen Werkzeugfertigung für die inhaltliche und zeitliche Synchronisierung der Einzelprozesse gering zu halten. Palettentaktung von Fertigungsaufträgen im Bereich der mechanischen Fertigung sowie die Pull-Steuerung in einer getakteten Werkzeugmontage sind Beispiele für Synchronisierungsmechanismen in diesem Bereich. Die inhaltliche und zeitliche Abstimmung setzt eine weitgehende Standardisierung der Bearbeitungsfolgen voraus. Das für die Synchronisierung anzustrebende Ziel ist die Erarbeitung eines auftragsneutralen Vorgehens für die Bearbeitung der auftragsspezifischen Bearbeitungsinhalte. Grundsätze der dafür vorzusehenden Prozessgestaltung werden in Teilkapitel 5.2.3 vorgestellt und für die Umsetzung beschrieben.

Der dem Synchronisierungspunkt zugeordnete Termin „erste werkzeugfallende Teile“ wird für die zeitliche Abstimmung sämtlicher Prozessschritte sowie zur Disposition genutzt. Dazu ist der optimale zeitliche Durchlauf sämtlicher Komponenten durch die direkten Bereiche im Werkzeugbau festzulegen und ein Termingerüst für die Feinplanung der Bearbeitung zu erstellen. Die zeitliche Synchronisierung der Werkzeugfertigung erfolgt auf Basis der Stückliste bzw. von Arbeitsplänen durch Rückwärtsterminierung der gesamten Werkzeugherstellung bis zur Arbeitsvorbereitung (AV). Im Rahmen der Feinplanung wird dazu unter Berücksichtigung der Bearbeitungsaufwände anhand von aufeinander abgestimmten Start- und End-Terminen für die Einzelaufträge synchronisiert. Für die nachfolgende Werkzeugfertigung dient das festgelegte Termingerüst als Führungsgröße sämtlicher Arbeiten in den direkten Bereichen. Abweichungen von der festgelegten Terminschiene sind zur Sicherung des reibungslosen Ablaufs der Werkzeugfertigung durch Gegenmaßnahmen, z. B. durch den Einbezug vorbehaltener sowie externer Kapazitäten, zu adressieren.

Voraussetzung für die Realisierung einer synchronen Werkzeugfertigung sind einerseits standardisierte Prozessfolgen, andererseits die Vermeidung von Prozessstörungen. Nur durch die gezielte Steigerung der erreichten Planungsqualität kann eine effektive Synchronisierung mit einem angemessenen Steuerungsaufwand erfolgen. Dazu ist es notwendig, dass die Kapazitätsplanung im Gegensatz zur verbreiteten Praxis gegen begrenzte Ressourcen erfolgt. Dadurch können Prozessstörungen vermieden werden. Zudem kommt für eine Synchronisierung der Abschätzung von Fertigungsdauern für exakte Vorgabezeiten eine hohe Bedeutung zu, um den Kapazitätsbedarf mit dem Kapazitätsangebot abgleichen zu können. Aufgrund des vorherrschenden „Einmal-Charakters" der Anfertigung von Werkzeugen besteht die Aufgabe, unter Zuhilfenahme von Erfahrungswerten kontinuierlich eine genaue Abschätzung zu erreichen.

Für die Umsetzung der internen Synchronisierung der Werkzeugfertigung ist die weitgehende Trennung spezialisierter Herstellungs- und Bearbeitungsaufgaben von Steuerungs- und Logistikaufgaben Mittel der Wahl, um die Produktivität in dem Bereich zu steigern und Lerneffekte durch Spezialisierung zu erschließen. Das standardisierte und auftragsneutrale Vorgehen zur Auftragskoordination sowie die Trennung der Verrichtung von der Steuerung und Logistik führen häufig in Verbindung mit einfachen Mitteln des visuellen Managements zu einer deutlich verbesserten Transparenz in der Werkzeugfertigung, von der die Zuverlässigkeit profitiert. Ergebnis der internen Synchronisierung der Werkzeugfertigung ist die schnelle und effiziente Fertigung mit standardisierten, exakt geplanten und nivellierten Prozessen.

Synchronisierungsoption 2: Synchronisierung mit externen Wertschöpfungspartnern

Synchronisierungspunkte für die Synchronisierung mit externen Wertschöpfungspartnern ergeben sich entlang der Prozesskette, da die Möglichkeit zu Kooperation und Fremdvergabe in sämtlichen Bereichen eine wichtige Bedeutung zur Schaffung der Voraussetzungen für die Industrialisierung besitzt. Die zeitliche Synchronisierung der externen Wertschöpfungsumfänge wird durch den übergeordneten Projektplan der Werkzeugherstellung geleistet, der fallabhängig durch einen Termin zu Beginn oder im Verlauf des Try-Outs festgelegt wird.

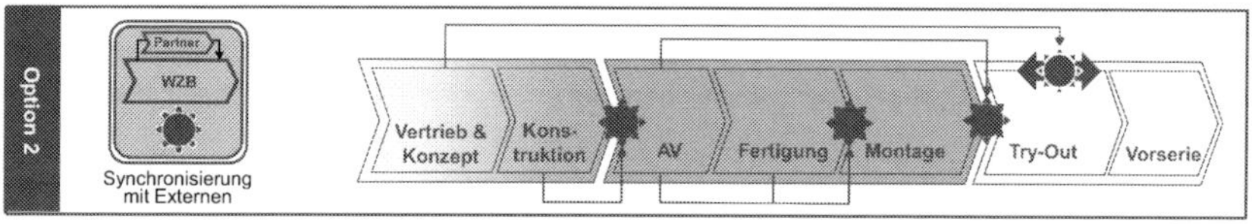

Abbildung 5-19: Synchronisierung mit externen Partnern

Entsprechend der in Teilkapitel 2.3.2 eingeführten zwei Arten der Kooperation im industriellen Werkzeugbau ergeben sich zwei Synchronisierungsmechanismen mit unterschiedlichen Synchronisierungspunkten. (Abbildung 5-19)

Komplette Werkzeuge oder eigenständig funktionsfähige Werkzeugelemente (z. B. Stufen bei Stanz-Biege-Werkzeugen) werden in einer frühen Prozessphase aus der eigenen Prozesskette ausgeschleust und an Wertschöpfungspartner übergeben. Der genaue Zeitpunkt variiert, je nachdem ob die Konzeption bzw. Konstruktion des Werkzeugs intern erfolgt oder gemeinsam mit der Werkzeugfertigung beauftragt wird. Die gleichzeitige interne und externe Fertigung von Werkzeugen eines Pakets erfordert besonders in den Bereichen des Vertriebs, der Entwicklung und der Konstruktion eine enge Zusammenarbeit und synchrone Prozesse mit Partnerunternehmen. Für die Eingliederung der Werkzeuge in den internen Prozess stellt das Try-Out den zentralen Synchronisierungspunkt dar. Die zeitliche Synchronisierung erfolgt durch den übergeordneten Projektplan unter Berücksichtigung des erwarteten Zeitaufwands für die interne Abstimmung von Fremdwerkzeugen.

Für die Zusammenarbeit mit externen Partnern bei intern gefertigten Werkzeugprojekten im Rahmen des reinen kapazitiven Sourcings steht die Flexibilität im Vordergrund. Um auf Kapazitätsengpässe sowie in der Unikatfertigung standardmäßig auftretende unvorhergesehene und unplanbare Bearbeitungsaufgaben mit zumeist sehr kurzen Fristigkeiten reagieren zu können, ist die Nutzung der verlängerten Werkbank in sämtlichen Bereichen von der Konstruktion bis zur Montage als Handlungsoption im synchronen Werkzeugbau vorzusehen und in der Soll-Prozessgestaltung entsprechend zu berücksichtigen. Von den Fähigkeiten eines Werkzeugbaus zur kurzfristigen Vergabe von Bearbeitungsumfängen als Reaktion auf unvorhergesehene Ereignisse einerseits und der Integration externer Bearbeitungsumfänge andererseits hängt die Prozessstabilität und damit unmittelbar die Fähigkeit zur Synchronisierung der Fertigung ab.

Es zeigt sich, dass besonders die Integration externer Umfänge eine große Herausforderung in Bezug auf die Synchronisierung mit externen Wertschöpfungspartnern darstellt. Für eine reibungslose Auftragsabwicklung über die eigenen Unternehmensgrenzen hinaus ist bei Anwendung der Methodik zur Synchronisierung sicherzustellen, dass die Wertschöpfungspartner über ähnlich standardisierte Vorgehen für die inhaltliche und zeitliche Abstimmung von Auftragsumfängen verfügen, wie sie im eigenen Werkzeugbau Anwendung finden. Die Eingliederung nicht synchronisierter Prozesse in die eigene synchrone Werkzeugfertigung gestaltet sich andernfalls häufig schwierig. Im Fall von Synchronisierungsproblemen mit externen Wertschöpfungspartnern ist deren Befähigung mit dem Ziel der Übertragung der Synchronisierungsprinzipien auf die Prozesse der Partner vorzusehen.

Synchronisierungsoption 3: Synchronisierung von Werkzeugbau und Serienfertigung

Eine zentrale Rolle innerhalb des Konzepts der Synchronisierung ist die Prozessorientierung sowie die Ausrichtung am Kundenbedarf, die durch die Synchronisierung der Werkzeugfertigung mit der Serienfertigung umgesetzt wird. Für die Synchronisierung mit der Serienfertigung ergeben sich, wie in Abbildung 5-20 dargestellt, zwei Synchronisierungspunkte vor und nach dem Try-Out. Die zeitliche Synchronisierung wird durch die Produktionsprogrammplanung der Serienfertigung gesteuert.

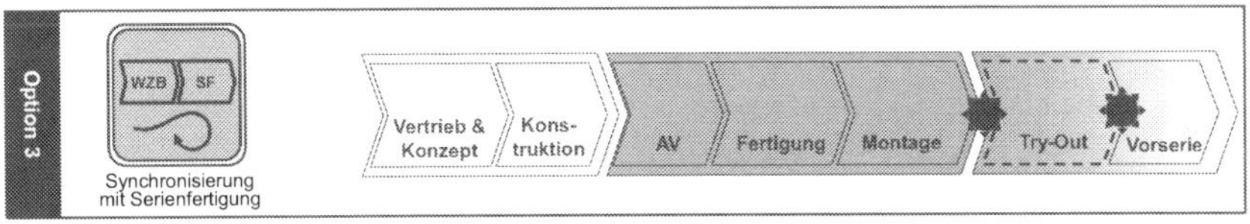

Abbildung 5-20: Synchronisierung mit der Serienfertigung

Ziel ist die Übertragung des Kundentakts auf den Werkzeugbau. Dieser Zielzustand entspricht als Leitbild der an dem Kundenbedarf ausgerichteten Produktion im Fluss unter vollständiger Vermeidung von Lagern und zeitlichen Puffern im Werkzeugherstellungsprozess.

Die Kopplung der Unikatfertigung von Werkzeugen an die Serienfertigung durch Übertragung des Kundentakts stellt eine besondere Herausforderung dar. Grund dafür ist, dass sich die Unikatfertigung nicht wie die Serienfertigung in Gänze beherrschen und ihr zeitlicher Verlauf durch Planung vorwegnehmen lässt. Dies gilt weniger für die Werkzeugherstellung, die bis zum komplett fertig montierten Werkzeug als Fertigung nach eigenen Zeichnungen erfolgt und daher trotz des Unikatcharakters vollständig beherrscht werden sollte. Im Bereich des Try-Out Prozesses erfordert ein Werkzeug standardmäßig umfangreiche Abstimmungsarbeiten im Rahmen der Qualifizierung sämtlicher Funktionen für die Serienfertigung. Durch die Tatsache, dass die vorzunehmenden Abstimmungsarbeiten in Umfang und zeitlichem Verlauf im Vorfeld nur vage vorhersagbar sind, behindert die vorhandene Unsicherheit bei der Planung des Prozessschritts „Try-Out" die Anbindung an den Kundentakt.

Für die Synchronisierung von Werkzeug- und Serienfertigung ist es deshalb erfolgsentscheidend, dass es dem Anwender gelingt, den Try-Out Prozess inhaltlich und zeitlich beherrschbar und somit planbar durchzuführen. Unterschiedliche Verfahren werden von Werkzeugbaubetrieben eingesetzt, um dieses Ziel zu erreichen. Eine Variante hierfür stellt bspw. die Hinterlegung eines festen Prozessverlaufs aus mehreren Try-Out Schleifen für die Einführung dar, der für die Qualifizierung jedes Werkzeugprojekts standardmäßig mit einer werkzeugspezifischen Anzahl von Iterationen zugrunde gelegt wird. In Kombination mit der zeitlichen Fixierung der Dauer einzelner Schleifen, die durch eine flexible Kapazitätsanpassung an den unvorhersehbaren Bedarf realisiert wird, ergibt sich eine Taktung des Try-Out Prozesses und somit die Möglichkeit, die Werkzeugfertigung mit der Serienfertigung zu synchronisieren. Die zeitliche und inhaltliche Beherrschung von Try-Out und Qualifizierung, z. B. durch Taktung, ist als Voraussetzung für die Synchronisierung, wie die anderen Synchronisierungsoptionen auch, auf die vorhandene Ähnlichkeit und den Wiederholcharakter in der Werkzeugherstellung angewiesen.

Synchronisierungsoption 4: Synchronisierung von Werkzeugbau und Produktentwicklung

Simultaneous Engineering, also die verteilte gleichzeitige Entwicklung, gehört bei Werkzeugbaukunden inzwischen zu den Standardmethoden, die zur Realisierung kurzer Produktentwicklungsdauern eingesetzt werden. Die Verkürzung des Werkzeugherstellungsprozesses wird von vielen Werkzeugbaukunden als derjenige Bereich des Produktentwicklungsprozesses angesehen, der das größte Potenzial zur weiteren Verkürzung der sogenannten „Time-to-market" besitzt.

Die Synchronisierung des Produktentstehungsprozesses mit dem Prozess der Werkzeugkonzeption dient daher einerseits dazu, Zeit im Produktentstehungsprozess einzusparen. Andererseits wirkt sich der Austausch in der frühen Phase des Werkzeugentstehungsprozesses häufig positiv auf die Fähigkeit zur Integration des Werkzeugs in eine synchrone Werkzeugfertigung aus. Synchronisationspunkt ist, wie in Abbildung 5-21 dargestellt, der Start der Werkzeugkonstruktion zum Zeitpunkt des Eingangs des Kundenauftrags.

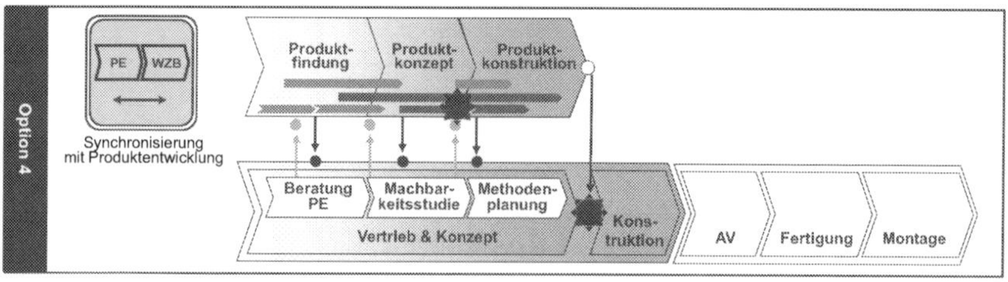

Abbildung 5-21: Synchronisierung mit der Produktentwicklung

Für den Werkzeugbau bedeutet der enorme Zeitdruck des Produktentstehungsprozesses, dass der Werkzeugherstellungsprozess zu einem immer späteren Zeitpunkt auf Basis einer immer ungenaueren Datenbasis gestartet werden muss. Zudem steigt die Zahl der Modifikationen von Bauteilparametern, die während der Werkzeugherstellung vorgenommen und in Form von Änderungen in den Werkzeugherstellungsprozess integriert werden müssen.

Die frühe Einbindung in die Produktentwicklung ermöglicht es dem Werkzeugbau, Einfluss auf die Produktgestaltung zu nehmen. Ziel ist es, ein anforderungsgerechtes Werkzeug unter Berücksichtigung der Konformität mit den vorhandenen eigenen Standards in Bezug auf die Werkzeugkonstruktion sowie die Prozessabläufe im Werkzeugbau zu realisieren. Dadurch ergeben sich positive Effekte auf die Durchlaufzeit der Werkzeugherstellung sowie auf die Stabilität des Herstellungsprozesses gegenüber durch Kundenänderungen ausgelösten Prozessstörungen und internen Fehlern. Durch die weitgehende Verwendung von Standardkomponenten nimmt ebenfalls die Möglichkeit, ein Werkzeug schnell zu qualifizieren, zu. Mit der steigenden Anzahl und Komplexität von parallelen Produktentstehungsprozessen steigt die Bedeutung der Fähigkeit, Werkzeuge mit hoher Qualität und einem hohen Reifegrad herzustellen, da auch aufwendige Einfahrprozesse in der Serienfertigung durch die steigende Gesamtzahl der Werkzeuge, die engen Zeitschienen und die gleichfalls engen Projektbudgets nicht mehr realisierbar sind.

Für die Umsetzung der Synchronisierung mit der Produktentwicklung betreiben Werkzeugbaubetriebe hohen Aufwand, um sich in den Produktentstehungsprozess in einer frühen Phase zu integrieren. In diesem Zusammenhang werden Produktfindung, Konzeption und Bauteilkonstruktion bereits durch Machbarkeitsstudien, Simulationen und weitere Dienstleistungen unterstützt. Dabei sind die Entwicklungsprozesse in PEP und WEP durch Standardprozessabläufe bereits soweit synchronisiert, dass entwicklungsbegleitend zu festen Meilensteinen ein regelmäßiger Austausch stattfindet. Neben der computergestützten Vorwegnahme des Werkzeugverhaltens durch Simulation werden häufig Prototypenwerkzeuge eingesetzt, die mit kurzer Durchlaufzeit hergestellt werden können und der Verfahrenserprobung dienen. Einen entscheidenden Erfolgsfaktor stellt hierbei der Transfer von Grundlagenwissen zu der Entwicklung von Produkt und Werkzeug sowie den Besonderheiten der Werkzeugherstellung dar, wodurch ein gegenseitiges Verständnis geschaffen wird. Verständnis ist von entscheidender Bedeutung für den synchronen Werkzeugbau, um anhand der Prozessanforderungen und der inhaltlichen Bauteilentwicklungen Rahmenbedingungen zu schaffen, die eine Synchronisierung überhaupt erst zulassen.

Synchronisierungsoption 5: Projektübergreifende Synchronisierung

Zusätzlich zu der zunehmenden Komplexität der Werkzeuge ist zu beobachten, dass es sich bei den herzustellenden Produkten vermehrt um komplexe Zusammenbauteile handelt, deren Herstellung mehrere Werkzeuge sowie entsprechende Fügeverfahren erfordern. Es steigt der bauteilübergreifende Abstimmungsaufwand, da durch die Fügeoperation eine zusätzliche Komponente der Qualifizierung hinzukommt. Der Herstellungsprozess eines einzelnen Werkzeugs tritt dadurch zunehmend in den Hintergrund. Als Folge nimmt die projektübergreifende Synchronisierung der Werkzeugherstellung stetig an Bedeutung zu.

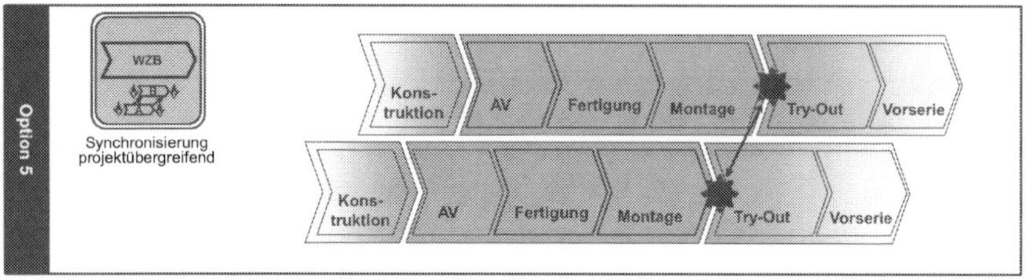

Abbildung 5-22: Projektübergreifende Synchronisierung

Wie in Abbildung 5-22 dargestellt, stellt die gemeinsame Qualifizierung der Werkzeuge in der Vorserienphase den Synchronisierungspunkt für die projektübergreifende Synchronisierung der Werkzeugherstellung dar.

Die projektübergreifende Synchronisierung erfolgt jedoch an beiden Enden der Werkzeugbauprozesskette. Einerseits sind Abstimmungen bereits bei der Entwicklung zu berücksichtigen. Andererseits erfolgt die Synchronisierung während Try-Out und Qualifizierung, in dem zusätzlich zu den für einzelne Werkzeuge vorgesehenen Try-Outschleifen Abstimmungsaufwendungen für die Realisierung komplexer Zusammenbauteile vorgesehen werden müssen. Für die projektübergreifende Synchronisierung gelten bis zu einem gewissen Grad dieselben Anforderungen und Vorgehen, die für die Synchronisierung externer Umfänge in Bezug auf deren Integration in die eigene Wertschöpfung genutzt werden. Da einzelne Werkzeuge häufig aufgrund der engen Zeitschiene parallel in unterschiedlichen Unternehmensbereichen sowie extern angefertigt werden, bedarf es für die projektübergreifende Synchronisierung eines ebenfalls übergeordneten Projektmanagements. Dieses stellt die zeitliche wie auch inhaltliche Abstimmung der einzelnen Werkzeuge und die enge Verzahnung des jeweiligen Try-Out und Qualifizierungsprozesses sicher.

Mit der zunehmenden Bedeutung der projektübergreifenden Synchronisation der Herstellungsprozesse von Werkzeugen für komplexe Zusammenbauteile wächst die Notwendigkeit, als Werkzeugbau die Fähigkeit zur Synchronisierung mehrerer Werkzeugprojekte zu besitzen. Die projektübergreifende Synchronisierung einzelner Werkzeugprojekte ist entsprechend als eine weitere Synchronisierungsoption im Werkzeugbau anzusehen.

5.2.2.2 Vorgehen zur Soll-Konzeption des synchronen Prozessmodells

Das Vorgehen zur Soll-Konzeption des synchronen Prozessmodells als Element der Gestaltung synchroner Wertschöpfungsprozesse im Rahmen der Methodik zur Synchronisierung der Auftragsabwicklung im industriellen Werkzeugbau gliedert sich in zwei Schritte. Zunächst erfolgt die in Abbildung 5-23 dargestellte Zuordnung von Synchronisierungsoptionen zu dem in Teilkapitel 5.1.2 eingeführten Werkzeugbautyp. Anschließend werden die zu realisierenden Synchronisierungsoptionen zusammengefasst, um ein Konzept des synchronen Prozessmodells für die Umsetzung zu erhalten. (Abbildung 5-24)

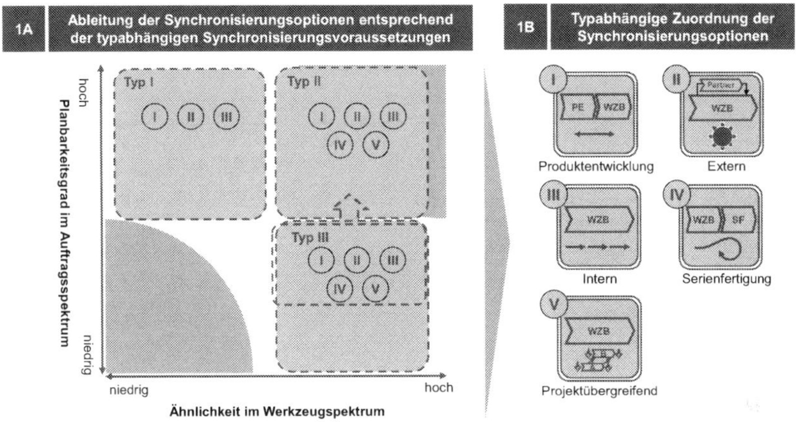

Abbildung 5-23: Vorgehen zur Zuordnung von Synchronisierungsoptionen

Die Zuordnung der in Abschnitt 5.2.2.1 beschriebenen Synchronisierungsoptionen zu den in Teilkapitel 5.1.2 ermittelten Typen ist in Abbildung 5-23 dargestellt. Abhängig von den Synchronisierungsvoraussetzungen der Auftragsabwicklung, die durch die Planbarkeit des Auftragsspektrums sowie die Wiederholhäufigkeit des Werkzeugspektrums definiert werden, lassen sich vier Bereiche unterscheiden.

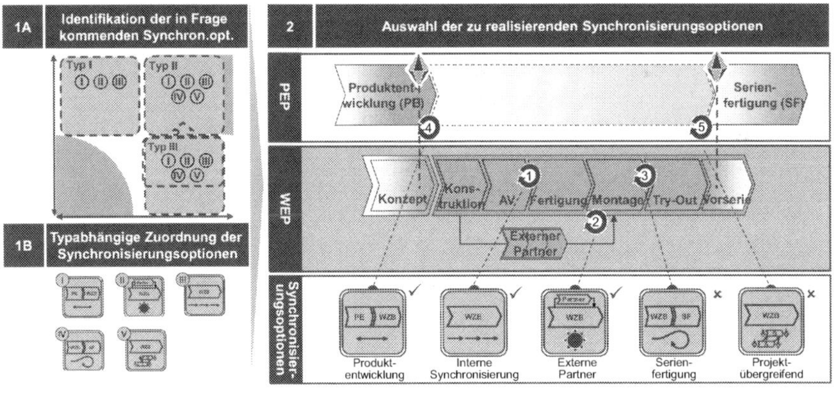

Abbildung 5-24: Vorgehen zur Ableitung des synchronen Prozessmodells

Für den Werkzeugbautyp I ist der hohe Anteil an planbaren Aufträgen verbunden mit einem niedrigen Ähnlichkeitsgrad im Werkzeugspektrum charakteristisch. Zwar sind einerseits durch den hohen Anteil planbarer Aufträge die Voraussetzungen für die Synchronisierung gegeben. Andererseits eignet sich das breite Werkzeugspektrum mit seiner geringen Ähnlichkeit weniger gut zur Werkzeug- und Prozessstandardisierung. Externe Werkzeugbaubetriebe, die vorgeschriebene Kundenstandards in ihre Fertigung integrieren müssen, sind Beispiele für Werkzeugbaubetriebe, die diesem Typ zuzuordnen sind. Entsprechend ergeben sich eingeschränkte Möglichkeiten zur Synchronisierung des Werkzeugbaus mit der Serienfertigung wie auch zur projektübergreifenden Synchronisierung.

Werkzeugbautyp II verfügt sowohl über ein fokussiertes, auf wenige Werkzeugtypen beschränktes Werkzeugspektrum als auch über ein auf planbare Aufträge fokussiertes Auftragsspektrum. Dadurch sind ideale Voraussetzungen für die Schaffung von Wiederholhäufigkeit und für die Planung synchroner Fertigungsprozesse gegeben. Vertreter dieses Werkzeugbautyps sind häufig interne Werkzeugbaubetriebe, die nur einen beschränkten, strategisch relevanten Teil des gesamten Werkzeugspektrums abdecken. Sämtliche Synchronisierungsoptionen sind für Werkzeugbauunternehmen dieses Typs relevant und sollten aufgrund der günstigen Rahmenbedingungen adressiert werden.

Der am häufigsten vertretene Typ ist Werkzeugbautyp III. Er zeichnet sich durch einen mittleren bis geringen Planbarkeitsgrad des Auftragsspektrums aus, wobei der Ähnlichkeitsgrad innerhalb einer gewissen Breite variiert. Hintergrund ist ein Auftragsspektrum mit einem mittleren bis hohen Anteil unplanbarer Aufträge sowie ein Werkzeugspektrum, das zumeist mehr als eine Werkzeugkategorie enthält. Beispielhaft für diesen Werkzeugbautyp sind interne Werkzeugbaubetriebe, deren interner Werkzeugkunde einerseits auf die Aufrechterhaltung eines vielseitigen Werkzeugspektrums besteht und andererseits zur Fertigungsunterstützung häufig unplanbare Aufträge in den Werkzeugbau einsteuert. Aufgrund der hohen Bedeutung, die der Planbarkeit der Auftragsdurchläufe für die Synchronisierung der Wertschöpfungsprozesse zukommt, muss dieser Typ zweigeteilt betrachtet werden. Für den planbaren Anteil des Auftragsspektrums ergeben sich sämtliche Synchronisierungsoptionen, die für Typ II angeführt wurden. Für den unplanbaren Anteil des Auftragsspektrums ist hingegen eine Synchronisierung nicht als vorrangiges Ziel zu sehen. Der Schlüssel für die Synchronisierung stellt in diesem Fall die Segmentierung, d. h. die Trennung der Bearbeitung von planbaren und unplanbaren Aufträgen, dar. Durch diese in Abbildung 5-23 dargestellte Aufteilung von Werkzeugbautyp III ergeben sich die beschriebenen vier Bereiche.

Ergebnis:

Das innerhalb der Methodik vorgesehene Vorgehen für die Konzeption des synchronen Prozessmodells ist in Abbildung 5-24 dargestellt. Im Anschluss an die Zuordnung der Synchronisierungsoptionen zu dem ermittelten Werkzeugbautyp erfolgt die Auswahl der zur realisierenden Synchronisierungsoptionen. Diese sind anhand des eingeführten Ordnungsrahmens zu einem synchronen Prozessmodell zusammenzufügen. (Abbildung 5-25)

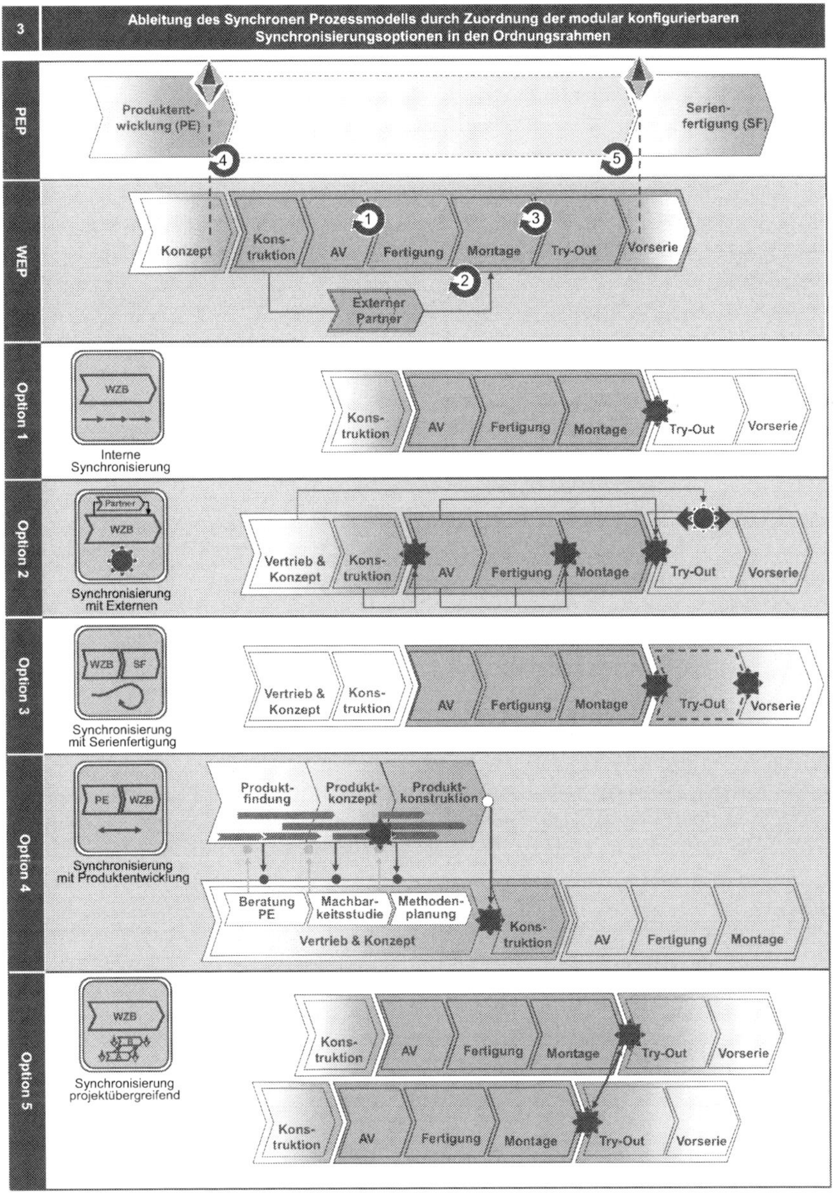

Abbildung 5-25: Gestaltungsrahmen für das synchrone Prozessmodell

5.2.3 Schritt E: Gestaltung synchroner Prozesse

Nachdem im ersten Schritt der Anwendungsphase Synchronisierungsoptionen detailliert wurden, soll im Folgenden die schrittweise Gestaltung synchroner Wertschöpfungsprozesse erfolgen. Der Definition von Synchronisierung als inhaltliche und zeitliche Abstimmung von Prozessschritten folgend, wird für die Gestaltung synchroner Wertschöpfungsprozesse entsprechend der zugrunde gelegten Zielstellung zwischen Maßnahmen zur inhaltlichen sowie zur zeitlichen Abstimmung von Prozessschritten unterschieden. Der Gestaltung synchroner Wertschöpfungsprozesse sind dabei für die inhaltliche Abstimmung zentrale Gestaltungsrichtlinien des Komplexitätsmanagements in den Teilschritten E1 und E2 zugrunde gelegt. Die zeitliche Abstimmung erfolgt in Teilschritt E3 unter Anwendung von für den Werkzeugbau geeigneten Synchronisierungsmechanismen. Im Folgenden werden zunächst in Abschnitt 5.2.3.1 die Grundlagen des Vorgehens vorgestellt, bevor in Abschnitt 5.2.3.2 das Vorgehen detailliert für die Anwendung beschrieben wird.

5.2.3.1 Grundlagen des Vorgehens

Die Vorstellung der Grundlagen des Vorgehens erfolgt separat für die drei Teilschritte E1 – Kapselung der Prozessschritte, E2 – Standardisierung der Prozessinhalte und E3 – Zeitliche Abstimmung der Prozessschritte.

Schritt E1: Kapselung der Prozessschritte

Die Kapselung von Prozessschritten ist den **komplexitätsorientierten Produktionsgestaltungsansätzen** zuzuordnen. Innerhalb der gesamten Produktion unterscheiden ELMARAGHY und URBANIC die Grundtypen Prozess-, Produkt- und Betriebskomplexität[661], wobei letztere die Summe aus Prozess- und Produktkomplexität darstellt.[662] Ein Konzept zur komplexitätsorientierten Prozessgestaltung präsentiert bspw. WILDEMANN, indem er die sechs Leitlinien Ordnen, Parallelisieren, Eliminieren, Harmonisierung der Kapazitätsquerschnitte, Wechsel vom Bring- zum Holprinzip sowie Verkürzung der Rückkopplungsschleifen als generische Merkmale für die Prozessgestaltung formuliert.[663] Als wesentlicher Komplexitätstreiber lassen sich bestehende Interdependenzen zwischen Prozessschritten identifizieren. Prozessinterdependenzen kommen vor, wenn der Output zum Input einer anderen Organisationseinheit wird.[664] Greifen verschiedene Einheiten auf begrenzte Ressourcen zu, treten zusätzlich Ressourceninterdependenzen auf.[665] Eine hohe Abhängigkeit von Prozessschritten durch ausgeprägte Input- und Output-Beziehungen sowie durch Ressourceninterdependenzen sind somit für eine komplexitätsorientierte Produktionsgestaltung zu vermeiden. Ein Konzept, um die Beziehungen und Abhängigkeiten in einem System gering zu halten, ist das **Unabhängigkeitsprinzip**. Dieses fordert die Gestaltung eines Systems als Einheit aus möglichst unabhängigen Modulen. Im Idealfall sind die Module gekapselt, sodass modulimmanente Änderungen keine Auswirkungen in anderen Modulen hervorrufen.[666] Dieses Prinzip wird **in Teilschritt E1** auf die Gestaltung synchroner Wertschöpfungsprozesse als erster

[661] Vgl. ElMaraghy, W. H./Urbanic, R. J. (Modelling of Manufacturing Systems Complexity) 2003, S. 363ff.
[662] Vgl. ElMaraghy, W. H./Urbanic, R. J. (Assessment of Manufacturing Operational Complexity) 2004, S. 401ff.
[663] I. A. a. Wildemann, H. (Komplexitätsmanagement) 1998, S. 66.
[664] Vgl. Gierth, M. (Selbststeuerung logistischer Prozesse) 2009, S. 83ff.
[665] Vgl. Schulte-Zurhausen, M. (Organisation) 2005, S. 226.
[666] Vgl. Göpfert, J. (Modulare Produktentwicklung) 2009a, S. 59.

Schritt des Vorgehens übertragen. Ziel von Teilschritt E1 ist die Kapselung von Prozessinhalten, um Prozessinterdependenzen zu minimieren und die Prozesskomplexität gering zu halten.

Schritt E2: Standardisierung der Prozessschnittstellen

Die Standardisierung von **Prozessschnittstellen** ist ebenfalls der komplexitätsorientierten Produktionsgestaltung zuzuordnen. Unter einer Schnittstelle wird eine Berührungs- oder Verbindungsstelle zwischen zwei Teilsystemen verstanden.[667] Schnittstellen zwischen Prozessschritten beschreiben Transferpunkte, an denen ein Austausch von Gütern oder Informationen stattfindet.[668] Die beiden Teilsysteme lassen sich aufgrund ihrer Verschiedenheit voneinander differenzieren. Die sich in Unternehmen zwischen einzelnen Abteilungen ergebenden Schnittstellen werden **interorganisationale Schnittstellen** genannt und sind charakteristisch für fragmentierte Prozesse eines arbeitsteiligen Leistungserstellungsprozesses. Schnittstellen senken häufig die Effizienz von Prozessen. Dies ist auf Übergangswiderstände zwischen den Teilsystemen zurückzuführen, die aufgrund ihrer Verschiedenartigkeit hervorgerufen werden.[669] Eine mangelnde Koordination der Schnittstellen führt demnach zu einer Beeinträchtigung der Erreichung von Unternehmenszielen[670], wodurch sich ihre Bedeutung für die Gestaltung synchroner Wertschöpfungsprozesse ableitet. SCHUH identifiziert darüber hinaus die Anzahl unternehmensinterner und -externer Schnittstellen als einen weiteren wesentlichen Komplexitätstreiber für die Betriebskomplexität produzierender Unternehmen.[671] Die Standardisierung von Schnittstellen zwischen Prozessschritten stellt einen Ansatz dar, um die Betriebskomplexität zu reduzieren. Parallel zu den Forderungen der komplexitätsoptimalen Produktgestaltung unterstützt die Standardisierung von Schnittstellen die Austausch- und Konfigurierbarkeit von individuellen Prozessketten mit einem positiven Einfluss auf die Komplexität sowie die Übergangswiderstände. Adäquate und standardisierte Prozessschnittstellen sind ebenfalls Grundlage für die Koordinierbarkeit von Prozessschritten und damit erforderlich für deren zeitliche Abstimmung.[672] **Teilschritt E2** enthält deshalb ein Vorgehen zur Standardisierung von Prozessschnittstellen von Wertschöpfungsprozessen, die ebenfalls der Minimierung der Prozesskomplexität dient. Ziel von Teilschritt E2 ist die Standardisierung von Prozessschnittstellen, um die Konfigurierbarkeit modularer Prozessschritte zu gewährleisten und Übergangswiderstände gering zu halten.

Schritt E3: Zeitliche Synchronisierung von Prozessen

Die zeitliche Abstimmung und Steuerung von ineinandergreifenden Prozessschritten führt zu dem aus der Serienfertigung bekannten Konzept der Synchronisierung.[673] Für die Synchronisierung von Prozessen ist deren Koordination durch operative Lenkung und Steuerung der Prozesse notwendig.[674] Die inhaltliche Abstimmung der Prozessschritte aufeinander durch Harmonisierung der quantitativen und qualitativen Kapazitäten und Ressourcen ist eine weitere wichtige Voraussetzung für die Synchronisierung.[675] Zur Umsetzung synchroner Wert-

667 Vgl. Reinertsen, D. G./Schiff, D. (Interface) 1998, S. 64.
668 Vgl. Brockhoff, K. (Schnittstellen-Management) 1989, S. 8ff.
669 Vgl. Richert, J. (Performance Measurement in Supply Chains) 2006, S. 56f.
670 Vgl. Maier, F. (Komplexität und Dynamik) 2004, S. 139f.
671 Vgl. Schuh, G. (Produktkomplexität managen) 2005, S. 8ff.
672 Vgl. Steven, M. (Handbuch Produktion) 2007, S. 433.
673 Vgl. o. V. (Synchronisierung im industriellen Werkzeugbau) 2011, S. 40.
674 Vgl. Krüger, R. (Logistikprozesse) 2004, S. 174.
675 Vgl. Schönberger, R. (Dimensionen der Logistik) 2010, S. 911.

schöpfungsprozesse wird in der Serienfertigung auf verschiedene Steuerungsmechanismen zurückgegriffen. Dazu gehören bspw. das Fluss- sowie Pull-Prinzip und der Kundentakt.[676] Darüber hinaus findet das Just-In-Time-Konzept in der Serienfertigung Anwendung, um die Materialbereitstellung in der geforderten Menge und Qualität mit dem Bedarfszeitpunkt in der Produktion zu synchronisieren.[677] Für die zeitliche Abstimmung von Prozessschritten enthält **Teilschritt E3** ein Vorgehen, um für verschiedene Prozessabschnitte einen geeigneten Steuerungsmechanismus für die Synchronisierung auszuwählen und diesen der Gestaltung synchroner Wertschöpfungsprozesse zugrunde zu legen.

5.2.3.2 Vorgehen zur Gestaltung synchroner Prozesse

Die Vorstellung des Vorgehens zur Gestaltung synchroner Wertschöpfungsprozesse erfolgt für die aufeinander aufbauenden Teilschritte des Vorgehens separat und ist in Abbildung 5-26 veranschaulichend dargestellt.

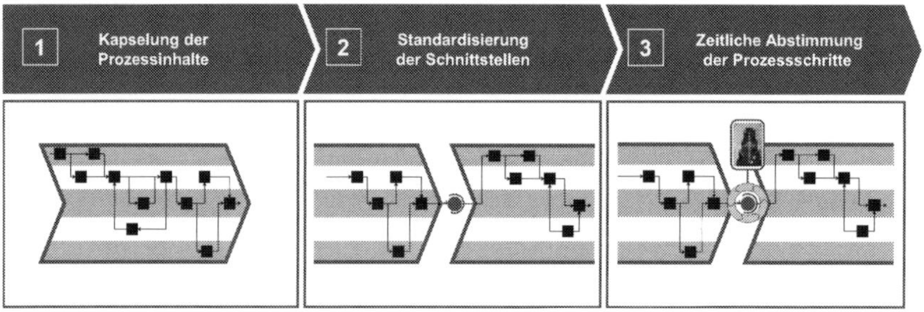

Abbildung 5-26: Vorgehen zur Gestaltung synchroner Wertschöpfungsprozesse

Schritt E1: Vorgehen zur Kapselung der Prozessschritte

Als **Herausforderung** für die Synchronisierung in der Unikatfertigung kundenindividueller Werkzeuge wurden bereits die geringe Wiederholhäufigkeit, die schlechte Planbarkeit sowie der hohe Flexibilitätsbedarf als Folge eingeführt. **Übergeordnetes Ziel** der Kapselung des Prozessschrittinhalts im Rahmen der synchronen Prozessgestaltung ist die auftragsneutrale Durchführung einzelner an der Auftragsabwicklung beteiligter Prozessschritte trotz ihres für die Auftragsabwicklung im Werkzeugbau charakteristischen auftragsspezifischen Inhalts. Für die Kapselung der Prozessschritte in der Auftragsabwicklung im Werkzeugbau werden im Folgenden **zwei Dimensionen** unterschieden:

- Inhaltliche Kapselung des Prozessschritts.
- Zeitliche Kapselung des Prozessschritts.

Der Kapselung von Prozessschritten liegen die Grundsätze zur komplexitätsorientierten Produktionsgestaltung aus dem Produktionsmanagement zugrunde. Das **Unabhängigkeitsprinzip** wurde in diesem Zusammenhang bereits eingeführt. Dieses Prinzip fordert die Reduktion von Abhängigkeiten zwischen Prozesselementen, die sich funktional trennen lassen. Übertragen auf den Werkzeugbau lassen sich für diesen ersten Schritt der synchronen

[676] Vgl. Koubek, N. (Innovation und Internationalisierung) 2010, S. 54.
[677] Vgl. Montanus, S. (Digitale Business-Strategien) 2004, S. 87.

Prozessgestaltung **zwei Gestaltungsprinzipien** zur Kapselung von Prozessinhalten identifizieren, die auf die Auftragsabwicklung des Werkzeugbaus zu übertragen sind.

- Vermeidung von Abhängigkeiten zu anderen Prozessschritten.
- Stabilisierung gegenüber der Ausbreitung von Prozessstörungen.

Ausgeprägte Prozessschrittabhängigkeiten sind ein charakteristisches Merkmal der Auftragsabwicklung im Werkzeugbau. Während die Konstruktion eines Werkzeugs oder einer Werkzeugbaugruppe zumeist von einer Person durchgeführt wird, erfolgen Fertigung, Montage und Einführung des Werkzeugs i. d. R. arbeitsteilig zwischen verschiedenen Fachabteilungen, um den spezifischen Anforderungen Rechnung zu tragen. Abhängigkeiten zwischen Prozessschritten ergeben sich dadurch in Form von funktionalen Abhängigkeiten zwischen den vielen unterscheidbaren Prozessabschnitten, die im Rahmen der Auftragsabwicklung sequenziell und parallel durchlaufen werden. Zusätzlich trägt auch die geringe Redundanz der eingesetzten Spezialmaschinen für einzelne Bearbeitungsverfahren zu Ressourcenabhängigkeiten zwischen Prozessschritten bei. So werden die bestehenden Ressourcen vielfach für verschiedenste Auftragstypen (z. B. Neu-, Änderungs-, Instandhaltungs- und Reparaturaufträge) eingesetzt und sind darüber hinaus gleichzeitig in verschiedenen Einzelprozessschritten der Auftragsabwicklung (z. B. während Bauteilfertigung, Einpassung in der Montage sowie im Rahmen von Änderungen während des Try-Outs) beteiligt. Dies fördert die Ausbildung von komplexen Abhängigkeiten.

Ausgangspunkt des Vorgehens der Kapselung von Prozessschritten zur Vermeidung von Abhängigkeiten ist somit die Wahl der Prozessschrittgrenzen. Unter Berücksichtigung der Prozessanforderungen ergibt sich nach dem Unabhängigkeitsprinzip zunächst die Forderung, jeweils nur eine Funktion einem einzelnen Prozessschritt zuzuordnen.[678] Diese Regel führt jedoch zwangsläufig zu einer hohen Anzahl von Prozessschnittstellen, wodurch der Zusatznutzen gegenüber dem Zusatzaufwand für eine Abstimmung zwischen den Prozessschritten und möglichen Reibungsverlusten abgewogen werden muss. Innerhalb eines Prozessschritts sind die Kapazitätsauslegung und die Ressourcenausstattung so zu wählen, dass einerseits eine minimale Ressourcenabhängigkeit durch Überlappungen mit anderen Prozessschritten besteht, andererseits eine Harmonisierung der Kapazitätsquerschnitte innerhalb eines Prozessschritts angestrebt wird.[679] Die Harmonisierung der eingelasteten Aufträge hinsichtlich ihrer Kapazitätsbedarfe innerhalb der Bearbeitungsverfahren eines Prozessschritts ist besonders bei auftragsspezifischen Inhalten von entscheidender Bedeutung. In diesem Zusammenhang ist die Möglichkeit zur Nivellierung der Kapazitätsbedarfe eine weitere Voraussetzung für die Synchronisierung der Wertschöpfungsprozesse. Zusammen mit der Nivellierung des Kapazitätsbedarfs bei der Einlastung trägt die Kapazitätsanpassung maßgeblich dazu bei, dass neben der inhaltlichen Kapselung ebenso eine zeitliche Kapselung des Prozessschritts erfolgen kann.

Aufbauend auf der Reduzierung von Prozessschrittabhängigkeiten ist im weiteren Verlauf des Vorgehens die Stabilität gegenüber der Ausbreitung von Prozessstörungen zu erhöhen.[680] Prozessstörungen können einerseits durch vom Kunden induzierte Änderungen bspw. der Produktdaten oder der Herstellungsanforderungen auftreten, andererseits verur-

[678] Vgl. Boos, W. (Modulare Werkzeuge) 2008, S. 23f.
[679] Vgl. Wildemann, H. (Komplexitätsmanagement) 1998, S. 66.
[680] Vgl. Schuh, G./Boos, W. (Operative Exzellenz) 2010, S. 43.

sacht die vergleichsweise hohe Fehleranfälligkeit der sogenannten „Einmal-Prozesse“ im Werkzeugbau zusätzliche Prozessstörungen.[681] Aufgrund der kundenindividuellen Entwicklung und Herstellung der Werkzeuge als Produkte ist die zu beobachtende Fehlerquote in der Auftragsabwicklung im Werkzeugbau deshalb deutlich höher als in einer Massenfertigung, bei der jeder Arbeitsschritt sehr häufig wiederholt und Fehler systematisch abgestellt werden. Die fehlende Transparenz und eingeschränkten Möglichkeiten zur Qualitätskontrolle führen dazu, dass Fehler häufig erst in späteren Prozessschritten des Auftragsabwicklungsprozesses zutage treten, sodass einerseits Gegenmaßnahmen erst zu einem späten Zeitpunkt eingeleitet werden können, andererseits die Fehlerrückverfolgung erschwert wird.[682]

Ziel des Vorgehens zur Kapselung der Prozessschrittinhalte ist es, die prozessschrittübergreifende **Ausbreitung von Fehlern** zu unterbinden. Das Mittel der Wahl hierzu ist die Implementierung eines Fehlerregelkreises innerhalb des zu kapselnden Prozessschritts.[683] Kurze Fehlerregelkreise innerhalb eines Prozessschritts führen dazu, dass Fehler zu einem frühen Zeitpunkt erkannt und durch geeignete Gegenmaßnahmen adressiert werden können. Die Realisierung geschlossener Verantwortungsbereiche innerhalb eines Prozessschritts trägt zusätzlich dazu bei, auftretende Prozessstörungen effektiv zu beseitigen. Diese erleichtern durch den Wegfall von bereichsübergreifenden Abstimmungen die Reaktion auf Prozessstörungen sowie die Anpassung von Planung und Steuerung. Zudem tragen kurze Regelkreise in geschlossenen Verantwortungsbereichen dazu bei, die Identifikation mit dem Prozessergebnis durch die mitarbeiterbezogene Rückkopplung zu verbessern und die innerhalb der Organisationsabschnitte vorhandenen Selbstheilungskräfte zu aktivieren.[684] Dies fördert die Vermeidung und Beseitigung von Prozessstörungen mit optimaler Effizienz.

Für die Anwendung innerhalb der Methodik ist das Vorgehen zur Kapselung von Prozessschritten im Rahmen der Gestaltung synchroner Wertschöpfungsprozesse in Abbildung 5-27 zusammengefasst. Für eine hohe Anwendungsfreundlichkeit werden die einzelnen Schritte (1-4) im Folgenden im Sinne einer Vorgehensbeschreibung detailliert.

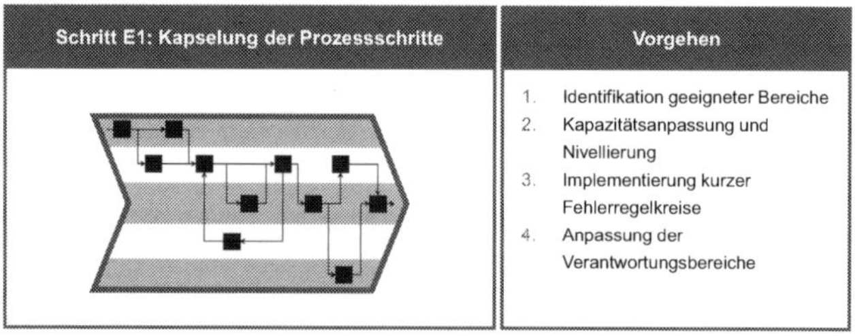

Abbildung 5-27: Vorgehen zur Kapselung von Prozessschritten

Die **Identifikation geeigneter Prozessschritte (1)** orientiert sich an der Forderung nach größtmöglicher Unabhängigkeit des zu definierenden Prozessschritts. Hierbei sind die Prozessschrittgrenzen so zu wählen, dass die funktionalen Abhängigkeiten sowie die Abhängigkeiten hinsichtlich der zu nutzenden Ressourcen möglichst gering ausfallen. Innerhalb die-

[681] Vgl. Hirsch, B. E./Kuhlmann, T. et al. (Produktionskoordinierung) 1992, S. 673ff.
[682] Vgl. Zwanzig, F. (Taktung der Unikatfertigung) 2009, S. 38.
[683] Vgl. Fazit 2. Expertengespräch „Synchronisierung im Werkzeugbau“ Frankfurt, 24. Februar 2011.
[684] Vgl. Wildemann, H. (Komplexitätsmanagement) 1998, S. 66.

ses Schritts ist ebenfalls die Ressourcenanpassung durch Erweiterung der Ressourcen oder durch eine Veränderung der Ressourcenzuordnung möglich. Ein klassisches Beispiel hierfür stellt die Erweiterung der Kapazitäten einer bestimmten Technologie durch den Zukauf einer redundanten Bearbeitungsmaschine sowie die feste Zuordnung von Bedarfsmaschinen zu einem Prozessschritt dar. Sind die Grenzen eines Prozessschritts definiert, erfolgt die Anpassung des Kapazitätsangebots der Ressourcen der in dem jeweiligen Prozessschritt enthaltenen Verfahren mit dem Ziel der **Harmonisierung der Kapazitätsquerschnitte (2).** Als Beispiel hierfür ist die Angleichung der Bearbeitungskapazitäten eines aus Form- und Profilschleifen bestehenden übergeordneten Prozessschritts „Schleifen“ anzuführen. Die Angleichung der Bearbeitungskapazitäten erfolgt unter Berücksichtigung von Aufgaben- bzw. Bearbeitungsspektrum des betrachteten Bereichs, die der Auslegung der Synchronisierung zugrunde gelegt wurden. Für die Nivellierung der auftragsspezifischen Bearbeitungsumfänge im Rahmen der Einlastung in den Bereich stellt die Bearbeitungsdauer die Führungsgröße für den Prozessschritt dar, um die zeitliche Kapselung des jeweiligen Prozessschritts zu gewährleisten. Die **Implementierung kurzer Fehlerregelkreise (3)** innerhalb der gekapselten Prozessschritte erfolgt im nächsten Schritt zur Verkürzung der Rückkopplungsschleifen zur Verhinderung der Weitergabe von Fehlern über die Prozessschrittgrenzen. Anschließend an die Implementierung kurzer Fehlerregelkreise ist zur Vermeidung und zur effizienten Beseitigung von Prozessstörungen die Anpassung der Verantwortlichkeiten im betrachteten Prozessbereich zur Generierung eines **geschlossenen Verantwortungsbereichs (4)** für den Prozessschritt erforderlich.

Schritt E2: Vorgehen zur Standardisierung von Prozessschnittstellen

Die vielfältigen Anforderungen an das Spezialwissen einzelner Mitarbeiter spiegeln sich in der Anzahl der beteiligten Abteilungen wider, die an der Auftragsabwicklung zur Realisierung eines Werkzeugprojektes im Werkzeugbau direkt beteiligt sind. Dadurch ergibt sich eine hohe Zahl von Prozessschnittstellen zwischen voneinander abgrenzbaren Prozessschritten. Während klassisch die vorherrschende Meinung im Werkzeugbau darin bestand, dass ein Werkzeugmacher die gesamte Prozesskette beherrschen musste, teilen inzwischen drei von vier erfolgreichen Werkzeugbauunternehmen die Meinung, dass aufgrund der stetig steigenden technologischen Anforderungen die Spezialisierung und damit ebenfalls die Anzahl der an der Auftragsabwicklung beteiligten Abteilungen weiter zunehmen wird.[685] Charakteristisches Merkmal von Prozessschnittstellen im Werkzeugbau sind hohe Reibungsverluste, die in Form von Such- und Abstimmungsaufwendungen direkt die Effizienz der Auftragsabwicklung senken oder durch lange Liege- und Übergangszeiten die Schnelligkeit und Leistungsfähigkeit der Auftragsabwicklung beeinträchtigen.[686] Als eine weitere Herausforderung für die Prozessgestaltung im Werkzeugbau, die bei der Gestaltung synchroner Wertschöpfungsprozesse berücksichtigt werden muss, ist somit die Gestaltung von Prozessschnittstellen in die Methodik zu integrieren.

Übergeordnetes Ziel der Standardisierung von Prozessschnittstellen als zweiten Schritt im Rahmen der Gestaltung synchroner Wertschöpfungsprozesse ist es deshalb, durch Standardisierung eine auftragsneutrale inhaltliche Abstimmung an Prozessschnittstellen vorzunehmen, die trotz der auftragsspezifischen Prozessschrittinhalte einen optimierten Auftragsabwicklungsprozess mit reduzierten Reibungsverlusten und minimalen Übergangszeiten

[685] Vgl. Schuh, G./Boos, W. (Operative Exzellenz) 2010, S. 51.
[686] Vgl. Schuh, G. (Werkzeugbau 2.0) 2010.

zulässt. Für die Standardisierung von Prozessschnittstellen im Rahmen der Gestaltung synchroner Wertschöpfungsprozesse im industriellen Werkzeugbau werden dabei die in Abschnitt 5.2.3.1 für die Kapselung von Prozessinhalten angeführten Grundsätze der komplexitätsorientierten Produktionsgestaltung sowie die Grundsätze des allgemeinen Komplexitätsmanagements und der komplexitätsorientierten Produktgestaltung herangezogen. **Zentrales Konzept**, das der Standardisierung von Prozessschnittstellen zugrunde liegt, ist das Integritätsprinzip. **Das Integritätsprinzip** fordert, die Gestaltung unabhängiger Elemente eines Systems so vorzunehmen, dass sie durch standardisierte und aufeinander angepasste Schnittstellen optimal zu einem Gesamtsystem zusammengefügt werden können.[687] Übertragen auf die Auftragsabwicklung des Werkzeugbaus ergibt sich die **Forderung**, dass durch die Standardisierung der Schnittstelleninhalte und des Vorgehens an Schnittstellen die **maximale auftragsindividuelle Konfigurierbarkeit** zwischen weitgehend unabhängigen Prozessschritten unterstützt wird. Aus der Forderung nach Konfigurierbarkeit lassen sich für die Standardisierung von Prozessschnittstellen **zwei Prinzipien** identifizieren, die der Gestaltung synchroner Wertschöpfungsprozesse innerhalb der Methodik zugrunde gelegt werden:

- Standardisierung der Inhalte an Prozessschnittstellen.
- Standardisierung des Vorgehens an Prozessschnittstellen.

Das mit der Standardisierung von Prozessschnittstellen verbundene Integritätsprinzip stellt damit ein **Korrektiv zur Kapselung von Prozessschritten** dar, der das Unabhängigkeitsprinzip zugrunde gelegt wurde. Die aktive Gestaltung der Schnittstellen berücksichtigt, dass für die inhaltliche Abstimmung der Auftragsabwicklung trotz des angestrebten auftragsneutralen Ablaufs die Beziehungen zwischen einzelnen Prozessschritten bei der Synchronisierung der Auftragsabwicklung berücksichtigt werden müssen. Durch die klare Aufteilung von Verantwortlichkeiten für einzelne Prozessschritte sowie definierte und standardisierte Inhalte und Vorgehen der Übergabe an der Prozessschnittstelle wird auftragsneutral die **Koordinierbarkeit und Kontrollierbarkeit** der Leistungserfüllung für die auftragsspezifischen und dadurch unterschiedlichen Prozessfolgen unterstützt. Zur weiteren Veranschaulichung wird im Folgenden jeweils ein Beispiel für die Standardisierung von Prozessschnittstellen auf Hauptprozessebene sowie auf Ebene der Teilprozesse angeführt.

Beispielhaft für die **Standardisierung einer Prozessschnittstelle auf Hauptprozessebene**, die sich durch eine hohe Anzahl von Abhängigkeiten zu internen und externen Prozessschritten auszeichnet, ist die Prozessschnittstelle am Start der Montage eines Werkzeugs anzuführen. Der Start der Montage ist abhängig davon, dass sämtliche im Vorfeld angefertigten bzw. beschafften Komponenten bereitgestellt werden, um sie zu einem Werkzeug zu verbauen. Die Montage kann nur erfolgen, wenn sämtliche Komponenten dafür am vorgesehenen Ort in der vorgesehenen Form bereitgestellt werden. Ein häufig zu beobachtendes Phänomen im Werkzeugbau ist, dass fehlende, falsch disponierte oder qualitativ minderwertige Komponenten hohe Reibungsverluste verursachen, die besonders dann auftreten, wenn die Werkzeugmontage unter dem terminlichen Druck des feststehenden Endtermins trotz fehlender Komponenten begonnen wird.[688] Dies gefährdet die schnelle und termintreue Werkzeugherstellung und verursacht zudem hohe Such- und Abstimmungsaufwendungen,

---

[687] Vgl. Göpfert, J. (Modulare Produktentwicklung) 2009b, S. 59.
[688] I. A. a. Giehler, F. (Erhöhung der Planungsproduktivität) 2010, S. 97ff.; Zwanzig, F. (Taktung der Unikatfertigung) 2009, S. 114f.

die als Prozessstörungen den synchronen Prozessablauf gefährden.[689] Dadurch stellt die Schnittstelle zum Start der Montage einen wichtigen Synchronisierungspunkt in der Auftragsabwicklung im industriellen Werkzeugbau dar. Die Standardisierung umfasst in diesem Fall sowohl den Inhalt der Übergabe an der Prozessschnittstelle in Form einer auf Vollständigkeit überprüfbaren Teileliste, eine stichprobenartige Qualitätskontrolle sowie einen festgeschriebenen Ort der Teilebereitstellung. Zudem ist das Vorgehen durch eine definierte Aufteilung der Bereitstellungsaufgaben zwischen den beteiligten Abteilungen klar zu regeln. Weitere Beispiele für standardisierbare Schnittstellen auf Hauptprozessebene, die die Synchronisierung unterstützen, sind die Vergabe und Integration von externen Konstruktionen, die Übergabe von Konstruktionen an die Arbeitsvorbereitung und einige weitere.

Zur **Standardisierung auf Ebene der Teilprozesse**, die sich innerhalb einer Abteilung ergeben, ist das vorgestellte Vorgehen zu übertragen. Beispielhaft für Schnittstellen auf Teilprozessebene soll eine Schnittstelle zwischen zwei Bearbeitungsverfahren im Bereich des Maschinenparks angeführt werden. Die hohen Reibungsverluste sind hier in Form des hohen Koordinationsaufwands sowie des geringen Anteils der Bearbeitungszeit an der Gesamtdurchlaufzeit des Bauteils in dem Bereich nachzuvollziehen. So besteht für Werkzeugbauunternehmen häufig nicht die Möglichkeit, den Auftragsstatus in Form von aktuell vorgenommenen Verfahren sowie den Bearbeitungsstand zentral zu verfolgen obwohl ein hoher Aufwand für die Feinsteuerung und Koordination der Bauteile im Bereich des Maschinenparks in Kauf genommen wird.[690] Der Anteil der Liegezeiten im Bereich des Maschinenparks beträgt zudem, durch unabhängige Erhebungen in einer Reihe von Industrieprojekten des Werkzeugmaschinenlabors WZL der RWTH Aachen vielfach bestätigt, durchschnittlich ca. 95-98% der Gesamtdurchlaufzeit im Bereich des Maschinenparks.[691] Die Standardisierung der Prozessschnittstellen umfasst in diesem Fall bezüglich des Schnittstelleninhalts die Definition des Bearbeitungszustands des Bauteils einerseits und der Form der Übergabe und Dokumentation andererseits. Die Standardisierung des Vorgehens an der Schnittstelle legt die Ansteuerung der Übergabe sowie die Ausprägung von Hol- und Bringschuld zwischen den beteiligten Prozessschritten fest. Schnittstellen auf Ebene der Teilprozesse sind in sämtlichen Abteilungen anzutreffen, in denen ein Werkzeugprojekt arbeitsteilig bearbeitet wird.

Das Vorgehen zur Standardisierung von Prozessschnittstellen als zweiter Teilschritt von Schritt E der Methodik zur Gestaltung synchroner Wertschöpfungsprozesse leitet sich aus den angeführten Anforderungen für standardisierte Schnittstellen ab und ist in Abbildung 5-28 übersichtlich dargestellt. Für die Definition von Schnittstellen ergibt sich aus dem Integritätsprinzip die Forderung, dass besonders diejenigen Schnittstellen standardisiert zu gestalten sind, die sich durch eine hohe Anzahl von Abhängigkeiten zu weiteren Prozessschritten auszeichnen. Dabei erstreckt sich die Standardisierung der Prozessschnittstellen sowohl auf interne wie auch auf extern durchgeführte Prozessschritte. Ausgehend von der Analyse der bestehenden Abhängigkeiten zwischen Prozessschritten und deren in Teilschritt E1 durchgeführten Kapselung ergeben sich vier Schritte (1-4), die zur Standardisierung der Prozessschnittstellen im Rahmen der Methodik nacheinander durchzuführen sind und im Folgenden einzeln beschrieben werden.

[689] Vgl. Schuh, G./Boos, W. (Operative Exzellenz) 2010, S. 43.
[690] Vgl. Schuh, G./Boos, W. et al. (Synchronisierung im industriellen WZB) 2011, S. 379.
[691] Vgl. Willrett, H. (Im Takt) 2011, S. 30ff.

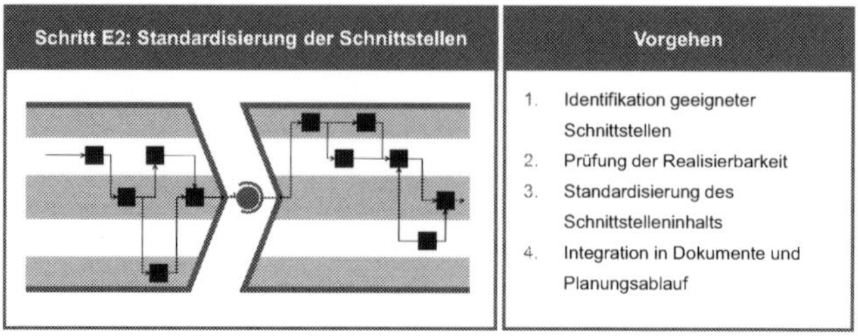

Abbildung 5-28: Vorgehen zur Standardisierung von Prozessschnittstellen

Als Grundlage für die **Identifikation geeigneter Schnittstellen (1)** sind die in Schritt C vorgenommene Prozessanalyse des Auftragsabwicklungsprozesses sowie die in Schritt E1 definierten Prozessschritte gekapselter Prozessinhalte heranzuziehen. Zur übersichtlichen Darstellung der ineinandergreifenden Prozessschritte sowie der an der Auftragsabwicklung beteiligten Einheiten ist die bereits eingeführte Schwimmbahn-Anordnung zu empfehlen. Dadurch lassen sich die zu standardisierenden Schnittstellen leicht identifizieren. Die Eignung von Schnittstellen zwischen Prozessschritten wird durch die **Prüfung der Realisierbarkeit (2)** standardisierter Schnittstelleninhalte sowie standardisierbarer Vorgehen an Schnittstellen bestimmt, die im Vorfeld der Schnittstellendefinition geprüft werden. Im Zuge der **Standardisierung des Schnittstelleninhalts (3)** erfolgt die Festlegung, in welcher Form der Prozess-Output erzeugt und weiteren Prozessschritten zur Verfügung gestellt wird. Hierbei ist darauf zu achten, dass einerseits herrschende Abhängigkeiten zwischen Prozessschritten berücksichtigt werden, andererseits entsprechend des Integrativitätsprinzips auf maximale Konfigurierbarkeit geachtet wird. Anschließend ist in einem weiteren Schritt das Vorgehen an Prozessschnittstellen zu definieren. Im Rahmen der Definition des Vorgehens an der Prozessschnittstelle wird festgelegt, wie der weitere Prozessverlauf angesteuert wird sowie ob an der Schnittstelle eine Hol- oder Bringschuld existiert. Im abschließenden vierten Schritt erfolgt die Umsetzung der definierten Schnittstellen als Teil der **Integration in Dokumente und Planungsablauf (4).** Dabei sind auftragsbegleitende Dokumentation sowie die jeweiligen Vorgehen zur Projektverfolgung wie z. B. Meilensteinplanung und Projektcontrolling an die vorgenommene Schnittstellendefinition anzupassen. Durch die Schrittfolge des Vorgehens wird die Grundlage für eine einfache Koordination und Abstimmung der Prozessschritte geschaffen, die im Rahmen von Schritt E3 vorgenommen wird.

Schritt E3: Vorgehen zur zeitlichen Abstimmung der Prozessschritte

Übergeordnetes Ziel der Gestaltung von Steuerungsmechanismen im Rahmen der synchronen Prozessgestaltung zur Synchronisierung von Wertschöpfungsprozessen im industriellen Werkzeugbau ist der Übergang von der chaotischen Steuerung zu geplanten Abläufen. Dafür ist die Koordination des Auftragsdurchlaufs mit möglichst geringem händischen Steuerungsaufwand und hoher Prozessleistungsfähigkeit und Prozessstabilität zu realisieren.

Grundlage sind die in Schritt D1 und Schritt D2 vorgenommenen Gestaltungsmaßnahmen zur Kapselung von Prozessinhalten sowie zur Standardisierung von Prozessschnittstellen. Beide unterstützen die auftragsneutrale Optimierung der auftragsspezifischen Auftragsabwicklung und schaffen damit eine Basis, um eine übergeordnete zeitliche Abstimmung durch die Verwendung von Synchronisierungsmechanismen zur Koordination von Prozessschritten im Rahmen der Synchronisierung zu leisten.

Während beiden vorausgehenden Gestaltungsschritten zentrale Konzepte aus der komplexitätsorientierten Produktionsgestaltung zugrunde gelegt wurden, werden die Möglichkeiten zur zeitlichen Abstimmung einzelner Prozessschritte anhand von aktuell in der Praxis erfolgreich eingesetzten Synchronisierungsmechanismen vorgestellt. Folgende Aufteilung entsprechend der Art der Abstimmung wird dabei für die Synchronisierungsmechanismen vorgesehen:

- Auftragsneutrale, starre zeitliche Abstimmung
- Auftragsspezifische, flexible zeitliche Abstimmung

Die folgende Beschreibung der Eigenschaften der einzelnen Synchronisierungsmechanismen gibt ebenfalls Aufschluss über deren Einsatzgebiete sowie typabhängige Anwendungsmöglichkeiten, die bei der Auswahl des geeigneten Synchronisierungsmechanismus zugrunde gelegt werden können.

Auftragsneutrale, starre zeitliche Abstimmung

Die **auftragsneutrale, starre zeitliche Abstimmung** von Prozessschritten z. B. durch die Vorgabe von Taktzeiten beinhaltet eine standardisiert hinterlegte, feste Ablaufplanung, die unabhängig von den spezifischen Eigenschaften des jeweiligen Auftrags der Auftragsabwicklung im Werkzeugbau zugrunde gelegt wird. Wird ein Auftrag in einem solchen Verfahren eingelastet, dann erfolgt die Festlegung der Terminschiene anhand des Starttermins, wodurch sich der Endtermin aufgrund der fixen Taktlänge und der feststehenden Anzahl von Schritten berechnen lässt. Als zentraler Vorteil dieser Form der Synchronisierung ist deshalb vor allem die konstante Durchlaufzeit anzuführen, die sich so erreichen lässt. Zwar ist diese Form der Synchronisierung mit einem erhöhten Planungsbedarf verbunden, jedoch geht der Aufwand für Steuerung und das klassische Bauteilmanagement während der Auftragsabwicklung nahezu auf null zurück. Zudem wird die Auftragsverfolgung stark erleichtert, da zu jedem Zeitpunkt bekannt ist, an welchem Ort sich ein Bauteil in welchem Bearbeitungszustand befinden sollte. Dies steigert ebenfalls die Transparenz in der Werkzeugfertigung an sämtlichen an der Auftragsabwicklung beteiligten Stationen und begünstigt ein Projektcontrolling von Zeit- und Kostentreue. Folgende Mechanismen zur zeitlichen Abstimmung von Prozessschritten lassen sich beispielhaft für die Gestaltung synchroner Wertschöpfungsprozesse im industriellen Werkzeugbau durch eine auftragsneutrale, starre zeitliche Abstimmung von Prozessschritten anführen.

1. Palettentaktung in der mechanischen Fertigung
2. Pull-Steuerung und getaktete Fließfertigung in der Werkzeugmontage
3. Übertragung des Kundentakts auf die Werkzeugfertigung

Die **Palettentaktung** kommt vor allem in der mechanischen Fertigung der Werkzeugkomponenten zum Einsatz. Hierbei werden Bauteile, die ähnliche Prozessfolgen für die Bearbeitung durch die verschiedenen Technologien im Maschinenpark besitzen, auf einer Palette zusammengefasst und gebündelt auf der gewählten Prozessroute mit einer festgelegten Zeitschiene getaktet durch den Maschinenpark gesteuert. Dabei erfolgt die Zusammenstellung des Paletteninhalts unter der Prämisse, dass der Arbeitsumfang des Paletteninhalts das Kapazitätsangebot in jedem Bereich der vorgesehenen Prozessroute nicht überschreitet. Wird festgestellt, dass der auf der Palette enthaltene Arbeitsumfang das innerhalb eines Taktes vorgesehene Kapazitätsangebot gerade ausschöpft, bestehen zwei Möglichkeiten. Falls für sämtliche vorgesehene Prozessschritte eine zufriedenstellende Kapazitätsauslastung bereits erreicht wird, kann die Palette als Ganzes in die getaktete Fertigung eingesteuert werden. Alternativ werden die für die Palette vorgesehenen Bauteile derart neu kombiniert, dass eine Steigerung der durchschnittlichen Auslastung erreicht wird, ohne dass das maximale Kapazitätsangebot in einem der Bereiche überschritten wird. Dieses Verfahren stellt hohe Anforderungen an die Ausgeglichenheit des Kapazitätsangebots sowie an die Nivellierung der gleichzeitig eingelasteten Kapazitätsbedarfe. Die Taktdauer kann willkürlich festgelegt werden und orientiert sich an der Bearbeitungsdauer der auf einer Palette enthaltenen Bearbeitungsumfänge. Der Anteil der verfügbaren Gesamtarbeitszeit, die durch feste Takte belegt wird, ist ebenfalls je nach Flexibilitätsbedarf individuell festzulegen.

Die **getaktete Fließmontage** erfolgt ebenfalls nach dem Prinzip der festen Zuordnung von Bearbeitungsumfängen und den zeitlichen Intervallen der Werkzeugfertigung. In diesem Fall werden sämtliche Bauteile und vormontierten Baugruppen nach einem festgelegten Schema zu festgelegten Zeitpunkten am Werkzeugbau montiert, wobei sich das Werkzeug während der Komplettierung im Fall der verbreitet eingesetzten Boxmontage physisch durch den Werkzeugbau der Fertigstellung und dem Try-Out entgegen bewegt. Die getaktete Fließmontage wird aufgrund der besonderen Klarheit und Transparenz teilweise als zentraler Impulsgeber dazu genutzt, sämtliche Abläufe der Werkzeugfertigung – interne wie externe – zu synchronisieren. Dies erfolgt nach dem Pull-Prinzip, das dazu genutzt wird, sämtliche für das jeweilige Intervall der Werkzeugfertigung benötigten Komponenten oder Vorleistungen bedarfsgerecht zur Verfügung zu stellen.

Während sich die beiden zuvor vorgestellten Ansätze auf die zeitliche Abstimmung von Prozessschritten zur Synchronisierung der Werkzeugfertigung beschränken, ermöglicht die **Übertragung des Kundentakts auf die Werkzeugfertigung** die bereichsübergreifende Synchronisierung mit dem Werkzeugbaukunden. Erst die Ausrichtung am Kundentakt erfüllt die zentrale Forderung der Prozess- und Flussorientierung nach einer bedarfsgerechten Fertigung ohne Verschwendung durch Verzug und Liegezeiten. Zentrale Voraussetzung für die Übertragung des Kundentakts auf die Werkzeugfertigung ist die Planbarkeit und Prozessstabilität des Try-Outs und der Qualifizierung der Werkzeuge zur Prozessreife für die Serienfertigung. Ist diese von untergeordneter Bedeutung (z. B. bei der Wiederholfertigung von verschleißintensiven Werkzeugen der Massivumformung) oder kann aufgrund von Erfahrung oder Prozesswissen exakt zeitlich eingeordnet werden (z. B. durch Simulation, Prototypenwerkzeuge oder Kapazitäts- und Wiederholwerkzeuge), können Try-Out und Qualifizierung selbst in den Takt eingefügt werden. Dadurch lässt sich der durch die Disposition der Serienfertigung bestimmte Kundentakt auf die Werkzeugfertigung übertragen und sämtliche Prozesse nach dem Pull-Prinzip durch den übergeordneten Kundentakt zur bedarfsgerechten Bereitstellung nutzen.

Für die **Anwendungsmöglichkeiten** der auftragsneutralen, starren zeitlichen Abstimmung von Prozessschritten ergeben sich besondere Anforderungen an die Eigenschaften der Auftragsabwicklung, die für die Bewertung der Anwendbarkeit im Einzelfall heranzuziehen sind. Besondere Eignung besitzen die vorgestellten Mechanismen mit einer starren, auftragsneutralen Terminschiene zur Synchronisierung dann, wenn die Werkzeugfertigung über ein fokussiertes Werkzeugspektrum verfügt und die Bearbeitungsschritte in Bezug auf die zugrunde liegenden Prozessfolgen und Kapazitätsbedarfe relativ homogen sind und sich ähneln. Wesentliche Voraussetzung für die Umsetzung einer Taktung ist, dass der Kapazitätsbedarf einer jeden Bearbeitung in jedem Schritt mit einer größtmöglichen Präzision abgeschätzt werden kann. Dies ist für die Beplanung der verfügbaren Kapazitäten sowie für die Disposition der einzelnen Bearbeitungsumfänge von hoher Bedeutung, um nicht durch Überauslastung der Kapazitäten die Abarbeitung im Takt oder den Taktfluss zu gefährden. Die erforderliche Planungsqualität setzt somit die Ähnlichkeit bzw. eine gewisse Wiederholhäufigkeit der einzelnen Bearbeitungsschritte voraus. Aufgrund der eingeschränkten Flexibilität zur Reaktion auf Prozessstörungen innerhalb eines getakteten Systems erfordert die Taktung zudem, dass Prozessstörungen von den Hauptprozessen ferngehalten werden. Können Prozessstörungen nicht innerhalb des Taktintervalls ausgeglichen werden, erfolgt die Ausschleusung aus dem getakteten System. Dies ist insofern problematisch, als dass die erneute Einschleusung in den Fertigungstakt durch eine priorisierte Bearbeitung des Taktumfangs an freigehaltenen Kapazitäten außerhalb des Taktsystems häufig nicht gelingt. Daraus ergibt sich die Forderung nach einem hohen Planbarkeitsgrad des Auftragsspektrums, das für die Taktung vorzusehen ist.

Auftragsspezifische, flexible zeitliche Abstimmung

Die **auftragsspezifische, flexible zeitliche Abstimmung** von Prozessschritten beinhaltet eine Ablaufplanung der Werkzeugfertigung, die im Gegensatz zur auftragsneutralen, starren zeitlichen Abstimmung unter Berücksichtigung der Eigenschaften des spezifischen Auftrags erfolgt. Für die Ermittlung der individuellen Terminschiene eines Auftragsdurchlaufs werden allerdings standardisierte Verfahren und konkrete Vorgabewerte zugrunde gelegt. In den einzelnen Bereiche existieren standardisierte Prozessabläufe und Vorgaben für die Dauer der anfallenden Tätigkeiten, die dazu genutzt werden, in Abhängigkeit von dem Aufwand des individuellen Auftrags für die beteiligten Prozessschritte den Gesamtablaufplan zu bestimmen. Zwar lassen sich durch die beschriebene Vorgehensweise nicht die Vorteile einer starren zeitlichen Abstimmung der Prozessschritte in Bezug auf konstante Durchlaufzeiten, geringen Steuerungsbedarf sowie hohe Auftragsnachverfolgbarkeit und Transparenz realisieren, jedoch bestehen ebenfalls weniger hohe Anforderungen an die Ähnlichkeit der Bearbeitungsumfänge in Bezug auf die Prozessfolgen und die Homogenität der Bearbeitungsumfänge. Während die auftragsneutrale, starre zeitliche Abstimmung von Prozessschritten vor allem im Bereich der Werkzeugfertigung Anwendung findet, ergibt sich für die auftragsspezifische, flexible zeitliche Abstimmung von Prozessschritten ein weitaus größeres Anwendungsfeld, das die Synchronisierung sämtlicher Bereiche der Werkzeugbau-Prozesskette sowie die Synchronisierung projektübergreifender Prozessstränge einschließt. Folgende Mechanismen zur zeitlichen Abstimmung von Prozessschritten lassen sich beispielhaft für die Gestaltung synchroner Wertschöpfungsprozesse im industriellen Werkzeugbau durch auftragsspezifische, flexible zeitliche Abstimmung von Prozessschritten anführen.

4. Meilensteinplanung

5. Netzplanung

Als häufigste Vertreter für die individuelle zeitliche Abstimmung nach vorgegebenem Ablaufmuster werden an dieser Stelle nur die Meilensteinplanung und die Netzplanung beschrieben.

Die **Meilensteinplanung** wird in der Auftragsabwicklung im Werkzeugbau für die Synchronisierung einzelner Prozessabschnitte zwischen den beteiligten Abteilungen auf Hauptprozessebene genutzt. Dabei basiert die Meilensteinplanung auf der auftragsneutralen Strukturierung des Werkzeugerstellungsprozesses und schafft durch klar definierte Termine für die Erreichung der einzelnen Meilensteine eine Grundlage für die zeitliche Abstimmung auf Ebene der Prozessschritte. Als Eingangsgröße für die Meilensteinplanung dient vorrangig der vorgesehene Aufwand auf Ebene einzelner Bereiche oder Technologien. Die Meilensteinplanung erfolgt somit auf Ebene der Grobplanung, durch die für die in den einzelnen Prozessabschnitten vorgenommene Feinplanung und Steuerung des Auftragsdurchlaufs ein ordnendes Gerüst geschaffen wird.

Die **Netzplanung** stellt eine Detaillierung der Meilensteinplanung auf Ebene der Feinplanung dar. Auch die Netzplanung erfolgt nach dem gleichen Muster wie die Meilensteinplanung, indem nach einem festen Muster und mit standardisierten Vorgabewerten auftragsspezifische Aufwendungen der Abschätzung der Dauer auf Prozessschrittebene und damit der Terminschiene des Auftragsdurchlaufs zugrunde gelegt werden. Eingangsgröße in die Netzplanung sind die detaillierten Aufwendungen für die hinterlegten Standardprozesse, die durch Abschätzung anhand von Standardvorgabewerten ein Termingerüst ergeben. Dieses wird dann innerhalb eines Prozessabschnitts für die Feinplanung und Feinsteuerung zugrunde gelegt.

Die **Anwendungsmöglichkeiten** der auftragsspezifischen, flexiblen zeitlichen Abstimmung von Prozessschritten sind vielfältig. Aufgrund der vorgesehenen Anpassung an die Eigenschaften des individuellen Auftrags bestehen geringe Anforderungen an die Homogenität des Auftragsspektrums und die Ähnlichkeit einzelner Prozessschritte hinsichtlich der Kapazitätsbedarfe. Zusätzlich ergeben sich weniger starre Anforderungen bezüglich des Abgleichs des Kapazitätsangebots mit den Kapazitätsbedarfen in einzelnen Prozessschritten. Deshalb ist die auftragsspezifische, flexible zeitliche Abstimmung auf die gesamte Prozesskette anwendbar. Aufgrund des individuellen Charakters reduziert sich jedoch auch der Steuerungsbedarf nicht in dem Maße, wie es z. B. für eine Taktung der Fall ist. Stattdessen ist es innerhalb jedes Meilensteinplans bzw. auf Ebene der Netzplanung für die zeitliche Abstimmung der Prozessschritte aufeinander notwendig, Abweichungen vom zeitlichen Soll-Prozessverlauf durch händische Steuerungseingriffe zu korrigieren und den in der festgelegten Terminschiene vorgesehenen Ablauf zu gewährleisten.

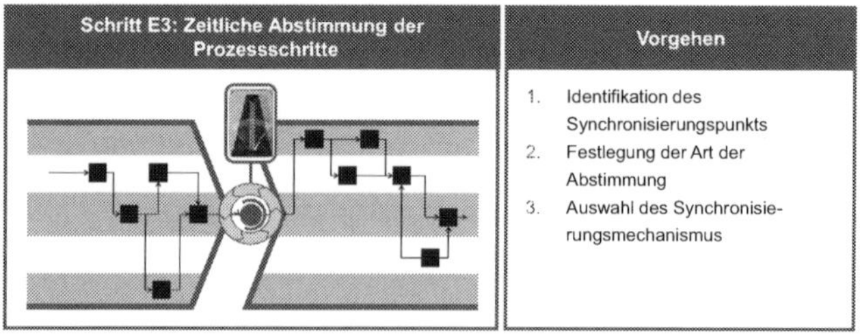

Abbildung 5-29: Vorgehen zur zeitlichen Abstimmung der Prozessschritte

Ausgangspunkt der zeitlichen Abstimmung der Prozessschritte, wie in Abbildung 5-29 dargestellt, ist die **Identifikation des Synchronisierungspunkts (1)** in Abhängigkeit von der zu realisierenden Synchronisierungsoption. Dieser Schritt erfolgt aufbauend auf dem in Abschnitt 5.2.2.2 abgeleiteten synchronen Prozessmodell für den Werkzeugbau. Anschließend erfolgt die **Festlegung der Art der Abstimmung (2)** entsprechend der Eigenschaften der Auftragsabwicklung durch eine kontextabhängige Analyse zentraler Rahmenbedingungen wie der Wiederholhäufigkeit auf Teileebene, der Planbarkeit der Prozesse sowie des Flexibilitätsbedarfs. Die **Auswahl des Synchronisierungsmechanismus (3)** erfolgt aufbauend auf der Festlegung der Art der Abstimmung durch Zuordnung entsprechend der im Rahmen dieses Abschnitts präsentierten Eigenschaften und Anwendungsmöglichkeiten der einzelnen Synchronisierungsmechanismen.

Eine Zusammenfassung der drei vorgestellten generischen Schritte zur Gestaltung synchroner Wertschöpfungsprozesse (E1-E3) ist als durchzuführendes Vorgehen im Rahmen von Schritt E der Methodik zur Synchronisierung der Auftragsabwicklung im industriellen Werkzeugbau in Abbildung 5-30 dargestellt.

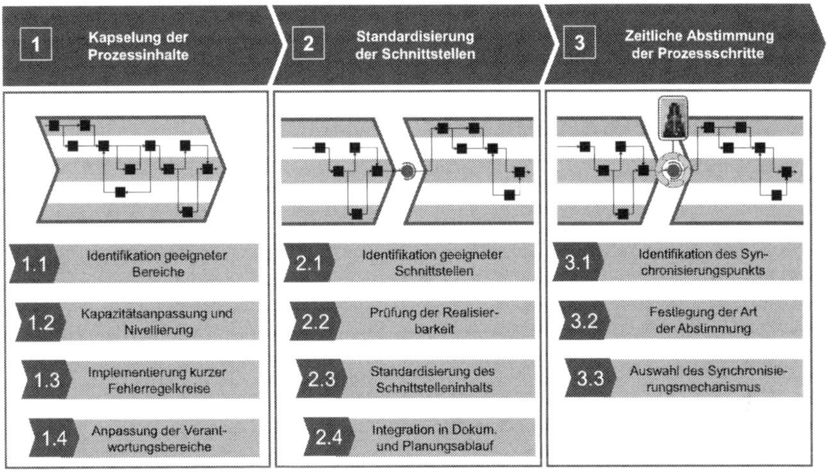

Abbildung 5-30: Vorgehen zur Gestaltung synchroner Wertschöpfungsprozesse

Das vorgestellte generische Vorgehen zur Kapselung von Prozessinhalten lässt sich auf sämtliche Prozessabschnitte des Auftragsabwicklungsprozesses typunabhängig anwenden. Für die einzelnen Prozessbereiche ist die kontextabhängige Ausgestaltung der einzelnen Vorgehensschritte erforderlich, um die Gestaltung synchroner Wertschöpfungsprozesse vorzunehmen. Eine Typabhängigkeit im Rahmen der Synchronisierung besteht vor allem deshalb, weil die Kapselung einzelner Prozessschritte für die Synchronisierung der Wertschöpfungsprozesse der Auftragsabwicklung typabhängig von unterschiedlicher Bedeutung ist.

Ergebnis:

Das Ergebnis der ersten beiden vorgestellten Teilschritte (E1, E2) des Vorgehens ist die auftragsneutrale Durchführung einzelner an der Auftragsabwicklung beteiligter Prozessschritte trotz ihres für die Auftragsabwicklung im Werkzeugbau charakteristischen auftragsspezifischen Inhalts. Als Ergebnis des abschließenden Teilschritts (E3) wird der Durchführung unter Berücksichtigung der charakteristischen Eigenschaften der Auftragsabwicklung ein geeigneter Synchronisierungsmechanismus zugeordnet. Das Ergebnis von Methodikschritt E der Methodik ist insgesamt die Gestaltung synchroner Wertschöpfungsprozesse. Die Ergebnisse der Durchführung des vorgestellten Vorgehens lassen sich wie folgt zusammenfassen:

- Komplexitätsreduktion durch inhaltliche und zeitliche Kapselung von Prozessschritten zur Vermeidung von Abhängigkeiten
- Erhöhung der Prozessstabilität durch Kapselung von Prozessstörungen, erhöhte Transparenz, kurze Regelkreise, Prozessidentifikation und Selbstheilung
- Komplexitätsreduktion durch auftragsneutrale Abläufe trotz auftragsspezifischer Anforderungen an Fertigungsfolgen, etc.
- Verringerung der Planungs- und Steuerungskomplexität durch reduzierte Abhängigkeiten zwischen Prozessschritten sowie auftragsneutrale Abläufe
- Zuordnung eines geeigneten Synchronisierungsmechanismus unter Berücksichtigung der Eigenschaften der Auftragsabwicklung im Prozessabschnitt

5.2.4 Schritt F: Performancemessung synchroner Auftragsabwicklung

Der abschließende vierte Schritt der Gestaltungsphase der Methodik besteht in dem Aufbau einer kennzahlengestützten Performancemessung zur kontinuierlichen Bewertung der Prozessleistungsfähigkeit synchroner Auftragsabwicklung im industriellen Werkzeugbau. Aufbauend auf den zuvor erzielten Ergebnissen der einzelnen Methodikschritte ist es Ziel des Prozesscontrollings, die Steuerbarkeit der synchronen Wertschöpfungsprozesse zu leisten, um Umsetzung und Weiterentwicklung der Synchronisierung zu unterstützen. Hierzu wird ein Modell für ein Performance Measurement System vorgestellt. Anschließend wird eine Kennzahlenlogik für den synchronen Werkzeugbau ergänzt.

5.2.4.1 Grundlagen des Vorgehens

Das **Controlling** ist eine wissenschaftliche Disziplin der Betriebswirtschaftslehre, die ihren Ursprung in der Unternehmenspraxis hat.[692] Im Zusammenwirken von Praxis und Wissenschaft sind zahlreiche Controllingkonzeptionen entstanden, die den Begriff „Controlling" definieren und ihren Inhalt abgrenzen.[693] Ein einheitliches Verständnis existiert jedoch nicht.[694] Konzeptionsübergreifend wird der Schwerpunkt des Controllings allgemein in der Führungsunterstützungsfunktion zur Ausrichtung von Führungsaktivitäten auf die Unternehmensziele gesehen.[695] Die Sicherung und Erhaltung der Koordinations-, Reaktions- und Adaptionsfähigkeit der Unternehmensführung stellt das leitende Paradigma dar. Dieser Auffassung fol-

[692] Vgl. Brühl, R. (Controlling) 2009, S. 12ff.
[693] Vgl. Horvath, P. (Controlling) 2008, S. 133ff.
[694] Vgl. Friedl, B. (Controlling) 2003, S. 1; Kosmider, A. (Controlling im Mittelstand) 1991, S. 7; Pietsch, G. (Reflexionsorientiertes Controlling) 2003, S. 5; Berens, W./Schmitting, W. (Controlling) 2004, S. 55.
[695] Vgl. Küpper, H. U./Weber, J. et al. (Controlling) 1990, S. 283; Reichmann, T. (Controlling) 2006, S. 1.

gend bestehen die allgemeinen Controllingfunktionen in der Planung, Kontrolle und Informationsbereitstellung.[696]

Performance Measurement ist dem deutschen Controllingverständnis zuzuschlagen. Der Aufbau eines Performance Measurement Systems dient der Leistungsmessung und bildet die Grundlage der Unternehmensplanung und -steuerung.[697] Es bezeichnet die Entwicklung und den Einsatz von quantifizierbaren Messgrößen in unterschiedlichen Erfolgsdimensionen wie Kosten, Qualität, Zeit und Kundenzufriedenheit zur monetären sowie nicht monetären Unternehmensbeurteilung.[698] Als Grundlage für den Aufbau eines Performance Measurement Systems für einen synchronen Werkzeugbau können die in Unterkapitel 3.2 formulierten allgemeinen Anforderungen an die Methodik herangezogen werden. Die sich ergebenden Anforderungen können als Verknüpfung mit dem Zielsystem, Ausgewogenheit, Prozessorientierung, Klarheit und Prägnanz sowie Flexibilität zusammengefasst werden.

Das charakteristische **Zielsystem** der Auftragsabwicklung im Werkzeugbau wurde in Teilkapitel 2.2.5 beschrieben. Zu den übergeordneten Zielgrößen zählen die Effizienz, Schnelligkeit und Zuverlässigkeit. Diese gilt es mit Hilfe des Performance Measurement Systems zu adressieren. Die **Ausgewogenheit** fokussiert auf zuverlässige Unternehmensprognosen[699], die Berücksichtigung finanzieller und nicht finanzieller Indikatoren[700] sowie eine interne und externe Performanceermittlung zur strategischen Positionierung[701]. Die Anforderung der **Prozessorientierung** resultiert aus der Möglichkeit, die Effektivität und Effizienz von Unternehmensprozessen mit Prozesskennzahlen zu messen und zu bewerten. Ein **klares und prägnantes** Performance Measurement System führt zu einem strukturierten Aufbau und einer eindeutigen Auswahl an Kennzahlen. Diese bilden die Grundlage für Prognosen und Entscheidungen.[702] Abschließend dient die **Flexibilität** dazu, das Performance Measurement System kontinuierlich an die unternehmensinternen und -externen Entwicklungen anzupassen und bei Veränderungen der Rahmenbedingungen Handlungsoptionen aufzuzeigen.[703]

Das im Rahmen der Methodik für die Synchronisierung der Auftragsabwicklung im industriellen Werkzeugbau zugrunde gelegte Modell für ein Performance Measuring System orientiert sich an dem Ansatz des „Process Performance Measurement Systems" nach KÜNG. Dieses Konzept unterstützt den Aufbau und die Umsetzung einer prozessorientierten Organisation im Unternehmen[704] und ist dadurch für die Anwendung geeignet.

---

696 Vgl. Schierenbeck, H./Lister, M. (Value Controlling) 2003, S. 153; Weber, J./Schäffer, U. (Einführung in das Controlling) 2006, S. 32f.
697 Vgl. Horvath, P. (Controlling) 2002, S. 578.
698 Vgl. Gleich, R. (Das System des Performance Measurement) 2001, S. 11f.; Richert, J. (Performance Measurement in Supply Chains) 2006, S. 26.
699 Vgl. Horvath, P. (Neuorientierung des Controlling) 1995, S. 1ff.
700 Vgl. Kaplan, R./Norton, D. (The balanced scorecard) 1996, S. 10.
701 Vgl. Lynch, R./Cross, K. (Measure up) 1995, S. 6; Neely, A. (Business performance measurement) 2007, S. 6.
702 Vgl. Neely, A. (Performance measurement system design) 2000, S. 35.
703 Vgl. Krause, O. (Performance Management) 2006, S. 72.
704 Vgl. Küng, P. (Process performance measurement system) 2000, S. 68f.

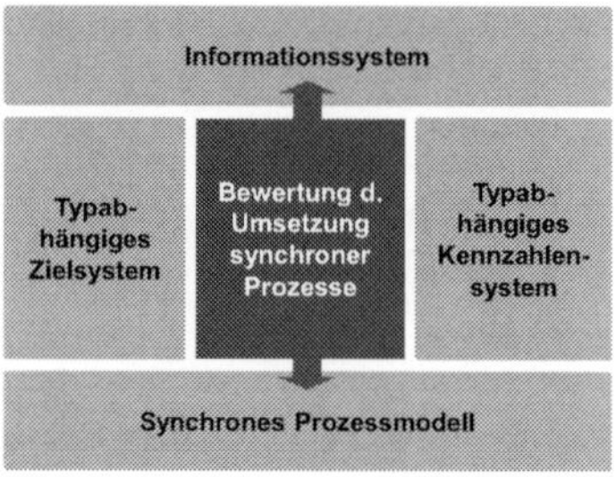

Abbildung 5-31: Performance Measuring System für die Synchronisierung

Der Aufbau des Performance Measuring Systems für den synchronen Werkzeugbau ist in Abbildung 5-31 dargestellt. Das im Folgenden vorgestellte Vorgehen zum Aufbau eines Performance Measuring Systems orientiert sich an der dargestellten Struktur.

Prozesse sind fortlaufend und wiederholen sich. Sie wandeln durch eine Abfolge von vorgegebenen Schritten Eingaben in Ergebnisse um. Dagegen sind Projekte neuartige, zeitlich begrenzte, bereichsübergreifende, komplexe Vorhaben. Der kundenindividuelle Auftrag in der Einzel- und Kleinserienfertigung ist demnach eindeutig als Projekt zu charakterisieren. Für die Performancemessung synchroner Prozesse ist es jedoch von entscheidender Bedeutung, dass die prozessorientierte Projektstruktur in den Vordergrund gestellt wird, um eine projektübergreifende Vergleichbarkeit zu gewährleisten. HORN versteht Prozesse und ihre Beschreibung als Repräsentanten für das Know-how des Projektmanagements. Durch die Prozessorientierung in der Auftragsabwicklung der Einzel- und Kleinserienfertigung kann einerseits die Leistungsfähigkeit von Prozessen verglichen werden, andererseits vorhandenes Know-how gesichert und wiederverwertet werden.[705] Dadurch werden projektübergreifend Lerneffekte erzielt und zukunftsorientierte Einschätzungen über den Projekterfolg ermöglicht. Wesentlich für die Auftragsabwicklung in der Einzel- und Kleinserienfertigung ist der Aspekt, dass prozessorientiertes Projektmanagement die Steuerung und Kontrolle der Auftragsabwicklung vereinfacht, da die Leistungen definierter Prozesse besser gemessen werden können. Beide Faktoren stellen somit zentrale Erfolgsfaktoren für die Umsetzung und Weiterentwicklung einer synchronen Auftragsabwicklung im industriellen Werkzeugbau dar, die durch ein Performance Measurement System zu unterstützen ist.

5.2.4.2 Vorgehen zur Performancemessung synchroner Auftragsabwicklung

Grundlage für den Aufbau eines Performance Measuring Systems ist das in Methodikschritt D abgeleitete synchrone Prozessmodell für den Werkzeugbau, um die Prozessorientierung zu sichern. Die daraus resultierende Strukturierung der Auftragsabwicklung sowie die Modellierung der Prozesse bilden die Grundlage für das zu entwickelnde Kennzahlensystem. Das Vorgehen zur Performancemessung synchroner Auftragsabwicklung ist in Abbildung 5-32 dargestellt.

[705] Vgl. Horn, S. (Modellierung und Steuerung) 2003, S. 24 f.

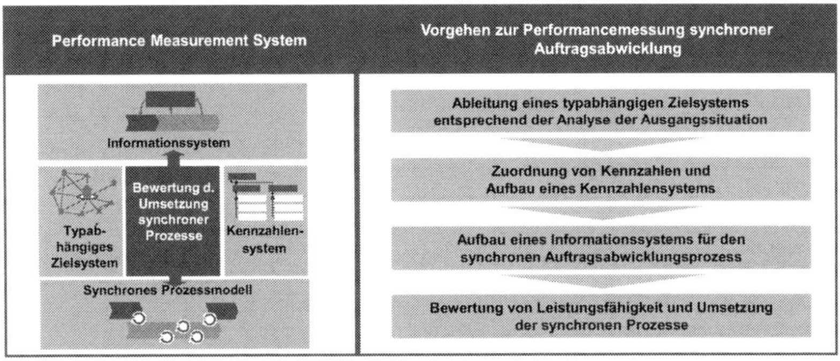

Abbildung 5-32: Vorgehen zur Performancemessung synchroner Auftragsabwicklung

Der **Schritt 1** des Vorgehens zur Performancemessung synchroner Auftragsabwicklung besteht in der **Ableitung eines typabhängigen Zielsystems**. Hierfür sind die während der Basisphase der Methodik erarbeiteten Grundlagen der Analyse der Ausgangssituation (Schritt A) sowie der Typisierung (Schritt B) heranzuziehen. Zweck des Zielsystems ist es, Prozessziele bereitzustellen, aus denen sich Soll-Werte für Prozesskennzahlen ableiten lassen. Für die Bewertung der Leistungsfähigkeit ist ein spezifisches Zielsystem somit eine Grundlage, um die Umsetzung der Synchronisierung zu fördern und eine Prozesssteuerung zu ermöglichen. Das im Rahmen dieser Arbeit in Teilkapitel 2.2.5 eingeführte Zielsystem für die Bewertung der Prozessleistungsfähigkeit nach GOTTSCHALK besteht aus Effizienz, Schnelligkeit und Zuverlässigkeit.[706] Geringe Kosten, hohe Produktivität und Auslastung vorhandener Ressourcen sind charakteristische Merkmale für die Bewertung der Effizienz der Auftragsabwicklung. Die Zielgröße Schnelligkeit spiegelt sich hauptsächlich in einer minimalen Lieferzeit wider. Hohe Produktqualität, maximale Termintreue und auch die Erfüllung der Liefermenge sind schließlich die wichtigsten Teilziele der Prozesszuverlässigkeit und damit einer effektiven Auftragsabwicklung in der Einzel- und Kleinserienfertigung.

Für **Schritt 2** des Vorgehens stellt die Ableitung eines typabhängigen Zielsystems eine wichtige Grundlage dar. Für den **Aufbau eines Kennzahlensystems** werden den identifizierten Einzelzielen spezifische Kennzahlen zugeordnet und anschließend aggregiert. Ein eindeutig definiertes Kennzahlensystem fördert demnach die Klarheit und Prägnanz des Performance Measurement Systems. Es stellt die objektive und reproduzierbare Bewertungsgrundlage sicher, anhand derer Maßnahmen und Entscheidungen getroffen werden. Als Teil des Kennzahlensystems ist innerhalb eines Performance Measuring Systems ein Messsystem zu entwickeln, welches die zielgerichtete Informationsbeschaffung steuert. Das Messsystem legt fest, wann welche relevanten Parameter an welcher Stelle durch wen gemessen werden. Die gesammelten Rohdaten werden darauf folgend in einem ersten Schritt zu Prozesskennzahlen ausgewertet und danach zu einem ganzheitlichen, prozessübergreifenden Kennzahlensystem verdichtet. Für das zu entwickelnde Kennzahlensystem ergibt sich die Anforderung, die Prozessleistungsfähigkeit vor dem Hintergrund der Potenziale einer Synchronisierung unter Berücksichtigung der charakteristischen Komplexität und Varianz des Auftragsabwicklungsprozesses zu operationalisieren und abzubilden. Dazu lassen sich übergeordnete KPIs als Grundlage für die Messung einer Prozessleistung und zur Beurtei-

[706] Vgl. Gottschalk, S. F. (Dedicated Flexibility) 2006, S. 174.

lung von Prozesseffektivität und Prozesseffizienz einführen. Ein generisches Kennzahlensystem mit KPIs für synchrone Wertschöpfungsprozesse der Auftragsabwicklung im Werkzeugbau ist in Abbildung 5-33 dargestellt.

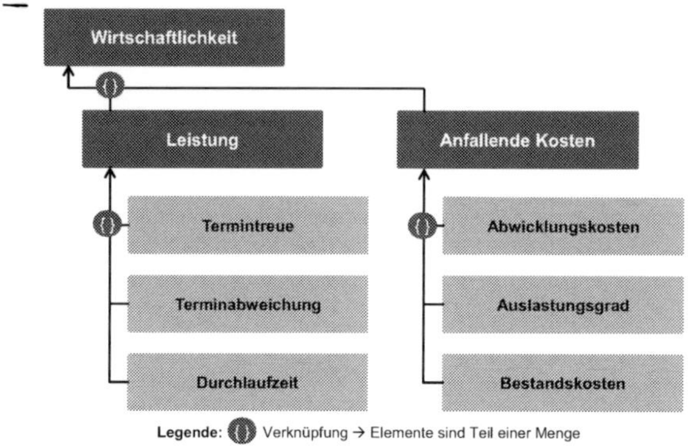

Abbildung 5-33: Generisches Kennzahlensystem für synchrone Prozesse[707]

Als anschließender **Schritt 3** des Aufbaus eines Performance Measuring Systems zur Performancemessung synchroner Auftragsabwicklung ist die **Gestaltung eines Informationssystems** vorgesehen. Dieses lässt schließlich eine detaillierte Aussage über die Leistungsfähigkeit der synchronen Prozesse und ihrer Bestandteile zu und zeigt die vorhandenen Defizite auf. Das Informationssystem ist darüber hinaus für einen Abgleich des zugrunde gelegten Zielsystems mit deren Erfüllungsgrad, der anhand der Soll- und Ist-Werte der Kennzahlen bewertet wird, vorzusehen. Ein weiteres Ziel des Informationssystems ist die Informationsverdichtung. Unter dem Begriff „Informationsverdichtung" wird die Aufgabe des Informationssystems verstanden, gesammelte Daten zielgerichtet und anforderungsspezifisch aufzuarbeiten. Zu den zur Verfügung stehenden Informationsquellen gehören die Daten aus dem Kennzahlensystem, aber auch die Daten, die an anderer Stelle im Unternehmen gesammelt und gespeichert werden. Hierzu ist es erforderlich, alle Stellen, an denen Daten im Unternehmen gespeichert und gepflegt werden, zu dokumentieren. Die Hauptaufgabe eines Informationssystems liegt in der Kommunikation der vorhandenen Informationen an die handelnden Personen.

Schritt 4 des Vorgehens sieht die **Bewertung der Leistungsfähigkeit** sowie der Umsetzung der Synchronisierung der Auftragsabwicklung vor, die als Teil der operativen Führung des Werkzeugbaus kontinuierlich erfolgen muss. Die Bewertung des Prozesses basiert auf dem Vergleich von Soll-Zustand, definiert im Zielsystem, und Ist-Zustand, dokumentiert im Kennzahlensystem. Abweichungen der vorgesehenen von der analysierten Leistungsfähigkeit bilden den Ausgangspunkt, um Teilschritte der Methodik zu wiederholen oder das Zielsystem anzupassen.

Aus dem modularen Aufbau des vorgestellten Performance Measuring Systems ergibt sich die Möglichkeit der Optimierung und Neugestaltung dieses Instruments zur Steuerung und

[707] Vgl. Lödding, H. (Fertigungssteuerung) 2005, S. 29ff.; Nyhuis, P./Wiendahl, H. P. (Logistische Kennlinien) 2003, S. 24; Reichmann, T. (Controlling) 2006, S. 427ff.; Werner, H. (Supply Chain Management) 2010, S. 325; Schönsleben, P. (Integrales Logistikmanagement) 2007, S. 29ff.

Überwachung der Leistungsfähigkeit der Auftragsabwicklung im Werkzeugbau. Dadurch weist die Performancemessung die geforderte Flexibilität auf, um es auf die jeweils gegebene Unternehmenssituation anpassen zu können. Zudem lässt es sich in ein bereits bestehendes Netz von Steuerungs- und Informationssystemen eingliedern und hilft im Unternehmen vorhandene Informationen zielgerichtet weiterzuverwenden.

Ergebnis:

Das entwickelte Controllingsystem stellt als Ergebnis von Schritt F den erforderlichen Rahmen für Werkzeugbaubetriebe dar, um die synchrone Auftragsabwicklung durchzusetzen und die systematische Überwachung und Steuerung der Prozesse zu ermöglichen. Ebenfalls eignet es sich als Grundlage zur Kontrolle des Umsetzungsgrades der Synchronisierung und zum Feststellen des Prozessreifegrades im Rahmen eines Prozessaudits. Weiter weist es die notwendige Flexibilität auf, sich an unternehmensspezifische Bedingungen anzupassen. Eine eindeutige Abgrenzung der vier Schritte ist in der praktischen Anwendung an vielen Stellen, aufgrund vorhandener Überschneidungen innerhalb der vier Handlungsfelder, nicht möglich.

5.3 Integration der Methodikbausteine

In den vorangegangenen Unterkapiteln ist das Vorgehen der Methodik zur Synchronisierung der Auftragsabwicklung im industriellen Werkzeugbau hergeleitet und detailliert worden. Durch die abschließende Erläuterung der Schnittstellen und Zusammenhänge zwischen den einzelnen Methodikbausteinen entsteht eine integrierte Methodik, die in der betrieblichen Praxis geschlossen und zielgerichtet angewendet werden kann.

In der **Basisphase** (vgl. Unterkapitel 5.1) erfolgt zunächst eine Analyse der Zielstellungen und Rahmenbedingungen für eine Synchronisierung sowie die Einordnung des Anforderungsprofils der Auftragsabwicklung in eine erarbeitete Typologie anhand von identifizierten Schlüsselkriterien für die Synchronisierungsgestaltung. Auf dieser Grundlage werden typabhängige Synchronisierungsvoraussetzungen für den jeweiligen Werkzeugbau identifiziert.

Schritt A enthält die Analyse der Ausgangssituation in Bezug auf die unternehmerischen Rahmenbedingungen sowie die relevanten Eigenschaften der Auftragsabwicklung für eine Synchronisierung.

In **Schritt B**, der Prozesstypisierung der Auftragsabwicklung des Werkzeugbaus, erfolgt die Einordnung in ein Portfolio anhand der beiden Parameter Ähnlichkeitsgrad des Werkzeugspektrums und Planbarkeit des Auftragsspektrums.

Die Zuordnung von Synchronisierungsoptionen zum Prozessmodell der Auftragsabwicklung entsprechend der identifizierten Synchronisierungsvoraussetzungen stellt den Ausgangspunkt der **Gestaltungsphase** (vgl. Unterkapitel 5.2) der Methodik dar.

Die beiden Schritte der Basisphase schaffen gemeinsam eine Voraussetzung für eine Synchronisierung der Auftragsabwicklung unter Berücksichtigung der unternehmensspezifischen Rahmenbedingungen der Wertschöpfung. Dadurch ist ein wesentlicher Faktor für eine erfolgreiche Umsetzung erfüllt.

Die anschließende Gestaltungsphase enthält vier Schritte, die der Modellierung der Ist-Prozesse, der typabhängigen Gestaltung synchroner Soll-Prozesse sowie der Umsetzungsunterstützung dienen. Beginnend mit **Schritt C** wird eine Modellierung der Ist-Prozesse vorgenommen

Im anschließenden **Schritt D** erfolgt die typabhängige Ableitung eines synchronen Prozessmodells als Zielbild der Prozessgestaltung. Entsprechend der sich für die in Methodikschritt B identifizierten Typen ergebenden Synchronisierungsvoraussetzungen ermöglicht das Vorgehen dem Werkzeugbau, Synchronisierungsvoraussetzungen entlang der Prozesskette zuzuordnen.

Aufbauend auf Schritt D präsentiert **Schritt E** der Methodik ein generisches Vorgehen zur Gestaltung synchroner Wertschöpfungsprozesse zur Umsetzung des synchronen Prozessmodells. Während die generischen Schritte zur Prozessgestaltung typunabhängig angewendet werden können, ergibt sich entsprechend der Eigenschaften der Auftragsabwicklung eine kontextabhängige Ausgestaltung des Vorgehens. Dieses wird durch die Hinweise unterstützt.

Schritt F dient der Umsetzungsunterstützung der Einführung der Synchronisierung sowie der kontinuierlichen Weiterentwicklung der Leistungsfähigkeit der Prozesse. Dazu wird ein Vorgehen zur Performancemessung synchroner Auftragsabwicklungsprozesse vorgestellt, das den Aufbau eines Performance Measuring Systems enthält. Die Ableitung eines typabhängigen Kennzahlensystems und der Abgleich mit dem in der Basisphase ermittelten Zielsystem des Werkzeugbauunternehmens wird ermöglicht.

Abschließend wird eine typabhängige Performancemessung für die synchrone Auftragsabwicklung vorgestellt, die die Quantifizierung der Synchronisierungserfolge ermöglicht, die Umsetzung unterstützt und gleichzeitig den Ausgangspunkt für eine fortlaufende Optimierung darstellt.

6 Fallbeispiele

Im sechsten Kapitel erfolgt die Überprüfung der entwickelten Methodik zur Synchronisierung der Auftragsabwicklung im industriellen Werkzeugbau im Anwendungszusammenhang anhand von drei Fallbeispielen. Es handelt sich dabei um den letzten Schritt des mit dem ersten Kapitel eingeschlagenen Forschungsprozesses nach ULRICH, der zur logischen Strukturierung des Vorgehens innerhalb der vorliegenden Arbeit herangezogen wurde und in deren Aufbau Entsprechung findet. Der Forschungsprozess nach ULRICH startete mit der Identifizierung einer Problemstellung aus der Praxis und ist mit einer Validierung der Ergebnisse in der Praxis zu beenden.[708]

Als zentrale Anforderung an die Methodik wurde die Berücksichtigung der Heterogenität der Branche Werkzeugbau im Vorfeld zu deren Entwicklung formuliert und eine Differenziertheit gegenüber den unterschiedlichen Synchronisierungsvoraussetzungen gefordert. Deshalb erfolgt die Validierung der Methodik anhand von drei Anwendungsbeispielen bei den Firmen GIRA Giersiepen GmbH, Kirchhoff Automotive Deutschland GmbH und der BSH Bosch und Siemens Hausgeräte GmbH, die sich hinsichtlich ihrer Voraussetzungen zur Synchronisierung der Auftragsabwicklung unterscheiden. Zwar wurde die Methodik in jedem der Anwendungsbeispiele vollständig angewendet, jedoch werden für die nachfolgende Beschreibung Schwerpunkte gesetzt, um eine vollständige Übersicht zu bieten. (Abbildung 6-1)

Methodikschritt / Fallbeispiel	Schritt A	Schritt B	Schritt C	Schritt D	Schritt E	Schritt F
	Analyse der Rahmenbedingungen	Prozesstypisierung	Prozessmodellierung	Synchrones Prozessmodell	Gestaltung synchroner Prozesse	Performance Messung
GIRA Giersiepen GmbH	●	●	○	●	○	○
Kirchhoff Automotive Deutschland GmbH	○	○	●	○	●	○
BSH Bosch und Siemens Hausgeräte GmbH	○	●	○	●	○	●

Abbildung 6-1: Schwerpunkte der jeweiligen Ausführung der drei Fallbeispiele

Die in den folgenden Unterkapiteln vorgestellten Fallbeispiele entstanden bei Anwendungen der Methodik im Rahmen von Industrieforschungsprojekten bei den angeführten Unternehmen während der Jahre 2009, 2010 und 2011. Als Teil der nachfolgenden Beschreibung wird zunächst ein Kurzüberblick über die Unternehmenssituation gegeben. Anschließend wird die Anwendung der Methodik beschrieben und ein Fazit gezogen. Das Kapitel 6 endet mit einer kritischen Reflexion der Ergebnisse der Praxisanwendung der Methodik.

6.1 Fallbeispiel I: GIRA Giersiepen GmbH

Das im Folgenden beschriebene Fallbeispiel stellt die Anwendung der Methodik auf die Auftragsabwicklung des internen Werkzeugbaus der Firma GIRA Giersiepen GmbH dar. Die Darstellung der Anwendung der Methodik konzentriert sich auf die Schritte A und B, in denen die Positionierung des Werkzeugbaus detailliert beschrieben werden und eine Einord-

[708] I. A. a. Ulrich (Management) 1984.

nung in die Prozesstypisierung zur Ermittlung des Synchronisierungstyps erfolgt, sowie die Schritte D und E mit einem Fokus auf die Gestaltung synchroner Wertschöpfungsprozesse vor dem Hintergrund der aus den unternehmerischen Rahmenbedingungen abgeleiteten Herausforderungen. Die Anwendung der Methodik erfolgte im Rahmen des gemeinsamen Industrieprojekts „Soll-Konzeption einer transparenten Fertigungssteuerung im Werkzeugbau" im Jahr 2009/2010.

6.1.1 Unternehmenssituation

Das im Jahr 1905 gegründete Unternehmen GIRA Giersiepen GmbH (nachfolgend GIRA) ist mit ca. 900 Mitarbeitern der führende Systemanbieter im Bereich moderner Elektroinstallationen. Hierfür wird ein breites Spektrum an intelligenter Gebäudetechnik für Komfort und Sicherheit angeboten. Dazu gehören sowohl Geräte für die Vernetzung der Haustechnik, Musiksteuerung für alle Räume, umfassende Schalterprogramme, als auch zahlreiche Funktionen für Türkommunikation, Energie und Licht im Außenbereich. Zusätzlich zum Kerngeschäft der Gebäudetechnik existiert seit 2003 das Geschäftsfeld Kunststofftechnik, dessen Angebot auf die Entwicklung und Produktion von einzelnen Komponenten, komplexen Baugruppen und Systemprodukten für anspruchsvolle medizinische Produkte fokussiert.

Der Werkzeugbau unterstützt die Produktion durch die Bereitstellung von produktionsgerechten Werkzeugen und Vorrichtungen. Dabei übernimmt der Werkzeugbau die Gesamtverantwortung für die Werkzeugversorgung der Serienfertigung. Dies schließt neben den intern gefertigten Werkzeugen diejenigen Werkzeuge mit ein, die national wie international bei externen Werkzeugbaupartnern zugekauft werden. Zur Erfüllung dieser anspruchsvollen Aufgabe existiert im Werkzeugbau eine Projektmanagementabteilung, deren Aufgabe die Koordination der internen wie externen Werkzeugfertigung ist, um eine wettbewerbsfähige Werkzeugversorgung zum benötigten Zeitpunkt in der erforderlichen Qualität zu realisieren.

6.1.2 Anwendung der Methodik

Im **ersten Schritt A** der Methodik erfolgte zunächst die **Analyse der Ausgangssituation** für eine Synchronisierung. Diese besteht aus den beiden Elementen Analyse der unternehmerischen Rahmenbedingungen (A.1) sowie Analyse der Eigenschaften der Auftragsabwicklung (A.2), deren Durchführung im Folgenden separat vorgestellt wird. Als Ergebnis wurde das Anforderungsprofil für die Synchronisierung der Wertschöpfungsprozesse identifiziert, das die Basis für die nachfolgenden Schritte der Methodik liefert.

Für die in **Schritt (A.1)** der Methodik durchzuführende **Analyse der unternehmerischen Rahmenbedingungen** wurde das verkürzte Strategie Audit angewendet. Die *strategische Ausrichtung* des GIRA Werkzeugbaus fokussiert auf die Sicherstellung der kurzfristigen Werkzeugverfügbarkeit anspruchsvoller Formen für die Spritzgussfertigung der beiden Geschäftsbereiche Gebäudetechnik und Kunststofftechnik zu wettbewerbsfähigen Kosten. Neben der Komplexitätsreduktion für den Kunden durch die umfassende Übernahme der Werkzeugversorgungsverantwortung wurden die frühe Integration in den Kundenprozess während der Bauteilentwicklung sowie die Schnelligkeit und Zuverlässigkeit der Werkzeugherstellung als zentrale Kundennutzenpotenziale identifiziert, die im Werkzeugbau gezielt durch die Ausrichtung der strategischen Erfolgspotenziale (SEPs) auf den Aufbau entsprechender Kompetenzen und Fähigkeiten adressiert werden. Das *Leistungsspektrum* des Werkzeugbaus umfasst durch die Übernahme der Werkzeugversorgungsverantwortung neben der eigentlichen Werkzeugherstellung ebenfalls ein breites Dienstleistungsangebot, das dem internen Kunden zur Verfügung gestellt wird. Dies beinhaltet einerseits Beratungsleistungen für die Produktentwicklung, mit denen die optimale Fertigbarkeit des Bauteils zu einer frühen Phase im Entwicklungsprozess gesichert wird. Andererseits werden zusätzliche Dienstleistungen, wie die Wartung und Instandhaltung von Werkzeugen sowie die Optimierung von Werkzeugen während deren Nutzung, zusätzlich vom Werkzeugbau unterstützt.

Die Übernahme der Werkzeugversorgungsverantwortung spiegelt sich ebenfalls in der *Wertschöpfungsgestaltung* wider. Dort wurde der Fokus auf eine niedrige eigene Wertschöpfungsquote gelegt, mit dem Ziel, schwankende Werkzeugbedarfe durch die gezielte Integration externer Lieferumfänge nationaler wie auch internationaler Zulieferer auszugleichen und eine schnelle, zuverlässige und wirtschaftliche Werkzeugversorgung zu realisieren. Die Notwendigkeit dafür ergibt sich einerseits aus dem zeitlich und qualitativ stark schwankenden Werkzeugbedarf des Mutterunternehmens. Andererseits ergibt sich aus der Forderung nach Wettbewerbsfähigkeit die Anforderung, Wertschöpfungsumfänge aus sogenannten Niedriglohnländern in das eigene Angebot zu integrieren, um für ein aus mehreren Werkzeugen bestehendes Werkzeugpaket insgesamt einen attraktiven Preis anbieten zu können. Die Wertschöpfungsprozesse im internen Werkzeugbau der Firma GIRA sind deshalb konsequent auf die Integration externer Leistungsumfänge, von der Fremdbearbeitung über die Werkzeugkomponente bis hin zur Intgration von ganzen Werkzeugen, ausgelegt.

Im Rahmen der in **Schritt (A.2)** der Methodik vorgesehenen **Analyse der Eigenschaften der Auftragsabwicklung** wurde zunächst die vorhandene *Ähnlichkeit im Produktspektrum* untersucht. Die Werkzeugfertigung des internen Werkzeugbaus umfasst ausschließlich Spritzgussformen, die sich den Geschäftsfeldern Gebäudetechnik und Kunststofftechnik zuordnen lassen. Als Gemeinsamkeit zeichnen sich die hergestellten Werkzeuge durch hohe Oberflächenanforderungen und Genauigkeiten aus, die anspruchsvolle Werkzeugkonzepte voraussetzen. Hinsichtlich der Ähnlichkeit im Produktspektrum unterscheiden sich die Werkzeuge in den beiden Geschäftsfeldern stark. Während im Geschäftsfeld Gebäudetechnik Standardisierungs- und Modularisierungsansätze konsequent zur Steigerung der Selbstähnlichkeit der Werkzeuge sowie zur Schaffung von Wiederholhäufigkeit genutzt werden, sind die Standardisierungsmöglichkeiten im Geschäftsfeld Kunststofftechnik beschränkt. Dies ist darauf zurückzuführen, dass die Werkzeugherstellung für das Geschäftsfeld Kunststofftechnik stark von den Vorgaben, Standards und Richtlinien des externen Bauteilkunden erfolgen muss. Die eigenen Standards können deshalb nur dort realisiert werden, wo kein Konflikt zu den vertraglich fixierten Vorgaben existiert. In Summe ergab die Analyse dadurch für den GIRA Werkzeugbau durch das große Produktspektrum und die eingeschränkten Standardisierungsmöglichkeiten einen insgesamt niedrigen Ähnlichkeitsgrad von 3,5. (Abbildung 6-2)

Maßeklasse [mm]	< 250 x250	< 500 x500	< 1000 x1000	< 2000 x1000	> 2000 x1000	Anzahl Klassen
Im Produktprogramm? [ja/nein]	X	X	X	X		4

Masseklasse [kg]	< 100	< 500	< 1000	< 5000	> 5000	Anzahl Klassen
Im Produktprogramm? [ja/nein]		X	X	X		3

Abbildung 6-2: Schritt A – Analyse des Werkzeugspektrums, GIRA WZB

Für die Analyse des Auftragsspektrums wurden planbare und unplanbare Auftragsarten zunächst unterschieden und anschließend hinsichtlich ihres Kostenanteils an den Gesamtkosten analysiert, um den Grad der Planbarkeit zu bestimmen. Mit einem Kostenanteil der Neuwerkzeugfertigung am gesamten Auftragsvolumen von ca. 75% zeichnet sich der interne Werkzeugbau der Firma GIRA gegenüber anderen internen Werkzeugbaubetrieben durch einen hohen Anteil planbarer Aufträge aus. Dabei wurden Optimierungen und Änderungen von Werkzeugen, die nur in geringem Maße auftreten, ebenfalls zu den geplanten Auftragsarten gezählt. Der Anteil von ungeplanten Reparaturen und Wartungen ist hingegen mit ca. 13% als verhältnismäßig gering anzusehen. Durch den hohen Anteil geplanter Aufträge ergab sich als Ergebnis der Analyse für das Auftragsspektrum mit einem Wert von 87% ein insgesamt hoher Planbarkeitsgrad. (Abbildung 6-3)

Auftragsart	Neu-aufträge	Änderungs-aufträge	Reparatur-aufträge	Wartungs-aufträge	Summe
Kosten [€]	xx	xx	xx	xx	xxx
Kostenanteil [%]	76%	11%	7%	6%	100

Abbildung 6-3: Schritt A – Analyse des Auftragsspektrums, GIRA WZB

Ergebnis von Schritt A sind die Synchronisierungsvoraussetzungen, die als Grundlage für die **Prozesstypisierung der Auftragsabwicklung** des Werkzeugbaus der Firma GIRA im Rahmen des zweiten Schritts der Basisphase, **Schritt B** genutzt wurden. Aus den beschriebenen Charakteristika der Auftragsabwicklung ergibt sich die Zuordnung zum Synchronisierungstyp I, der sich durch einen hohen Grad der Planbarkeit des Auftragsspektrums bei einer gleichzeitig verhältnismäßig geringen Ähnlichkeit im Werkzeugspektrum auszeichnet. (Abbildung 6-4)

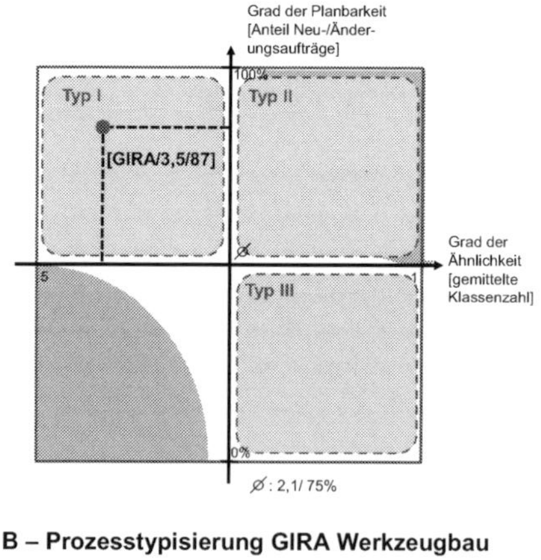

Abbildung 6-4: Schritt B – Prozesstypisierung GIRA Werkzeugbau

Neben dem internen Werkzeugbau der Firma GIRA lassen sich ebenfalls viele externe Werkzeugbaubetriebe diesem Prozesstyp zuordnen. Diese erreichen durch den hohen Anteil an Neuwerkzeugaufträgen einerseits eine hohe Planbarkeit des Auftragsspektrums, weisen jedoch durch die Forderung der Übernahme von Kundenstandards zumeist eine geringe Ähnlichkeit im Werkzeugspektrum und einen niedrigen Standardisierungsgrad auf.

Auf die in **Schritt C** vorgenommene Modellierung der Prozesslandschaft des internen Werkzeugbaus der Firma GIRA mit der Entwicklung des Prozessmodells der Auftragsabwicklung wird in diesem Praxisbeispiel nicht im Detail eingegangen.

Die in **Schritt D** vorgenommene **Soll-Konzeption des synchronen Prozessmodells** erfolgt auf der durch die Modellierung der Prozesslandschaft in Schritt C geschaffenen Grundlage. Die in der Basisphase der Methodik unter Berücksichtigung der unternehmerischen Rahmenbedingungen und der Eigenschaften der Auftragsabwicklung vorgenommene Prozesstypisierung der Auftragsabwicklung dient im Rahmen des zweiten Schritts der Gestaltungsphase der Methodik dazu, die relevanten Synchronisierungsoptionen zu identifizieren und zuzuordnen, um das synchrone Prozessmodell als Zielzustand der Synchronisierung der Wertschöpfungsprozesse abzuleiten, anhand derer die Soll-Prozessgestaltung erfolgt.

Die vorgenommene Zuordnung der Auftragsabwicklung des Werkzeugbaus der Firma GIRA zu Synchronisierungstyp I identifizierte für den Anwendungsfall drei Synchronisierungsoptionen, die für die Synchronisierung der Auftragsabwicklung vorrangig zu verfolgen waren. Dies sind die Synchronisierung der Werkzeugentwicklungsprozesse mit der Produktentwicklung, die Synchronisierung mit externen Partnern sowie die Synchronisierung der internen Werkzeugfertigungsprozesse. (Abbildung 6-5)

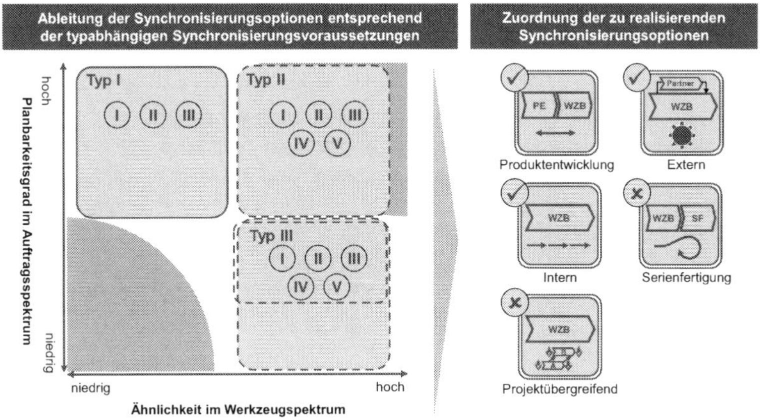

Abbildung 6-5: Schritt D – Zuordnung der Synchronisierungsoptionen GIRA WZB

Aus der Analyse der unternehmerischen Rahmenbedingungen wurde bereits abgeleitet, dass aufgrund der strategischen Ausrichtung des internen Werkzeugbaus der Firma GIRA ein Schwerpunkt auf der Übernahme der Werkzeugversorgungsverantwortung besteht. Die gewählte Ausrichtung spiegelt sich folgerichtig in einer niedrigen internen Wertschöpfungstiefe sowie in dem konsequenten Bezug von externen Lieferumfängen in sämtlichen Bereichen der eigenen Wertschöpfungsprozesse wider. Diese Besonderheit ist gleichzeitig eine Kernkompetenz des GIRA Werkzeugbaus. Aufgrund der hohen Bedeutung der Synchronisierung mit externen Lieferumfängen fokussiert die nachfolgende Darstellung der Ausgestaltung des synchronen Prozessmodells auf die Umsetzung der Synchronisierungsoption 2 „Synchronisierung mit externen Wertschöpfungspartnern", anhand derer ebenfalls das Vorgehen zur Gestaltung synchroner Wertschöpfungsprozesse in Schritt E erläutert wird. Dazu wird nachfolgend die Ausgestaltung der Synchronisierung mit Wertschöpfungspartnern beschrieben.

Für die übergeordnete Gestaltung einer synchronen Wertschöpfungsstruktur wurde die systematische Fremdvergabe von Dienstleistungen, Fertigungsaufträgen, Komponenten, Baugruppen bis hin zu ganzen Werkzeugen und Werkzeugpaketen entlang der gesamten Werkzeugbauprozesskette vorgesehen. Zur Realisierung der kapazitäts- und kompetenzgetriebenen Fremdvergabe wurden im Auftragsabwicklungsprozess Make-or-Buy Entscheidungen im Bereich des Vertriebs, der Konstruktion, der AV und der mechanischen Fertigung fest integriert, die jeweils Ausgangspunkte der Fremdvergabe darstellen können. Entsprechend wurden als Synchronisierungspunkte für externe Lieferumfänge der Start der Fertigung, der Start der Montage sowie der Start des Try-Outs vorgesehen. Die Prozessstruktur der Auftragsabwicklung ist in Abbildung 6-6 dargestellt.

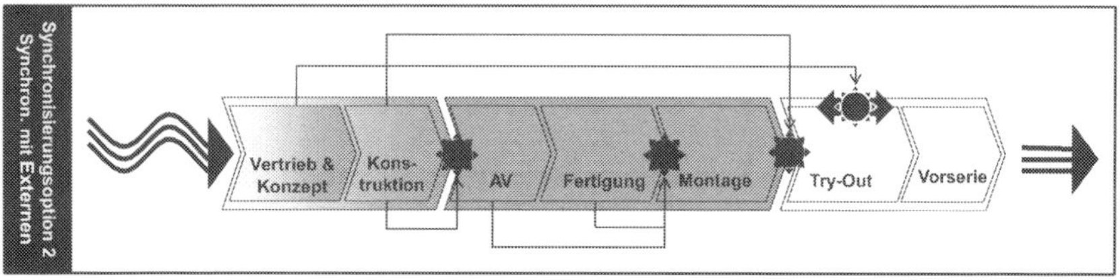

Abbildung 6-6: Schritt D – Ausgestaltung der Synchronisierungsoption 2, GIRA WZB

Das Ideal der Funktionsweise des GIRA Werkzeugbaus ist eine Abwicklung entsprechend eines Güterbahnhofs, in dem ein bereitzustellender Bedarf mehrgleisig beliebig breit aufgefächert wird, um auf internen wie externen Strängen mit unterschiedlicher Länge abgewickelt zu werden. Dies stellt hohe Anforderung an das Know-How und die Koordinationsfähigkeiten der beteiligten Mitarbeiter, um die verschiedenen Stränge so zusammenzufassen, dass die zu erbringende Leistung aus Sicht des Kunden zuverlässig und bedarfsgerecht aus einer Hand zur Verfügung gestellt wird. Der hohe Steuerungsaufwand zur Koordination einer synchronen internen wie externen Werkzeugfertigung wird durch eine eigene Abteilung mit spezialisierten Mitarbeitern, dem Projektmanagement, durchgeführt.

Für **Schritt E** der Methodik zur **Gestaltung synchroner Wertschöpfungsprozesse** kommt für den beschriebenen Anwendungsfall der Synchronisierung mit externen Wertschöpfungspartnern im Werkzeugbau der Firma GIRA besonders dem **Teilschritt E2** zur Standardisierung der Prozessschnittstellen eine hohe Bedeutung zu. Eine Übersicht über die standardisiert zu gestaltenden Schnittstellen ergibt sich aus dem zuvor entwickelten Prozessmodell für die Synchronisierung mit externen Wertschöpfungspartnern zur bedarfsgerechten Sicherstellung der Werkzeugversorgung.

Die Standardisierung der Schnittstellen zu externen Partnern umfasste einerseits die Abstimmung der bei Beauftragung übergebenen Auftragspapiere und Datenformate sowie der für die Bearbeitung zugrunde gelegten internen Bearbeitungsvorschriften. Andererseits waren die Modalitäten der Leistungserbringung und Lieferung abzustimmen, da mangelnde Qualität oder zeitliche Verzögerungen direkt zu Prozessstörungen innerhalb der synchronen Bereitstellung von Werkzeugaufträgen führen. Für die zeitliche Abstimmung interner und externer Wertschöpfungsumfänge ist im Werkzeugbau der Firma GIRA eine flexible zeitliche

Steuerung vorgesehen. Diese basiert auf einem standardisierten Ablauf der Werkzeugfertigung, die sich für die interne wie auch die externe Werkzeugfertigung nicht unterscheidet und anhand derer eine detaillierte Feinplanung des zeitlichen Ablaufs für einzelne Werkzeuge oder größere Werkzeugpakete erzeugt wird.

Abschließend wurde im Rahmen der Durchführung von **Schritt F** gemeinsam mit den Mitarbeitern des Werkzeugbaus der Firma GIRA ein Kennzahlensystem für die Performance Messung der synchronen Auftragsabwicklung entwickelt, das im Rahmen der Beschreibung dieses Fallbeispiels jedoch nicht weiter detailliert wird.

6.1.3 Fazit der Anwendung

Die zielführende und erfolgreiche Anwendung der Methodik zur Synchronisierung der Auftragsabwicklung im industriellen Werkzeugbau konnte durch die im Fallbeispiel beschriebene Durchführung im internen Werkzeugbau der Firma GIRA nachgewiesen werden. Die durch den internen Werkzeugbau der Firma GIRA übernommene Verantwortung für eine schnelle und effiziente Versorgung der Serienfertigung mit wirtschaftlichen Werkzeugen und Werkzeugpaketen unabhängig von dem bestehenden Werkzeugbedarf bietet einen signifikanten Mehrwert für den Kunden. Die damit verbundene Komplexitätsreduktion adressiert ein zentrales Kundennutzenmerkmal. Durch die gewählte Positionierung schafft der interne Werkzeugbau direkt einen wahrnehmbaren Mehrwert für das Unternehmen. Die mit der Anwendung der Methodik adressierte Synchronisierung interner und externer Wertschöpfungsprozesse schafft erst die Möglichkeit zur Übernahme der Werkzeugverantwortung. Die Beherrschung der Auftragsabwicklung synchroner interner und externer Prozesse ist als eine der Kernkompetenzen des internen GIRA Werkzeugbaus anzusehen.

6.2 Fallbeispiel II: Kirchhoff Automotive Deutschland GmbH

Die Beschreibung der im folgenden Fallbeispiel vorgenommenen Synchronisierung der Auftragsabwicklung im internen Werkzeugbau der Firma Kirchhoff Automotive in Olpe fokussiert auf die Schritte C, D und E der Gestaltungsphase der Methodik. Die Anwendung der Methodik erfolgte im Rahmen des gemeinsamen Industrieprojekts „Initiierung der kontinuierlichen Veränderung zum synchronen Werkzeugbau“ in den Jahren 2009/2010.

6.2.1 Unternehmenssituation

KIRCHHOFF Automotive zählt zu den führenden Anbietern von Karosserie-Strukturteilen und Zusammenbauteilen für die Automobilindustrie. Das traditionsreiche und innovative Familienunternehmen besitzt große Erfahrung in seinen Kernkompetenzen der Metallumformung. An siebzehn Produktionsstandorten sowie in Niederlassungen und Joint Ventures arbeiten weltweit in 16 Ländern an 42 Produktionsstandorten über 9.200 Mitarbeiter.

Das Unternehmen Kirchhoff betreibt ein internationales Netz an internen Werkzeugbaubetrieben und externen Werkzeugpartnern, um den Gesamtbedarf an Produktionswerkzeugen zu decken. Die zwei deutschen Werkzeugbaubetriebe befinden sich an den Standorten Attendorn und Olpe. Am Standort Olpe arbeiten 40 Mitarbeiter im Werkzeugbau, der die Konzernmutter mit Neuwerkzeugen zur Blechbearbeitung bedient und damit jährlich gut 8,5 Mio. Euro Umsatz erzielt. Dabei befindet sich der Werkzeugbau am Standort Olpe im Wettbewerb zu weiteren internen wie externen Anbietern. Neben dem vorhandenen Know-How im Bereich der Entwicklung und Fertigung hochtechnologischer Werkzeuge setzt der Werkzeugbau am Standort Olpe auf eine schnelle und zuverlässige Auftragsabwicklung mit hoher Effizienz, um durch ein attraktives Angebot an den Kunden langfristig seine Wettbewerbsfähigkeit zu sichern. An diesem Punkt setzte das im Jahr 2010 vorgenommene Projekt „Initiierung einer kontinuierlichen Veränderung zum synchronen Werkzeugbau“ an, dessen Ziel die Synchronisierung der Auftragsabwicklung im Rahmen einer schrittweisen Industrialisierung des Werkzeugbaus war.

6.2.2 Anwendung der Methodik

Zunächst wurde im Rahmen der Anwendung der Methodik gemäß **Schritt A** die **Analyse der Ausgangssituation** durchgeführt, um die Voraussetzungen zur Synchronisierung zu ermitteln. Dies geschah einerseits durch die Analyse der unternehmerischen Rahmenbedingungen der Werkzeugfertigung. Andererseits wurden Produkt- und Auftragsspektrum auf Ähnlichkeit bzw. Planbarkeit untersucht. Zusätzlich zu dem in der Methodik vorgesehenen Ablauf im ersten Schritt der Basisphase wurde ein Benchmarking mit der awf-Benchmarking Datenbank des Werkzeugmaschinenlabors WZL durchgeführt, im Rahmen dessen ausgewählte Leistungsdaten des Werkzeugbaus zu technologischen und organisatorischen Fragestellungen mit einem breiten Branchenquerschnitt quantitativ verglichen wurden.

Im Rahmen der Analyse der Ähnlichkeit des Produktspektrums sowie der Planbarkeit des Auftragsspektrums wurden die Synchronisierungsvoraussetzungen ermittelt, die die Grundlage für den nachfolgenden **Schritt B – Prozesstypisierung der Auftragsabwicklung** des Werkzeugbaus der Firma Kirchhoff Automotive bildeten. Die Ermittlung eines Ähnlichkeitsgrads von 1,25 und eines Planbarkeitsgrads von 80% führten zu der Zuordnung der Werkzeugfertigung zu Prozesstyp II. (Abbildung 6-7)

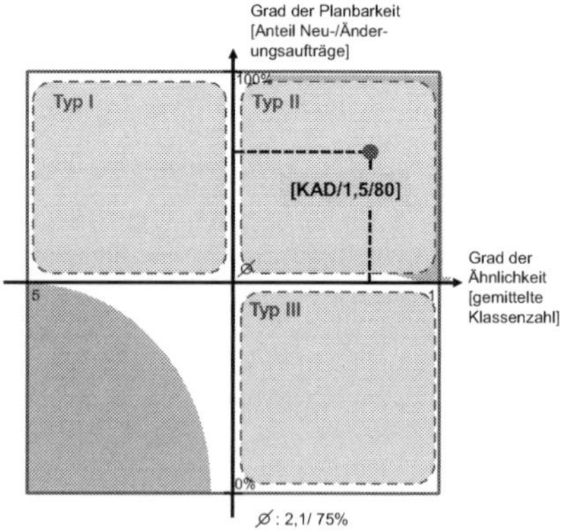

Abbildung 6-7: Schritt B – Prozesstypisierung Kirchhoff Werkzeugbau, Olpe

Die als **Schritt C** vorgesehene **Modellierung der Wertschöpfungsprozesse** wurde im Rahmen der Anwendung der Methodik als erster Schritt der Gestaltungsphase vorgenommen. Zunächst erfolgte dazu die Prozessmodellierung der Auftragsabwicklung auf Hauptprozessebene in Anlehnung an die in Kapitel 2.3.5 eingeführte *awf-Prozesskette*. Für die

Modellierung wurde auf Hauptprozessebene zwischen den Prozessen Anfrage und Grobplanung, Methodenplanung und Konstruktion, NC-Programmierung und mechanische Fertigung sowie Montage und Bankarbeit unterschieden. Dabei sind die ersten beiden Schritte der Anfragebearbeitung sowie der Grobplanung den in der *awf*-Prozesskette für den Hauptprozess der Auftragsakquise vorgesehenen Teilprozessen Vertrieb und Kalkulation gleichzusetzen. Zudem umfasst der Bereich der NC-Programmierung ebenfalls die Arbeitsvorbereitung AV, während im hinteren Bereich der Prozesskette keine Unterscheidung zwischen der Werkzeugmontage und dem Try-Out d. h. der Werkzeugqualifizierung und -einführung vorgenommen wurde. Im Rahmen der Anwendung der Methodik wurden anschließend die Prozessschrittinhalte sowie Prozessinputs und -outputs für jeden Hauptprozessschritt sowie sämtliche regelmäßig in die interne Auftragsabwicklung einbezogenen externen Prozessflüsse identifiziert und in die Modellierung einbezogen.

Anschließend wurde die vorgesehene Prozessmodellierung auf Prozessschrittebene für sämtliche identifizierten Hauptprozesse der Auftragsabwicklung im Rahmen von mehreren Workshops detailliert. Die Detaillierung der Prozessmodellierung des Status-Quo erfolgte gemeinsam mit ausgewählten Mitarbeitern aus den verschiedenen Abteilungen des Werkzeugbaus. Für die Aufbereitung der Ergebnisse wurde die am WZL der RWTH Aachen entwickelte Prozessmodellierungssprache *aixperanto* genutzt. Der Modellierung mit aixperanto wurde ein partizipativer Ansatz nach dem Autor-Kritiker-Zyklus zugrunde gelegt, in dem die Mitarbeiter zunächst in der Rolle von Autoren den Verlauf der Prozesse beschreiben und anschließend in der Rolle eines Kritikers die nach ihren Angaben ausgeführte Prozessmodellierung prüfen.

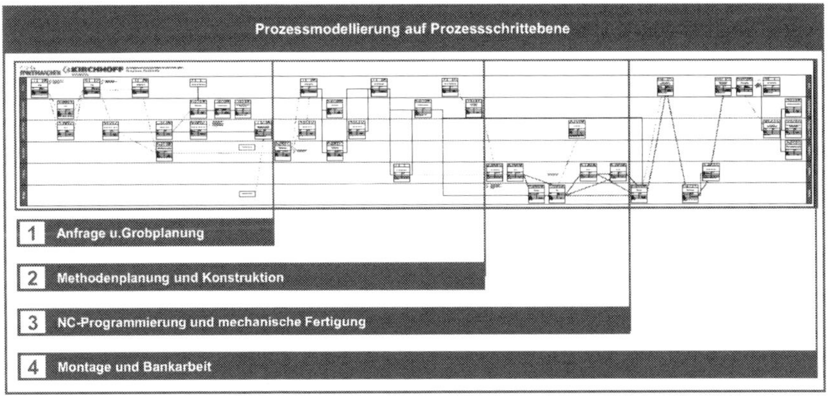

Abbildung 6-8: Schritt C – Prozessmodellierung der Auftragsabwicklung, KAD WZB

Durch die in Abbildung 6-8 gewählte Prozessdarstellung wurde es einerseits möglich, operative Schwachstellen im Prozessablauf zu identifizieren und zu beheben. Andererseits konnten die Leistungsfähigkeit und der Standardisierungsgrad der Auftragsabwicklung geprüft und bewertet werden. Im Zuge der Bewertung wurde sichergestellt, dass die notwendigen Grundlagen für eine Synchronisierung im Werkzeugbau gegeben waren. Der dargestellte Auftragsabwicklungsprozess zeichnet sich durch einen hohen Standardisierungsgrad aus. Dieser ist auf die vorhandene Ähnlichkeit im Werkzeugspektrum zurückzuführen, der durch die Mitarbeiter des Werkzeugbaus konsequent zur Prozessstandardisierung des Ablaufs der

Auftragsabwicklung genutzt wurde. Der klare Prozessfluss und hohe Standardisierungsgrad der Auftragsabwicklung ist zudem für die Zertifizierung notwendig, die für weite Teile der Automobilzulieferindustrie von den Automobilern als Kunden vorgeschrieben und regelmäßig auditiert wird.

Als **Schritt D** der Methodik erfolgten die Zuordnung der Synchronisierungsoptionen sowie die **Ableitung des synchronen Prozessmodells** für die Auftragsabwicklung des Werkzeugbaus der Firma Kirchhoff Automotive am Standort Olpe. Grundlage dafür waren die innerhalb der Basisphase der Anwendung identifizierte Leistungsfähigkeit und Wirtschaftlichkeit der Werkzeugbereitstellung für die Serienfertigung als zentrale Zielsetzung der Synchronisierung sowie die getroffene Zuordnung des Werkzeugbaus zum Prozesstyp II unter Berücksichtigung der positiven Synchronisierungsvoraussetzungen durch die reine Neuwerkzeugfertigung. Entsprechend der Einordnung wurden der Auftragsabwicklung der Firma Kirchhoff alle fünf in Kapitel 5.2.2.1 beschriebenen Synchronisierungsoptionen zugeordnet. (Abbildung 6-9) Für die Beschreibung der Anwendung wird in diesem Anwendungsbeispiel auf die Umsetzung der Synchronisierungsoption III „Synchronisierung von Werkzeugbau und Serienfertigung" fokussiert, für die ebenfalls das Vorgehen innerhalb von Methodikschritt E zur Gestaltung synchroner Wertschöpfungsprozesse aufgezeigt wird.

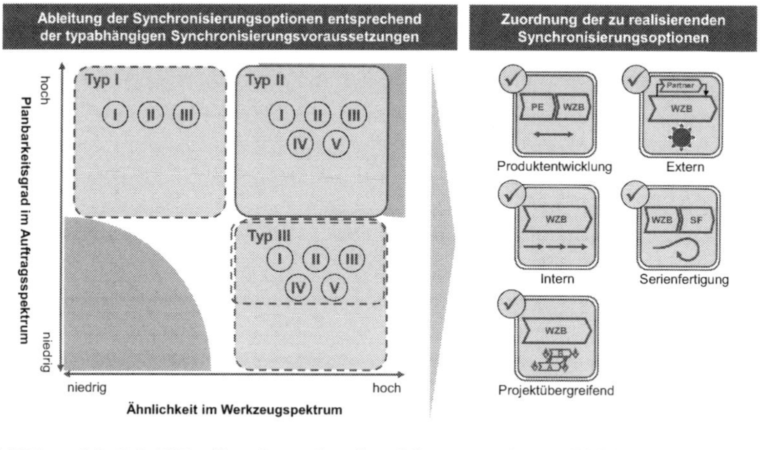

Abbildung 6-9: Schritt D – Zuordnung Synchronisierungsoptionen, KAD WZB

Im anschließenden **Schritt E** der Methodik wurde die **Gestaltung synchroner Wertschöpfungsprozesse** durch die beschriebenen Teilschritte E1-E3 vorgenommen und entsprechend der Anforderungen einer Synchronisierung von Werkzeugbau und Serienfertigung ausgestaltet. Als zentrale Herausforderung der Synchronisierung von Werkzeugbau und Serienfertigung wurde in Kapitel 5.2.2.1 die Beherrschung des Try-Out Prozesses angeführt, auf die für die Beschreibung des Vorgehens zur Gestaltung synchroner Wertschöpfungsprozesse im Folgenden näher eingegangen wird.

Als Ausgangspunkt der Gestaltung synchroner Wertschöpfungsprozesse wurde zunächst **Schritt E1** zur **Kapselung des Prozessinhalts** für den Prozessschritt „Try-Out" vorgenommen, mit dem Ziel, den Einführungsprozess auftragsneutral zu optimieren. Dazu wurden die im Bereich anfallenden Tätigkeiten von Montage und Try-Out in Bezug auf ihre charakteristischen Prozessanforderungen unterschieden. Während es sich bei der Werkzeugmontage um eine termingetriebene Tätigkeit mit einer verhältnismäßig hohen Planbarkeit handelt, ist ein iteratives, schlecht planbares Vorgehen bestimmendes Merkmal für die Einführung von Werkzeugen. Dies ist einerseits auf den Unikatcharakter der Werkzeuge zurückzuführen, durch den sich die Einführungsprozesse im Vorfeld schlecht vorhersagen lassen. Andererseits ist für eine Werkzeugqualifizierung auf Serienpressen, wie im betrachteten Fall des Werkzeugbaus der Firma Kirchhoff Automotive in Olpe, die enge terminliche Abstimmung mit der Serienfertigung notwendig. Hierbei treten häufig kurzfristige Umplanungen und Störungen auf, wodurch die Planbarkeit zusätzlich vermindert wird. Um eine inhaltliche und zeitliche Kapselung des Prozessschritts Try-Out zu realisieren, wurde neben der Werkzeugmontage ein eigenes Try-Out Team eingeführt, dessen Hauptaufgabe in der Qualifizierung der Werkzeuge im Anschluss an die eigentliche Montage besteht. Die Mitarbeiter des Werkbankbereichs wurden nachfolgend entsprechend des Kapazitätsbedarfs auf die beiden Bereiche aufgeteilt, um geschlossene Verantwortungsbereiche zu realisieren.

Als nächster Schritt im Rahmen der Gestaltung synchroner Wertschöpfungsprozesse wurde die **Standardisierung der Schnittstellen** des Try-Out Prozesses mit den vor- und nachgelagerten Prozessschritten im Rahmen von **Schritt E2** der Methodik vorgenommen. Als geeignete Schnittstelle zur Werkzeugmontage wurden dazu zunächst der Zeitpunkt „Werkzeugfallende Teile“ definiert. Zur Standardisierung der Schnittstelle erfolgte die Definition des Werkzeugzustands, der bis zu diesem Zeitpunkt durch die Mitarbeiter des vorgelagerten Prozessschritts der Werkzeugmontage als Voraussetzung für die Übergabe an das Try-Out Team zu erreichen ist. Als Standard wurde festgelegt, dass zum Zeitpunkt „Werkzeugfallende Teile“ ein auf- und zuziehbares Werkzeug mit aufeinander abgepassten Schnitten in die Einführung übergeben wird. Als Schnittstelle für die Übergabe des Werkzeugs in den nachfolgenden Prozessschritt der Serienfertigung wurde der Zeitpunkt der Kundenabnahme definiert. Als Übergabestandard wurde zudem die Prozessfähigkeit des Werkzeugs definiert, sowie dessen Bereitschaft zur Verlagerung an den vorgesehenen Produktionsstandort. Abschließend wurde die vorhandene Dokumentation zur Durchführung einer Werkzeugabnahme durch den internen Werkzeugbaukunden an die definierte Prozessführung angepasst und die standardisierten Schnittstellen in den Planungsprozess übernommen.

Als letzter Teilschritt zur Gestaltung synchroner Wertschöpfungsprozesse erfolgte die **Festlegung der zeitlichen Abstimmung der Prozessschritte** aufeinander in **Schritt E3** der Anwendung der Methodik. Aufgrund der Auftragscharakteristika wurde für die Auftragsabwicklung im Werkzeugbau der Firma Kirchhoff Automotive in Olpe eine auftragsspezifische, flexible zeitliche Planung vorgesehen. Zur projektübergreifenden Standardisierung des Auftragsdurchlaufs wurde ein projektübergreifender Meilensteinprozess eingeführt, der die im Vorfeld vorgenommene Abgrenzung der Prozessschritte Werkzeugmontage und Try-Out durch die Ausgestaltung im Bereich der Meilensteine M4-M6 aufgreift und widerspiegelt.

Für die Unterscheidung der Meilensteine wurde eine Trennung hinsichtlich der Durchführung nach rein internen Meilensteinen zur Strukturierung des Ablaufs (ohne Kunden) und übergeordneten Projektmeilensteinen im Beisein des Kunden vorgenommen. Die zeitliche Abstimmung der Prozessschritte einer synchronen Werkzeugherstellung erfolgte durch die Umsetzung einer zweistufigen Planung (Grob- und Feinplanung) in Kombination mit einer Werkstattsteuerung. Als Aufgaben der Grobplanung wurde die Vorgabe der Meilensteinplanung für ein Projekt in Abstimmung mit den Kundenvorgaben sowie die übergeordnete Planung der Auslastung der Kapazitäten zu Beginn eines Werkzeugprojektes definiert. Die Fein- und

Werkstattplanung fokussiert hingegen auf den Kernbereich der Fertigung und dient der Belegungsplanung der Maschinen auf Basis von Stückliste und Arbeitsplänen. (Abbildung 6-10)

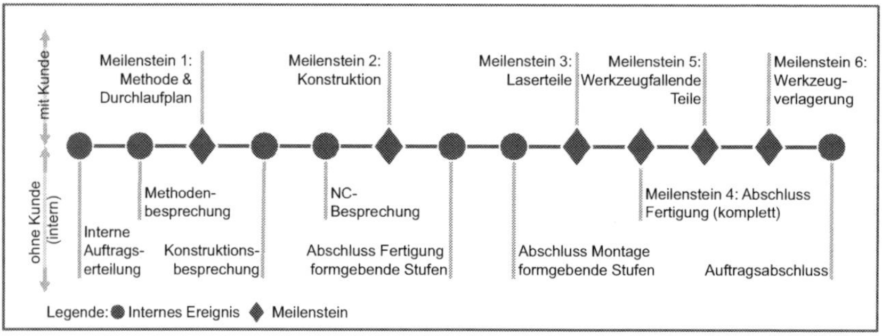

Abbildung 6-10: Schritt E – Meilensteinplan zur zeitlichen Synchronisierung, KAD WZB

Im abschließenden **Schritt F** der Methodik wurden Kennzahlen zur Leistungsbemessung der synchronen Auftragsabwicklungsprozesse definiert und den einzelnen Abschnitten des Meilensteinprozesses zugeordnet. Die in Relation zu den Benchmarking-Kennzahlen entwickelten Leistungskennzahlen ermöglichen einerseits die Nachbetrachtung des Werkzeugdurchlaufs sowie dessen projektübergreifende Beurteilung, andererseits den Vergleich mit dem Ausgangszustand, der im Benchmarking analysiert und dokumentiert wurde.

6.2.3 Fazit der Anwendung

Das Fallbeispiel der Anwendung der Methodik auf die Auftragsabwicklung des Werkzeugbaus des Unternehmens Kirchhoff Automotive am Standort Olpe bestätigt erneut deren Eignung, eine zielführende und effiziente Synchronisierung der Auftragsabwicklung unter Berücksichtigung der gegebenen unternehmerischen Rahmenbedingungen und differenziert gegenüber den Eigenschaften der Auftragsabwicklung im Rahmen der Industrialisierung des Werkzeugbaus durchzuführen.

Die vorgenommene Synchronisierung von Werkzeugbau und Serienfertigung wird als Schlüssel zu einer leistungsfähigen und effizienten Werkzeugherstellung von den Mitarbeitern der Firma Kirchhoff erkannt. Im Rahmen der Umsetzung der Synchronisierung konnte eine signifikante Verkürzung der Durchlaufzeit bei gleichzeitig sprunghaft gestiegener Termintreue und Effizienz umgesetzt werden, wodurch ein wesentlicher Beitrag zur Steigerung der Wettbewerbsfähigkeit des Werkzeugbaus am Standort Olpe geleistet wurde.

Der Fokus der Beschreibung des Anwendungsbeispiels wurde auf die Methodikschritte C und E zur Prozessmodellierung bzw. zur Gestaltung synchroner Wertschöpfungsprozesse gelegt, die jeweils mit den vorgesehenen Teilschritten detailliert wurden. Hierbei konnte die Eignung der einzelnen Teilschritte im Einzelnen verifiziert werden. Darüber hinaus wurden die bestehenden Abhängigkeiten zwischen den aufeinander aufbauenden Teilschritten aufgezeigt und die Bedeutung der Abhängigkeiten im Rahmen der Lösungsfindung detailliert.

6.3 Fallbeispiel III: BSH Bosch und Siemens Hausgeräte GmbH

Die Beschreibung der im folgenden Fallbeispiel vorgenommenen Synchronisierung der Auftragsabwicklung im internen Werkzeugbau der Firma BSH Bosch und Siemens Hausgeräte am Standort Traunreut fokussiert auf die Schritte B, D und F der Methodik. Die Anwendung der Methodik erfolgte im Rahmen des gemeinsamen Industrieprojekts „Werkzeugbau mit Zukunft" in den Jahren 2010/2011.

6.3.1 Unternehmenssituation

Die BSH Bosch und Siemens Hausgeräte GmbH ist eine weltweit tätige Unternehmensgruppe. Sie entstand aus einem Joint Venture zwischen der Robert Bosch GmbH (Stuttgart) und der Siemens AG (München) im Jahr 1967. Heute besitzt die BSH 41 Fabriken in 13 Ländern in Europa, USA, Lateinamerika und Asien. Insgesamt sind rund 70 Gesellschaften in fast 46 Ländern mit rund 43.000 Mitarbeitern für die BSH tätig. Der interne Werkzeugbau der BSH am Standort Traunreut ist mit ca. 120 Mitarbeitern der größte interne Werkzeugbau innerhalb der Unternehmensgruppe. Hauptaufgabe des Werkzeugbaus ist die Sicherung der Werkzeugversorgung für die Fabrik Traunreut, deren Produktion Elektroherde, Backöfen, Kochfelder, Mikrowellen und weitere Produkte für den Bereich Consumer Products bereitstellt.

Das Leistungsspektrum des internen Werkzeugbaus der BSH am Standort Traunreut umfasst einerseits die Neuwerkzeugherstellung mit einem Schwerpunkt auf der Metallumformung sowie Änderungen und Optimierungen. Andererseits besteht ein weiterer Schwerpunkt auf der Fertigungsunterstützung durch Instandhaltung, Instandsetzung sowie Reparaturen. Zudem existiert ein umfangreiches Dienstleistungsangebot, das von der Beratung der Produktentwicklung bis zur Optimierung der laufenden Fertigung über den gesamten Lebenszyklus eines Produktionswerkzeugs angeboten wird.

6.3.2 Anwendung der Methodik

Im ersten Schritt der Anwendung der Methodik wurde gemäß **Schritt A** die **Analyse der Ausgangssituation** zur Ermittlung der Synchronisierungsvoraussetzungen durchgeführt. Dies geschah durch mehrere aufeinanderfolgende Strategieworkshops nach der vorgesehenen Methodik des Strategie Audits, in denen das Konzept des „Werkzeugbau mit Zukunft" gemeinsam mit Fach- und Führungskräften des Werkzeugbaus sowie der beiden Werkzeugbaukunden Produktentwicklung und Serienfertigung detailliert wurde. Als Ergebnis wurde der „Werkzeugbau mit Zukunft" als Kompetenzcenter für Werkzeugtechnologie und die Werkzeugherstellung definiert, der als Dienstleister einen Mehrwert für den Standort Traunreut schafft. Dieser Mehrwert besteht zum einen in dem aktiven Auf- und Ausbau von Kernkompetenzen für Entwicklung und Beschaffung sämtlicher für die Produktion relevanten Werkzeugtechnologien sowie andererseits in der Beherrschung einer schnellen, zuverlässigen und effizienten Herstellung hochtechnologischer und anspruchsvoller Neuwerkzeuge mit den synchronisierten Wertschöpfungsprozessen eines industriellen Werkzeugbaus.

Die anschließend durchgeführte Analyse der Eigenschaften der Auftragsabwicklung ergab einen Ähnlichkeitsgrad von 2 für das Werkzeugspektrum sowie einen Planbarkeitsgrad von 48% für das Auftragsspektrum. Hierbei erfolgte die Ermittlung des Ähnlichkeitsgrads des Werkzeugspektrums für das im Rahmen der Strategiefindung für einen zukünftigen industriellen Werkzeugbau vorgesehene Werkzeugspektrum aus Blech- und Umformwerkzeugen. Die Ermittlung des Planbarkeitsgrads erfolgte unter Berücksichtigung der starken zyklischen Schwankungen des Anteils von Neuwerkzeugen am gesamten Auftragsvolumen, die sich auf parallele Entwicklungszyklen verschiedener Produkte einer Produktgruppengeneration und den dadurch zyklisch schwankenden Neuwerkzeugbedarf als typische Eigenschaft in der Weißen Ware zurückführen lassen.

Das Ergebnis der anschließenden **Prozesstypisierung der Auftragsabwicklung** des internen Werkzeugbaus der BSH am Standort Traunreut, die in **Schritt B** der Methodik durchgeführt wurde, zeigt Abbildung 6-11.

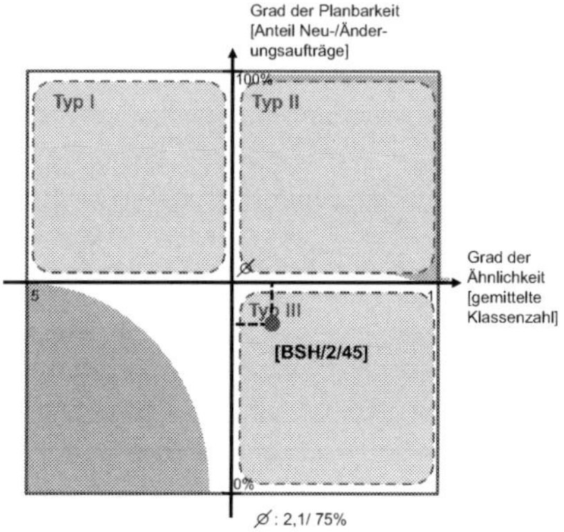

Abbildung 6-11: Schritt B – Prozesstypisierung BSH Werkzeugbau, Traunreut

Die Einordnung in Prozesstyp III anhand der Eigenschaften der Auftragsabwicklung stellt eine charakteristische Einordnung für einen internen Werkzeugbau an großen Produktionsstandorten dar. Die Möglichkeiten zur Schaffung von Ähnlichkeit im Werkzeugspektrum werden für den Werkzeugbau des Prozesstyps III zumeist durch das Mutterunternehmen eingeschränkt. Der geringe Planbarkeitsgrad ist häufig auf den hohen Anteil unplanbarer Auftragsumfänge zurückzuführen, der sich direkt aus der Verantwortung zur Unterstützung der Serienfertigung mit Instandhaltungs-, Instandsetzungs- und Reparaturdienstleistungen ergibt. Die hohen Kosten eines Produktionsstillstands führen als planerische Rahmenbedingung dazu, dass im Falle eines Werkzeugbruchs dessen Wiederherstellung höchste Priorität bekommt, was zur Folge hat, dass sich das geplante Produktionsprogramm verschiebt. Die für den internen Werkzeugbau der BSH am Standort Traunreut aufgezeigten charakteristischen Eigenschaften eines relativ breiten Werkzeugspektrums sowie einer niedrigen, zyklisch schwankenden Planbarkeit wurden als wesentliche Rahmenbedingungen für die im Rahmen der Gestaltungsphase der Methodik vorgesehene Gestaltung synchroner Wertschöpfungsprozesse identifiziert.

Die anschließend als erster Schritt der Gestaltungsphase vorgenommene Modellierung der Wertschöpfungsprozesse gemäß **Schritt C** der Methodik wird im Rahmen der Beschreibung dieses Fallbeispiels nicht näher detailliert. Als Ergebnis der Modellierung wurde ein Prozessmodell erarbeitet, auf dessen Grundlage die nachfolgende Gestaltung synchroner Wertschöpfungsprozesse vorgenommen wurde.

Im zweiten Schritt der Gestaltungsphase erfolgte die **Ableitung des synchronen Prozessmodells** für die Auftragsabwicklung des internen Werkzeugbaus der BSH am Standort Traunreut im Rahmen von **Schritt D** der Methodik. Zentrale Herausforderung für eine Synchronisierung der Auftragsabwicklung im Zuge der Industrialisierung des Werkzeugbaus stellte der geringe Planbarkeitsgrad dar, der aufgrund des hohen Anteils an unplanbaren Auftragsumfängen zu einer Zuordnung zu Prozesstyp III in Schritt B führte. Wie in Kapitel 5.2.2 beschrieben, lässt sich dem Prozesstyp III aufgrund der ungünstigen Synchronisierungsvoraussetzungen keine der beschriebenen Synchronisierungsoptionen direkt zuordnen. Um trotzdem das Ziel der Synchronisierung der Auftragsabwicklung zur Realisierung einer zielgerichteten und effizienten Neuwerkzeugherstellung zu erreichen, wurde eine Segmentierung der Werkzeugherstellung vorgenommen und umgesetzt, um die notwendigen Synchronisierungsvoraussetzungen zu schaffen. Kernelement der Segmentierung des Werkzeugbaus war die Trennung der Auftragsabwicklung von planbaren und unplanbaren Aufträgen in zwei unterschiedliche Segmente. Im Zuge der Segmentierung wurden sämtliche Ressourcen auf die Segmente aufgeteilt und das Layout an die jeweiligen Anforderungen zweier getrennter Materialflüsse angepasst. Die durch die Segmentierung geschaffenen Synchronisierungsvoraussetzungen ermöglichten anschließend, wie in Abbildung 6-12 dargestellt, die Zuordnung aller in Kapitel 5.2.2 eingeführten Synchronisierungsoptionen zu dem neu geschaffenen Segment für die Abwicklung der planbaren Aufträge.

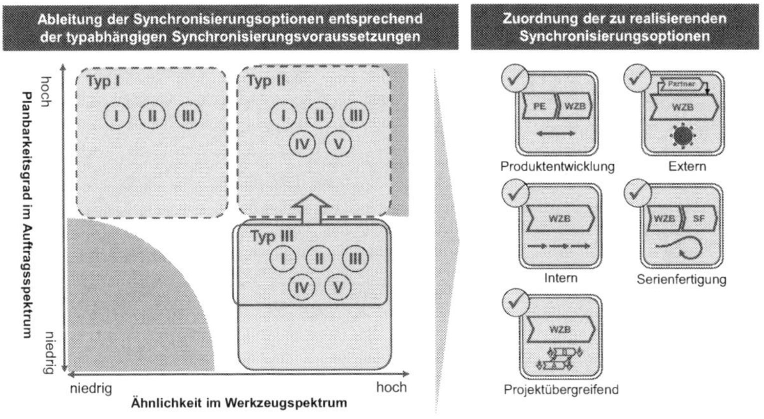

Abbildung 6-12: Schritt D – Zuordnung Synchronisierungsoptionen, BSH WZB FTH

Aufgrund der in Schritt A der Methodik beschriebenen strategischen Ausrichtung des „Werkzeugbau mit Zukunft" fokussiert die Beschreibung der Umsetzung der Synchronisierungsoptionen auf die Umsetzung der Synchronisierungsoptionen I „Synchronisierung mit der Produktentwicklung", Synchronisierungsoption III „Synchronisierung der internen Fertigung" und Synchronisierungsoption V „Projektübergreifende Synchronisierung".

Die Synchronisierung von Produktentwicklung und Werkzeugbau wurde durch die enge Verzahnung des bestehenden Produktentwicklungsprozesses (PEP) mit dem Werkzeugentstehungsprozess (WEP) genannten Meilensteinprozess der Werkzeugherstellung realisiert. Dabei erfolgt die Einbindung des Werkzeugbaus in den WEP in der frühen Phase der Produktdefinition (M0-M3), an deren Ende die Freigabe des Projektantrags steht. Während der

Phase der Produktdefinition werden synchron zum Fortschritt der Produktentwicklung Werkzeugkonzept und Methode erarbeitet, um die dabei gewonnenen Erkenntnisse zu diesem frühen Zeitpunkt im Projekt bereits in die Bauteilausgestaltung einfließen lassen zu können. In dieser Phase erbringt der Werkzeugbau umfassende Beratungsleistungen, um eine fertigungsgerechte Bauteilentwicklung zu unterstützen. Der anhand des zeitlichen Projektverlaufs sowie der inhaltlichen Anforderungen synchronisierte Austausch trägt dazu bei, dass Schwachstellen des Konzepts früh erkannt werden und das gegenseitige Verständnis zwischen Produktentwicklung und Werkzeugbau kontinuierlich verbessert wird. Das beschriebene Vorgehen bietet für den Werkzeugbau ebenfalls die Möglichkeit, zu einer frühen Phase der Bauteilentwicklung Einfluss auf die Bauteilgestaltung zu nehmen, um für die Realisierung des Werkzeugs die im Rahmen der Standardisierung erarbeiteten eigenen Standards aufgreifen zu können und so die Ähnlichkeit im Werkzeugspektrum erhöht wird.

Die Realisierung von Synchronisierungsoption III zur Synchronisierung der internen Fertigung basierte auf der bereits beschriebenen Segmentierung des Werkzeugbaus sowie der Umsetzung von Fließfertigung und Taktung im geplanten Segment. Grundlage für die Taktung der Werkzeugfertigung war die im Vorfeld realisierte Reduktion der Prozessfolgenanzahl als Ergebnis der konsequenten Prozessstandardisierung, in deren Zuge aus einer Gesamtanzahl unterschiedlicher Arbeitsfolgen von mehreren Tausend Varianten insgesamt fünf Standardfertigungsfolgen herausgearbeitet wurden, die für die Fertigung von über 90% der Fertigungsaufträge anwendbar sind. Die identifizierten Hauptfertigungsfolgen wurden konsequent bei der Materialflussgestaltung berücksichtigt und in der Layoutgestaltung aufgegriffen. Anschließend wurde mithilfe von Wertstromdesign ein Takt für verschiedene Abschnitte der Fertigung festgelegt, der in die bisherige Planungslogik überführt wurde. Nach Einführung des Takts wurde dieser schrittweise in seiner Dauer abgesenkt, bis eine optimale Taktlänge gefunden war. Im Zuge der Umsetzung von Fließfertigung und Taktung zur Synchronisierung der internen Fertigung wurden ebenfalls Stützprozesse, wie z.B. die Bauteillogistik, von der eigentlichen Bearbeitung getrennt und zusätzliche Möglichkeiten zur Visualisierung von Planungs- und Bearbeitungsständen von Aufträgen geschaffen.

Zur Realisierung einer projektübergreifenden Synchronisierung, wie in Synchronisierungsoption V vorgesehen, wurde ein Planungsvorgehen erarbeitet, das eine aufeinander abgestimmte Einlastung von Werkzeugaufträgen in den Werkzeugbau ermöglicht. Ziel der projektübergreifenden Synchronisierung ist es einerseits, die vorhandene Zyklizität des Neuwerkzeuggeschäfts durch eine projekt- und produktgruppenübergreifende Synchronisation abzuschwächen. Andererseits besteht die Zielsetzung, durch die Abstimmung der Fertigung mehrerer ähnlicher Werkzeuge eines Projektes Lern- und Skaleneffekte optimal für die Anfertigung nutzen zu können.

Für die Umsetzung des synchronen Prozessmodells erfolgte im anschließenden **Schritt E** der Methodik die **Gestaltung synchroner Wertschöpfungsprozesse** für die betroffenen Prozessabschnitte anhand des in der Methodik vorgesehenen dreischrittigen Vorgehens, auf das an dieser Stelle nicht weiter vertiefend eingegangen wird.

Zur Unterstützung der Umsetzung sowie zur Sicherung der Nachhaltigkeit der Synchronisierung wurde im letzten Schritt der Gestaltungsphase, **Schritt F**, ein **Performance-Messsystem für die synchrone Auftragsabwicklung** konzipiert und umgesetzt. Das Messsystem basiert auf dem für die unternehmensübergreifende Bewertung der organisatorischen Leistungsfähigkeit im Werkzeugbau genutzten Kennzahlensystem der gemeinsamen

Benchmarkingdatenbank des Werkzeugmaschinenlabors WZL der RWTH Aachen und des Fraunhofer Instituts für Produktionstechnik IPT, das ebenfalls im Wettbewerb Excellence in Production (EIP) Anwendung findet.

Die Ableitung des Kennzahlensystems für die Performance Messung erfolgte auf Grundlage der in Schritt A der Methodik vorgenommenen Definition des unternehmensspezifischen Zielsystems, das auf den im Rahmen der Basisphase durchgeführten Arbeiten zur strategischen Ausrichtung des BSH „Werkzeugbau mit Zukunft“ aufbaute. Anschließend wurden den einzelnen Zielen Kennzahlen zugeordnet und die systemischen Voraussetzungen für die regelmäßige Erfassung und Auswertung als Grundlage eines Controllings geschaffen.

Nach der Zuordnung der Kennzahlen wurde als Teil der Auslegung eines Informationssystems zusätzlich zu der Zuordnung der Kennzahlen ebenfalls festgelegt, in welchem Abschnitt bzw. an welchen Meilensteinen der synchronen Auftragsabwicklung die Werte der jeweiligen Kennzahlen zu erfassen und zu dokumentieren sind. Zudem wurden Routinen zum Monitoring des Projektstatus sowie zur Nachkalkulation von Werkzeugprojekten definiert, an die die vorhandene Sitzungsstruktur angepasst wurde. Als Teil der zur Bewertung der Leistungsfähigkeit der Auftragsabwicklung eingeführten umfassenden Nachbetrachtung wurde ein umfangreicher Plan/Soll/Ist Abgleich von über den Projektverlauf dokumentierten Schlüsselkennzahlen eingeführt. Für die Bewertung der Leistungsfähigkeit der synchronen Auftragsabwicklung wurde zusätzlich das Vorgehen zur verursachungsgerechten Erfassung der anfallenden Aufwendungen für einzelne Prozessschritte in Zusammenarbeit mit dem Controlling grundlegend überarbeitet. Anschließend erfolgte die Umsetzung innerhalb der Rückmeldung von Aufwänden zu Aufträgen innerhalb von SAP als führendes System.

6.3.3 Fazit der Anwendung

Durch das Fallbeispiel zur Anwendung der Methodik auf die Auftragsabwicklung des internen Werkzeugbaus der BSH am Standort Traunreut konnte erneut gezeigt werden, dass das Vorgehen eine zielführende und effiziente Synchronisierung der Wertschöpfungsprozesse als Teil der Industrialisierung zulässt und unterstützt.

Die vorgenommene Synchronisierung der Wertschöpfungsprozesse in der Auftragsabwicklung im Werkzeugbau ist zentrales Element der übergeordneten Industrialisierung und damit Kern des durchgeführten Projekts zur Konzeption und Umsetzung eines „Werkzeugbau mit Zukunft“. Die bereits umgesetzten Synchronisierungsoptionen haben in Kombination mit der eingangs vorgenommenen strategischen Neuausrichtung des Werkzeugbaus zu einer messbaren Verbesserung der Leistungsfähigkeit der Werkzeugherstellung geführt. Darüber hinaus wurde aufgrund der Umsetzung des Prozessgedankens in der Werkzeugfertigung und der Erhöhung der Transparenz in der Fertigung ein kontinuierlicher Verbesserungsprozess in Gang gesetzt, im Zuge dessen durch verschiedene Konzepte und Einzelmaßnahmen die kontinuierliche Erhöhung der Leistungsfähigkeit erreicht wurde.

Am vorliegenden Fallbeispiel der Anwendung im internen Werkzeugbau der BSH am Standort Traunreut wurde aufgezeigt, wie anhand der gegebenen Systematik ebenfalls die vorhandenen Synchronisierungsvoraussetzungen kritisch überprüft und Handlungsempfehlungen zur Schaffung der notwendigen Voraussetzungen abgeleitet werden können. Dies ist ein weiteres Indiz für die Differenziertheit der Methodik in Bezug auf die unternehmensspezifischen Rahmenbedingungen und Eigenschaften der Auftragsabwicklung, die durch die beiden Methodikschritte der Basisphase (Schritt A und B) gewährleistet werden soll.

6.4 Kritische Reflexion

Die Umsetzung der definierten prozessbezogenen, branchenbezogenen sowie allgemeinen Anforderungen (Kapitel 3.2) an eine Methodik zur Synchronisierung der Auftragsabwicklung im industriellen Werkzeugbau führte in den drei Unternehmen GIRA Gierspiepen GmbH, Kirchhoff Automotive Deutschland GmbH und BSH Bosch und Siemens Hausgeräte GmbH zu einer zielführenden und erfolgreichen Anwendung der entwickelten Methodik.

Dabei bieten die drei Fallbeispiele der untersuchten Unternehmen ein gutes Abbild der Heterogenität der Branche. (Abbildung 6-13)

Merkmal / Fallbeispiel	Anzahl Mitarbeiter	Produkte	Marktzugang	Prozesstyp
GIRA Giersiepen GmbH	32	Spritzgusswerkzeuge	extern/intern	I
Kirchhoff Automotive Deutschland GmbH	45	Blech-und Umformwerkzeuge	intern	II
BSH Bosch und Siemens Hausgeräte GmbH	120	Blech- und Umformwerkzeuge	intern	III

Abbildung 6-13: Heterogenität der angeführten Fallbeispiele

Dies betrifft einerseits die unterschiedlichen Werkzeugbaugrößen bezogen auf die Anzahl an Mitarbeitern, andererseits die hergestellten Werkzeuge und den jeweiligen Marktzugang. Zudem werden durch die vorgestellten Fallbeispiele die im Rahmen der Typisierung der Auftragsabwicklung identifizierten Prozesstypen, von denen die Ausgestaltung der Synchronisierung abhängig ist, durch die Beschreibung jedes einzelnen Typus vollständig abgedeckt.

Im Rahmen der erfolgreichen Durchführung konnte somit die **Anwendbarkeit der Methodik** auf die Unternehmen der Branche Werkzeugbau gezeigt werden. Damit wird eine der Hauptanforderungen im Forschungsprozess nach ULRICH, der Validierung der erarbeiteten Ergebnisse im Anwendungszusammenhang, entsprochen. Abschließend erfolgt nun die Bewertung von Vorgehen und Zielerreichung der einzelnen Schritte von Basis- und Gestaltungsphase.

Die **Basisphase der Methodik** mit den beiden Methodikschritten A – Analyse der Ausgangssituation und B – Prozesstypisierung im Werkzeugbau schafft durch den Einbezug der unternehmensspezifischen Rahmenbedingungen sowie der spezifischen Eigenschaften der Auftragsabwicklung die Grundlage für eine erfolgreiche Anwendung der Methodik in der heterogenen Branche Werkzeugbau. Durch die vorgeschaltete Basisphase wird im Rahmen der Anwendung der zentralen Anforderung einer Differenziertheit gegenüber den verschiedenen Voraussetzungen zur Synchronisierung der Auftragsentwicklung entsprochen.

Schritt A besteht dazu aus der Analyse der unternehmerischen Rahmenbedingungen sowie der Analyse der Eigenschaften der Auftragsabwicklung. Die Analyse der unternehmerischen Rahmenbedingungen erfolgt mithilfe der verkürzten Methodik des Strategie-Audits, dessen praxisgerechte Anwendbarkeit bereits vielfach nachgewiesen wurde. Für die Analyse des Leistungsspektrums werden die beiden für die Synchronisierungsvoraussetzungen bestimmenden Größen Ähnlichkeit im Werkzeugspektrum und Planbarkeit des Auftragsspektrums anhand der eingeführten Hilfsgrößen (Ähnlichkeitsgrad, Planbarkeitsgrad) durch ein standardisiertes und leicht nachvollziehbares Schema analysiert und ermittelt.

Für die Prozesstypisierung der Auftragsabwicklung in **Schritt B** der Methodik erfolgt die Zuordnung des Werkzeugbaus zu drei empirisch ermittelten Prozesstypen, aus der im weiteren Verlauf der Methodik anhand der typabhängigen Synchronisierungsvoraussetzungen auf die realisierbaren Synchronisierungsoptionen geschlossen werden kann. Die Reduktion des komplexen Sachverhalts der Zuordnung von Synchronisierungsvoraussetzungen auf zwei entscheidende Parameter stellt hierbei eine enorme Erleichterung für den Anwender der Methodik dar und sichert ihre Praxistauglichkeit. In allen Anwendungsbeispielen ließ sich darüber hinaus die zur Typisierung erforderliche Datenbasis leicht ermitteln. Die erfolgreiche Umsetzung der Synchronisierung trotz der teilweise stark unterschiedlichen Synchronisierungsvoraussetzungen, die durch die Anwendungsbeispiele nachgewiesen werden konnte, spricht für die Relevanz der erarbeiteten Typisierung sowie die Aussagekraft der logisch abgeleiteten und empirisch belegten Prozesstypen. Diese wurde ebenfalls durch die Aussagen führender Branchenexperten auf dem Gebiet der Synchronisierung bestätigt.[709]

Die **Gestaltungsphase der Methodik** umfasst in den vier Schritten C, D, E und F der Methodik die Modellierung der Wertschöpfungsprozesse, die Soll-Konzeption des synchronen Prozessmodells, die Gestaltung synchroner Wertschöpfungsprozesse sowie die Erarbeitung der Grundlagen für eine Performance Messung der synchronen Auftragsabwicklung. Ziel der Durchführung der aufeinander aufbauenden Schritte ist die schrittweise Soll-Prozessgestaltung auf Grundlage der im ersten Schritt der Gestaltungsphase (Methodikschritt C) vorgenommenen Modellierung der Ist-Prozesse. Dazu erfolgt zunächst die typabhängige Zuordnung der realisierbaren Synchronisierungsoptionen, auf deren Basis die Erarbeitung eines Soll-Konzepts für die synchronen Auftragsabwicklungsprozesse vorgesehen ist. Nach der Erarbeitung eines Konzepts der Soll-Prozesse dient die Gestaltung synchroner Wertschöpfungsprozesse der eigentlichen Umsetzung der Synchronisierung. Die abschließend vorzunehmende Gestaltung eines Performance Measuring Systems dient der Messbarmachung des Umsetzungserfolgs und unterstützt die Sicherung der Nachhaltigkeit.

Das für die Modellierung der Wertschöpfungsprozesse in **Schritt C** der Methodik eingesetzte Vorgehen zur Prozessmodellierung mit *aixperanto* ist ein in produzierenden Unternehmen im Allgemeinen und für die Modellierung der Auftragsabwicklung in Unternehmen der Einzel- und Kleinserienfertigung im Speziellen erprobtes Vorgehen, dessen Praxistauglichkeit vielfach dargelegt werden konnte. Im Zuge der Anwendung der Methodik zeigte sich, dass im Rahmen der Aufnahme der Ist-Prozesse eine gute Gelegenheit gegeben ist, um den Umsetzungsstatus der einer Synchronisierung vorgeschalteten Konzepte des übergeordneten Gesamtkonzepts der Industrialisierung, also der Fokussierung, der Werkzeugstandardisierung und der Standardisierung der Prozessfolgen zu überprüfen.

Durch die in **Schritt D** der Methodik vorgesehene Zuordnung von Synchronisierungsoptionen entsprechend der Zuordnung des Prozesstyps der Auftragsabwicklung in der Basisphase wird die Soll-Prozessgestaltung unter Berücksichtigung der Rahmenbedingungen und

[709] Vgl. AWK 2011

Eigenschaften der Auftragsabwicklung ermöglicht. Aufbauend auf Methodikschritt B liefert Schritt D eine effiziente und zielgenaue Zuordnung von Synchronisierungsoptionen und damit eine wertvolle Grundlage für die vorzunehmende Soll-Prozessgestaltung. Die konzeptionelle Soll-Prozessgestaltung durch die Soll-Konzeption eines synchronen Prozessmodells bietet durch den gewählten modularen Ansatz von sich überlagernden Synchronisierungskonzepten dem Anwender die notwendige Freiheit zum Einbezug unternehmensspezifischer Vorgaben und Restriktionen, die als solche nicht Teil einer allgemeinen Methodik sein können. Die Anwendung wurde dabei von den Beteiligten als intuitiv empfunden.

Für die Gestaltung synchroner Wertschöpfungsprozesse in **Schritt E** der Methodik geben die enthaltenen generischen Gestaltungsoptionen wertvolle Hinweise zur kontextspezifischen Ausgestaltung der Synchronisierung auf Prozessschrittebene. Das systematische Vorgehen der speziell für auf die Eigenschaften der Auftragsabwicklung der Einzel- und Kleinserie ausgerichteten Gestaltungsschritte sowie deren Anwendbarkeit entlang der Prozesskette der Werkzeugfertigung sichern eine gute Anwendbarkeit in der Praxis.

Der in **Schritt F** vorgesehene Aufbau einer Performance Messung für synchrone Wertschöpfungsprozesse bietet einen wertvollen Anhaltspunkt für ein Vorgehen zur kontinuierlichen Messung der Prozessleistungsfähigkeit. Für diesen Methodikschritt ist jedoch eine Rahmenbedingung dadurch gegeben, dass unterschiedliche Unternehmen jeweils andere Kennzahlen erheben, wodurch eine gewisse Flexibilität des Anwenders erforderlich bleibt.

In allen drei Anwendungsfällen hat die Anwendung der Methodik zur Synchronisierung der Auftragsabwicklung eine messbare **Steigerung der Prozessleistungsfähigkeit** zur Folge gehabt. Neben der Steigerung der Prozessleistungsfähigkeit erhöhten die gestiegene Transparenz sowie die Beruhigung der Prozesse darüber hinaus die Zufriedenheit der Mitarbeiter.

7 Zusammenfassung und Ausblick

Der Werkzeugbau am Hochlohnstandort Deutschland befindet sich gegenwärtig in einer Phase intensiven Wandels. Internationale Konkurrenz auf globalen Werkzeugmärkten führt dazu, dass sich der Wettbewerbsdruck auf die Werkzeugbauunternehmen kontinuierlich verstärkt. Die Flucht in „technologisch anspruchsvollere, komplexere Werkzeuge“ kann für die Summe der Unternehmen der Branche am Standort Deutschland jedoch aufgrund des begrenzten Bedarfs an höchstanspruchsvollen Werkzeugen keine Lösung sein. Der Schlüssel, um dem Kunden auch zukünftig ein überlegenes Angebot in allen Bereichen des Werkzeugspektrums zu bieten und so dem Wettbewerbsdruck zu begegnen, liegt für die Technologiebranche Werkzeugbau in Deutschland in den organisatorischen Prozessen. Handlungsleitendes Paradigma ist die Industrialisierung, die den Wandel von der handwerklichen, werkstattorientierten Werkzeugfertigung zur industriellen Werkzeugherstellung beschreibt.

Trotz der erkannten Bedeutung, die leistungsfähige und produktive Prozesse für die Erhaltung der Wettbewerbsfähigkeit von Werkzeugbauunternehmen am Hochlohnstandort Deutschland besitzen, weisen aktuelle Studien sowie Auswertungen aus dem jährlichen Wettbewerb „Excellence in Production“ eine geringe Prozessleistungsfähigkeit im Werkzeugbau aus. Aktuelle Branchenwerte belegen durch lange spezifische Durchlaufzeiten, eine durchschnittliche Termintreue von ca. 75% und eine jährliche Produktivitätssteigerung, die mit 4% unter dem Verfall normierter Werkzeugpreise im gleichen Zeitraum liegt, dass sich die Industrialisierung nicht in der Branche durchsetzt. Das mit der Industrialisierung verbundene Potenzial zur Steigerung der Prozessleistungsfähigkeit wird mehrheitlich durch die Prozesssynchronisierung als „Königsdisziplin“ innerhalb der Industrialisierung realisiert. Selbst erfolgreiche Werkzeugbauunternehmen scheitern vielfach an deren Umsetzung.

Die Analyse der Gründe des Scheiterns sowie der Erfahrungsaustausch mit Experten offenbaren die mangelnde Berücksichtigung unternehmensspezifischer Rahmenbedingungen und Synchronisierungsvoraussetzungen sowie die fehlende Systematik des Vorgehens als zentrale Hindernisse der erfolgreichen Gestaltung und Umsetzung der Prozesssynchronisierung in der Auftragsabwicklung des Werkzeugbaus. Bestehende Ansätze und Theorien des Produktions- und Prozessmanagements lassen sich hierbei nur eingeschränkt auf den Werkzeugbau übertragen, da charakteristische Eigenschaften der Auftragsabwicklung einer Unikatfertigung mit der geringen Wiederholhäufigkeit, der hohen Komplexität und der eingeschränkten Planbarkeit der Prozesse berücksichtigt werden müssen. Dabei führt der fehlende Wiederholcharakter sogenannter „Einmalprozesse“ im Werkzeugbau dazu, dass Optimierungsansätze des Prozessmanagements, die auf kontinuierliche Abläufe bspw. einer Serienfertigung ausgelegt sind, bei der Übertragung ihre Gültigkeit verlieren. Gleiches gilt für die im Produktionsmanagement verbreiteten deterministischen Modelle zur produktionssynchronen Bereitstellung von Material und Vorprodukten, die ebenfalls in ihrer Anwendung aufgrund der vorherrschenden Komplexität der Auftragsabwicklung eingeschränkt sind.

Es konnte gezeigt werden, dass ein Ansatz zur erfolgreichen Gestaltung und Umsetzung der Prozesssynchronisierung der Auftragsabwicklung im Werkzeugbau nicht auf die reinen Fertigungsbereiche beschränkt sein kann. Auch kann die Prozesssynchronisierung als Teil der Industrialisierung nicht losgelöst von den weiteren, aufeinander aufbauenden Konzepten des übergeordneten Gesamtkonzepts „Industrialisierung im Werkzeugbau“ erfolgen, durch die zunächst die Grundlagen für synchrone Prozesse geschaffen werden. Als Zielsetzung der vorliegenden Dissertation wurde deshalb definiert, eine anwendungsorientierte Methodik zur Prozesssynchronisierung in der Auftragsabwicklung des industriellen Werkzeugbaus zu entwickeln, unter Berücksichtigung der unternehmensspezifischen Rahmenbedingungen und Synchronisierungsvoraussetzungen, der charakteristischen Eigenschaften der Auftragsabwicklung im Werkzeugbau sowie bestehender Wechselwirkungen zu weiteren Konzepten der Industrialisierung.

Die entwickelte Methodik zur Prozesssynchronisierung in der Auftragsabwicklung im industriellen Werkzeugbau ist in Abbildung 7-1 dargestellt. Die Methodik gliedert sich in eine Basisphase und eine Gestaltungsphase, der die insgesamt sechs Methodikschritte des Vorgehens zuzuordnen sind.

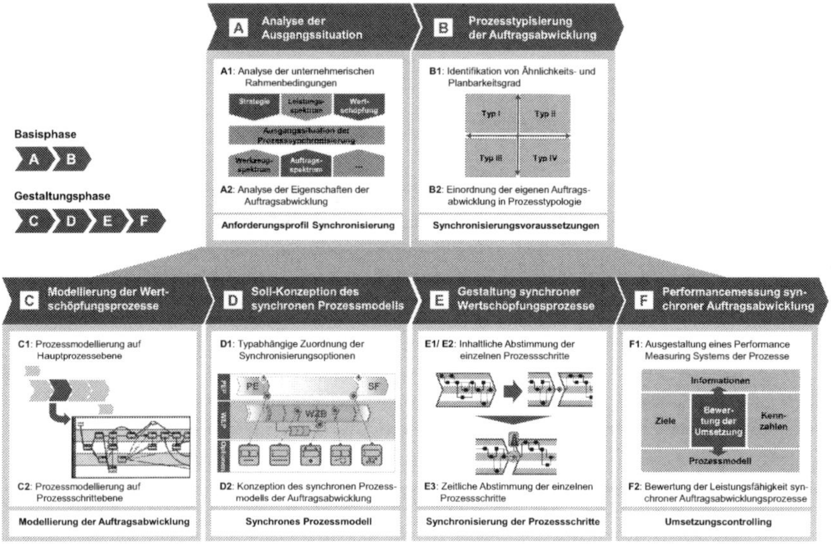

Abbildung 7-1: Methodik zur Prozesssynchronisierung in der Auftragsabwicklung

Die Basisphase der Methodik schafft die Grundlage für die erfolgreiche Prozesssynchronisierung der Auftragsabwicklung, in dem unternehmensspezifische Rahmenbedingungen und Eigenschaften der Auftragsabwicklung analysiert und die Synchronisierungsvoraussetzungen identifiziert werden. Nach einer Analyse der unternehmerischen Rahmenbedingungen und Ziele wird dazu auf eine Prozesstypologisierung zurückgegriffen, in die sich das Werkzeugbauunternehmen anhand der beiden bestimmenden Eigenschaften der Auftragsabwicklung „Wiederholhäufigkeit im Produktspektrum" und „Planbarkeit im Auftragsspektrum" einordnen kann. Die Identifikation der individuellen Synchronisierungsvoraussetzungen erfolgt anschließend typabhängig entsprechend der vorgenommenen Einordnung. Die Basisphase trägt somit der Heterogenität der Branche Werkzeugbau hinsichtlich ihrer prozessualen Anforderungen und der Ausgangssituation für die Synchronisierung Rechnung.

Durch die Gestaltungsphase der Methodik wird die eigentliche Prozesssynchronisierung in der Auftragsabwicklung vorgenommen. Im Anschluss an die Prozessmodellierung der Ist-Prozesse werden anhand der in der Basisphase vorgenommenen Typisierung relevante

Synchronisierungsoptionen ausgewählt. Das durch Zuordnung der Synchronisierungsoptionen abgeleitete synchrone Prozessmodell entspricht dem Soll-Zustand der Prozesssynchronisierung. Für dessen Umsetzung durch die Gestaltung synchroner Prozesse in den verschiedenen Teilen der Prozesskette werden drei generische Prozessgestaltungsschritte abgeleitet, deren Resultat die inhaltliche und zeitliche Abstimmung der involvierten Teilprozesse ist. Zur Unterstützung der Durchführung der Prozesssynchronisierung ist die Ausgestaltung eines Performance-Messsystems synchroner Auftragsabwicklungsprozesse vorgesehen, das neben einem Umsetzungscontrolling ebenfalls den Ausgangspunkt eines iterativen Vorgehens zur Prozesssynchronisierung darstellt.

Branchenbezogene Anforderungen werden im Rahmen der Gestaltungsphase der Methodik einerseits durch die gewählte Ausgestaltung des Vorgehens, andererseits durch die speziell auf die Eigenschaften der Auftragsabwicklung im Werkzeugbau abgestimmten Synchronisierungsoptionen und Prozessgestaltungsschritte aufgegriffen. Die Berücksichtigung bestehender Wechselwirkungen zu weiteren Konzepten des übergeordneten Gesamtkonzepts der Industrialisierung erfolgt dadurch, dass deren Umsetzung sowohl innerhalb der Analyse der Synchronisierungsvoraussetzungen als auch im Rahmen der Modellierung und Bewertung der Ist-Prozesse im Vorfeld der Soll-Prozessgestaltung analysiert und bewertet wird. Durch die Berücksichtigung der gesamten Prozesskette als Teil des übergeordneten Produktentstehungsprozesses wird der Forderung eines über die Fertigungsbereiche hinausgehenden Verständnisses für die Prozesssynchronisierung im Werkzeugbau entsprochen.

Der wissenschaftliche Beitrag der vorliegenden Dissertation stellt eine Erweiterung bestehender Ansätze des Prozess- und Produktionsmanagements zur Prozessgestaltung bzw. speziell zur Prozesssynchronisierung dar. Die typabhängige Zuordnung der Prozessanforderungen und -gestaltungsvoraussetzungen stellt eine Ergänzung der zumeist generischen Ansätze zur Prozessgestaltung und -synchronisierung dar. Im betrachteten Anwendungsfall des Werkzeugbaus konnte zudem für die Auftragsabwicklung der Unikatfertigung mit ihren charakteristischen Eigenschaften der fehlenden Wiederholhäufigkeit, einer hohen Komplexität und geringen Planbarkeit gezeigt werden, wie eine Prozesssynchronisierung als Teil des übergeordneten Gesamtkonzepts der Industrialisierung vorzunehmen ist. Die Eignung des zweischrittigen Vorgehens aus Basis- und Gestaltungsphase und der branchenspezifischen Ausgestaltung der Methodikschritte wurden anschließend in Fallbeispielen bei den Firmen GIRA Giersiepen GmbH, Kirchhoff Automotive Deutschland GmbH und BSH Bosch und Siemens Hausgeräte GmbH durch die erfolgreiche Prozesssynchronisierung mit unterschiedlichen Synchronisierungsvoraussetzungen in verschiedenen Anwendungsfällen validiert.

Zwar gibt die erarbeitete Methodik dem Anwender eine schlüssige Systematik für die zielführende Prozesssynchronisierung in der Auftragsabwicklung unter den gegebenen Voraussetzung der Industrialisierung vor, dennoch besteht aufgrund der Breite des Anwendungsfelds zusätzlicher Konkretisierungsbedarf bei der inhaltlichen und zeitlichen Abstimmung von Teilprozessen zur Umsetzung einzelner Synchronisierungsoptionen. Eine kontextbezogene Detaillierung der Systematik zur inhaltlichen und zeitlichen Abstimmung von Prozessschritten aufeinander als Teil der Synchronisierung stellt daher ein Feld für aufbauende Forschungsarbeiten dar.

Literaturverzeichnis

Adam, D. (Komplexitätsmanagement)
Komplexitätsmanagement. Wiesbaden: Gabler, 1998.

Ahlers, G. M. (Organisation der integrierten Kommunikation)
Organisation der integrierten Kommunikation: Entwicklung eines prozessorientierten Organisationsansatzes. Wiesbaden: Gabler, 2006.

Ahlrichs, F./Knuppertz, T. (Controlling von Geschäftsprozessen)
Controlling von Geschäftsprozessen. Prozessorientierte Unternehmenssteuerung umsetzen. Stuttgart: Schäffer-Poeschel, 2006.

Aichele, C. (Intelligentes Projektmanagement)
Intelligentes Projektmanagement. Stuttgart: Kohlhammer, 2006.

Arnold, D./Isermann, H. et al. (Handbuch Logistik)
Handbuch Logistik. 3. Aufl., Berlin: Springer, 2008.

AWF (EDV-Einsatz in der Produktion)
Integrierter EDV-Einsatz in der Produktion: CIM – Computer integrated manufacturing: Begriffe, Definitionen, Funktionszuordnungen. Eschborn: AWF – Ausschuss für wirtschaftliche Fertigung e.V., 1985.

Bachthaler, M. (Systemtechnik)
Entwicklung und Anwendung der Systemtechnik bei komplexen innovativen Vorhaben sowie bei Mensch-Maschine-Systemen: eine Systemmethodik für das Technische Management. Düsseldorf: VDI Verlag, 2000.

Bandte, H. (Komplexität in Organisationen)
Komplexität in Organisationen: Organisationstheoretische Betrachtungen und agentenbasierte Simulation. Wiesbaden: Gabler, 2007.

Bär, W. (Produktionsplanung und Auftragsbearbeitung)
Produktionsplanung und Auftragsbearbeitung im Industriebetrieb. Wiesbaden: Gabler, 1977.

Baumann, M. (Excellenz in der Mikrobearbeitung)
Wege zur technischen Excellenz in der Mikrobearbeitung. Wiesbaden: 2009.

Bea, F. X./Scheurer, S. et al. (Projektmanagement)
Projektmanagement. Stuttgart: Lucius & Lucius, 2008.

Becker, J./Kugeler, M. et al. (Prozessmanagement)
Prozessmanagement: Ein Leitfaden zur prozessorientierten Organisationsgestaltung. 3. Aufl., Berlin, Heidelberg: Springer, 2002.

Becker, J./Kugeler, M. et al. (Prozessmanagement)
Prozessmanagement: Ein Leitfaden zur prozessorientierten Organisationsgestaltung. 6. Aufl., Berlin, Heidelberg: Springer, 2008.

Becker, J./Rosemann, M. et al. (Vorbereitung der Prozessmodellierung)
Vorbereitung der Prozessmodellierung. 6. Aufl., Berlin: Springer, 2008.

Becker, T. (Prozesse optimieren)
Prozesse in Produktion und Supply Chain optimieren. Berlin: Springer, 2005.

Bellmann, K./Himpel, F. (Produktionsmanagement)
Fallstudien zum Produktionsmanagement. Wiesbaden: Gabler, 2008.

Benand-Wagenhoff, V./Paulinyi, A. (Industrialisierung)
Industrialisierung – Begriffe und Prozesse: Festschrift Akos Paulinyi zum 65. Geburtstag. Stuttgart: Verl. für Geschichte der Naturwiss. und Technik, 1994.

Bennett, M./Schatz, M. et al. (Huygens`s clocks)
Huygens`s clocks. In: The Royal Society (2002, S. 563-579.

Berens, W./Delfmann, W. et al. (Quantitative Planung)
Quantitative Planung: Grundlagen, Fallstudien, Lösungen. Stuttgart: Schäffer-Poeschel, 2004.

Berens, W./Schmitting, W. (Controlling)
Zum Verhältnis von Controlling, Interner Revision und Früherkennung vor dem Hintergrund der Corporate Governance. In: Freidank, C. C. (Hrsg.): Corporate Governance und Controlling. Heidelberg: Physica-Verlag, 2004.

Binner, H. F. (Handbuch der prozessorientierten Arbeitsorganisation)
Handbuch der prozessorientierten Arbeitsorganisation. 3. Aufl., München: Hanser, 2005.

Black, J. (DuMont Atlas der Weltgeschichte)
DuMont Atlas der Weltgeschichte. Köln: DuMont, 2000.

Bleicher, K. (Management)
Das Konzept Integriertes Management: Visionen – Missionen – Programme. 7. Aufl., Frankfurt/Main: Campus Verlag GmbH, 2004.

Bloech, J./Bogaschewsky, R. et al. (Einführung in die Produktion)
Einführung in die Produktion. 5. Aufl., Berlin: Springer, 2004.

Boos, W. (Modulare Werkzeuge)
Methodik zur Gestaltung und Bewertung von modularen Werkzeugen. Dissertation, RWTH Aachen, 2008.

Boyt, T./Harvey, M. (Classification of industrial services)
Classification of industrial services: A model with strategic implications. In: Industrial Marketing Management (1997), Nr. 4, S. 291-300.

Bozarth, C./McDermott, C. (Configurations in manufacturing strategy)
Configurations in manufacturing strategy: a review and directions for future research. In: Journal of Operations Management (1998), Nr. 4, S. 427-439.

Brankamp, K. (Organisation des Betriebsmittelbaus)
Organisation des Betriebsmittelbaus. In: Brankamp, K. (Hrsg.): Wettbewerbsfaktor Werkzeug- und Betriebsmittelbau. Zürich: Zürich Industrielle Organisation, 1991.

Brankamp, K. (Wettbewerbsfaktor Werkzeugbau)
Wettbewerbsfaktor Werkzeug- und Betriebsmittelbau. Zürich: Zürich Industrielle Organisation, 1991.

Brecher, C./Klocke, F. et al. (Wettbewerbsfaktor Produktionstechnik)
Wettbewerbsfaktor Produktionstechnik – Aachener Perspektiven. AWK Aachener Werkzeugmaschinen-Kolloquium. Aachen: Shaker, 2011.

Bremer Institut für Produktion und Logistik (Logistische Selbststeuerung)
Logistische Selbststeuerung – Terminologie, Evaluierung und Anwendung. Bremen: Universität Bremen, BiBa, 2006.

Bretzke, W.-R./Barkawi, K. (Nachhaltige Logistik)
Nachhaltige Logistik – Antworten auf eine globale Herausforderung. Berlin, Heidelberg: Springer, 2010.

Brockhoff, K. (Schnittstellen-Management)
Schnittstellen-Management – Abstimmungsprobleme zwischen Marketing und Forschung und Entwicklung. Stuttgart: C.E. Poeschel, 1989.

Bronner, R. (Komplexität)
Komplexität. In: Frese, E. (Hrsg.): Handwörterbuch der Organisation. Stuttgart: Schäffer-Poeschel Verlag, 1992, S. 1122-1130.

Brühl, R. (Controlling)
Controlling: Grundlagen des Erfolgscontrollings. 2. Aufl., München: Oldenbourg Wissenschaftsverlag, 2009.

Brühl, R./Stelling, J. N. et al. (Betriebswirtschaftslehre)
Betriebswirtschaftslehre – Einführung. 11. Aufl., München: Oldenbourg, 2002.

Bruhn, M. (Wertschöpfungsprozesse bei Dienstleistungen)
Wertschöpfungsprozesse bei Dienstleistungen: Forum Dienstleistungsmanagement. Wiesbaden: Gabler, 2007.

Bruns, M. (Systemtechnik)
Systemtechnik: Ingenieurwissenschaftliche Methodik zur interdisziplinären Systementwicklung. Berlin: Springer, 1991.

Büdenbender, W. (Ganzheitliche Produktionsplanung und -steuerung)
Ganzheitliche Produktionsplanung und -steuerung. Konzepte für Produktionsunternehmen mit kombinierter kundenanonymer und kundenbezogener Auftragsabwicklung. Berlin: Springer, 1991.

Bullinger, H. J./Warnecke, W. (Neue Organisationsformen im Unternehmen)
Neue Organisationsformen im Unternehmen. Ein Handbuch für modernes Management. 2. Aufl., Berlin: Springer, 2003.

Bullinger, H.-J./Spath, D. et al. (Handbuch Unternehmensorganisation)
Handbuch Unternehmensorganisation: Strategien, Planung, Umsetzung. Berlin, Heidelberg: Springer, 2009.

Burckhardt, W. (Handbuch Produktion)
Das Grosse Handbuch Produktion. Landsberg/Lech: Verlag Moderne Industrie, 2001.

Campbell, D. (Task Complexity)
Task Complexity – A Review and Analysis. In: The Academy of Management Review (1988), Nr. 13, S. 40-52.

Castillo, M. (Typologisieren als wissenschaftliche Methode)
Typologisieren als wissenschaftliche Methode. Norderstedt: GRIN, 2008.

Charmilles, A. (Geschäftsbericht)
Geschäftsbericht. URL: http://www.agiecharmilles.com (Stand: 20.03.2006).

Corbett, S. (Beyond manufacturing)
Beyond manufacturing: The evolution of lean production. In: The McKinsey Quarterly (2007), Nr. 3, S. 95-105.

Davenport, T. H. (Process Innovation)
Process Innovation: Reengineering Work through Information Technology. Boston: Harvard Business School, 1993.

Davenport, T. H. (Process Innovation)
Process innovation: reengineering work through information technology. Boston: Harvard Business School Press, 1997.

Dehnen, K. (Strategisches Komplexitätsmanagement)
Strategisches Komplexitätsmanagement in der Produktentwicklung. Dissertation, Westfälische Wilhelms-Universität Münster, 2004.

Deutsches Institut für Normung (DIN EN ISO 9000:2005)
DIN EN ISO 9000:2005, Qualitätsmanagementsysteme – Grundlagen und Begriffe. Berlin: Beuth, 2005.

Deutsches Institut für Normung (DIN 69901-1)
DIN 69901-1, Projektmanagement; Projektmanagementsysteme. Berlin: Beuth, 2009.

Dickmann, P. (Schlanker Materialfluss)
Schlanker Materialfluss: mit Lean Production, Kanban und Innovation. 2. Aufl., Berlin: Springer, 2009.

Dietrich, A. (Informationssysteme für Mass Customization)
Informationssysteme für Mass Customization. Institutionenökonomische Analyse und Architekturentwicklung. Dissertation, Universität Hohenheim, 2007.

Dinter, B. (Integrierte Informationslogistik)
Integrierte Informationslogistik. Berlin, Heidelberg: Springer, 2008.

Doppler, K./Lauterburg, C. (Change Management)
Change Management: Den Unternehmenswandel gestalten. Frankfurt/Main u. a.: Campus, 2008.

Döring, S. (Konfliktmanagement)
Konfliktmanagement in der technischen Auftragsabwicklung im Werkzeugbau. Dissertation, RWTH Aachen, 2010.

Dyckhoff, H. (Grundzüge der Produktionswirtschaft)
Grundzüge der Produktionswirtschaft – Einführung in die Theorie betrieblicher Wertschöpfung. 4. Aufl., Berlin: Springer, 2003.

Ebeling, W./Freund, J. et al. (Komplexe Strukturen)
Komplexe Strukturen – Entropie und Information. Stuttgart: Teubner Verlag, 1998.

Egan, C. (Creating organizational advantage)
Creating organizational advantage. Oxford: Butterworth-Heinemann, 1999.

Eggebrecht, A./Flemming, J. et al. (Geschichte der Arbeit)
Geschichte der Arbeit: Vom alten Ägypten bis zur Gegenwart. Köln: Kiepenheuer & Witsch, 1980.

Ehrlenspiel, K. (Integrierte Produktentwicklung)
Integrierte Produktentwicklung. Denkabläufe, Methodeneinsatz, Zusammenarbeit. 2. Aufl., München: Carl Hanser, 2008.

ElMaraghy, W./Urbanic, R. (Modelling of Manufacturing Systems Complexity)
Modelling of Manufacturing Systems Complexity. In: CIRP annals (2003), Nr. 1, S. 363-366.

ElMaraghy, W./Urbanic, R. (Assessment of Manufacturing Operational Complexity)
Assessment of Manufacturing Operational Complexity. In: CIRP annals (2004), Nr. 1, S. 401-406.

Erdmann, J. (Integriertes Prozeßmanagement)
Integriertes Prozeßmanagement. Ein multidimensionaler Ansatz für das Management von Prozessen in Unternehmen. Hannover: Books on Demand GmbH, 2000.

Erlach, K. (Wertstromdesign)
Wertstromdesign – Der Weg zur schlanken Fabrik. Berlin, Heidelberg: Springer, 2007.

Espejo, R. e. a. (Organizational Transformation and Learning)
Organizational Transformation and Learning – A Cybernetic Approach to Management. New York: Wiley & Sons, 1996.

Eva Best/Martin Weth (Geschäftsprozesse optimieren)
Geschäftsprozesse optimieren: Der Praxisleitfaden für erfolgreiche Reorganisation. 3. Aufl., Wiesbaden: Gabler, 2009.

Eversheim, W. (Organisation in der Produktionstechnik)
Organisation in der Produktionstechnik – Grundlagen. Düsseldorf: VDI, 1996.

Eversheim, W. (Prozeßorientierte Unternehmensorganisation)
Prozeßorientierte Unternehmensorganisation: Konzepte und Methoden zur Gestaltung „schlanker" Organisationen. Berlin u. a.: Springer, 1996.

Eversheim, W. (Wettbewerbsfaktor Produktionstechnik)
Wettbewerbsfaktor Produktionstechnik. Aachen: Shaker, 1999.

Eversheim, W. (Produktionstechnik)
Organisation in der Produktionstechnik. 3. Aufl., Berlin: Springer, 2002.

Eversheim, W./Klocke, F. (Werkzeugbau mit Zukunft)
Werkzeugbau mit Zukunft: Strategie u. Technologie. Berlin, Heidelberg: Springer, 1998.

Eversheim, W./Klocke, F. et al. (Werkzeugbau mit Zukunft)
Werkzeugbau mit Zukunft – Vom Dienstleister der Produktion zum Partner in der Prozesskette. In: Eversheim, W. (Hrsg.): Wettbewerbsfaktor Produktionstechnik. Aachen: Shaker, 1999, S. 279-310.

Eversheim, W./Klocke, F. et al. (Orientierung für den Werkzeug- und Formenbau)
Orientierung für den Werkzeug- und Formenbau – Mit Benchmarking von den Besten lernen. Aachen: WZL (Eigendruck), 2002.

Eversheim/W. et al. (Betriebshütte)
Hütte: Produktion und Management – Betriebshütte Teil 1. Berlin: Springer, 1996.

Feyerabend, F. (Reorganisation)
Reorganisation – Profit Center senken Kosten: Tagungsband 1. Kolloquium „Werkzeugbau mit Zukunft". Aachen: WZL (Eigendruck), 1998.

Filz, B. (Distributionslogistik)
Entwicklung eines systematischen Einflußgrößenmodells für die Distributionslogistik. Dissertation, Universität Dortmund, 1993.

Fink, C. (Prozessorientierte Unternehmensplanung)
Prozessorientierte Unternehmensplanung – Analyse, Konzeption und Praxisbeispiel. Dissertation, Universität Stuttgart, 2005.

Fleisch, E./Fuchs, S. et al. (High Resolution Production Management)
High Resolution Production Management – Auftragsplanung und Steuerung in der individualisierten Produktion. In: Schuh, G./Brecher, C./ et al. (Hrsg.): Wettbewerbsfaktor Produktionstechnik – Integrative Produktionstechnik für Hochlohnländer: Aachener Perspektiven. Tagungsband zum Aachener Werkzeugmaschinen Kolloquium AWK 2008. Aachen: Apprimus-Verlag, 2008, S. 451-471.

Fließ, S. (Prozessorganisation)
Prozessorganisation in Dienstleistungsunternehmen. Stuttgart: Kohlhammer, 2006.

Ford, H./Crowther, S. et al. (Das grosse Heute, das grössere Morgen)
Das grosse Heute, das grössere Morgen. Leipzig: List, 1926.

Ford, H./Crowther, S. et al. (Und trotzdem vorwärts!)
Und trotzdem vorwärts! Leipzig: List, 1930.

Forschungsinstitut für Rationalisierung – FIR (Der Betriebsleiter)
Der Betriebsleiter. Aachen: 1996.

Freidank, C. (Corporate Governance und Controlling)
Corporate Governance und Controlling. Heidelberg: Physica-Verlag, 2004.

Frese, E. (Handwörterbuch der Organisation)
Handwörterbuch der Organisation. Stuttgart: Schäffer-Poeschel Verlag, 1992.

Frese, E. (Grundlagen der Organisation)
Grundlagen der Organisation. Konzept – Prinzipien – Strukturen. 8. Aufl., Wiesbaden: Gabler, 2000.

Frese, L./Noetel, W. (Kundenorientierung in der Auftragsabwicklung)
Kundenorientierung in der Auftragsabwicklung – Strategie, Organisation und Informationstechnologie. Düsseldorf: VDI, 1992.

Frick, L. (Geschäftsmodelle im WZB)
Erfolgreiche Geschäftsmodelle im Werkzeugbau. Dissertation, RWTH Aachen, 2005.

Fricker, I. (Strategische Stringenz)
Strategische Stringenz im Werkzeug- und Formenbau. Dissertation, RWTH Aachen, 2005.

Friedl, B. (Controlling)
Controlling. Stuttgart: Lucius & Lucius, 2003.

Friedli, T. (Technologiemanagement)
Technologiemanagement. Berlin: Springer, 2006.

Friedli, T. (Industriestandort Schweiz)
Industriestandort Schweiz – Gegenwart und Zukunft der Schweizer Industrie. 1. Aufl., Bern, Stuttgart, Wien: Haupt, 2007.

Friedrich, M. (Prozesskoordination)
Beurteilung automatisierter Prozesskoordination in der technischen Auftragsabwicklung. Dissertation, RWTH Aachen, 2002.

Frost, J. (Märkte in Unternehmen)
Märkte in Unternehmen: Organisatorische Steuerung und Theorien der Firma. Wiesbaden: Deutscher Universitäts-Verlag, 2005.

Gadatsch, A. (Management von Geschäftsprozessen)
Management von Geschäftsprozessen. Braunschweig, Wiesbaden: Vieweg, 2002.

Gaitanides, M. (Prozeßorganisation)
Prozeßorganisation: Entwicklung, Ansätze und Programme prozeßorientierter Organisationsgestaltung. München: Vahlen, 1983.

Gaitanides, M. (Prozessorganisation)
Prozessorganisation. Entwicklung, Ansätze und Programme des Managements von Geschäftsprozessen. München: Vahlen, 2007.

Gaitanides, M./Scholz, R. et al. (Prozeßmanagement)
Prozeßmanagement – Grundlagen und Zielsetzungen. In: Gaitanides, M./Scholz, R./ et al. (Hrsg.): Prozeßmanagement: Konzepte, Umsetzungen und Erfahrungen des Reengineering. München, Wien: Hanser, 1994, S. 1-19.

Gaitanides, M./Scholz, R. et al. (Prozeßmanagement)
Prozeßmanagement: Konzepte, Umsetzungen und Erfahrungen des Reengineering. München, Wien: Hanser, 1994.

Giehler, F. (Erhöhung der Planungsproduktivität)
Erhöhung der Planungsproduktivität am Beispiel der Auftragsabwicklung im Werkzeugbau. Aachen: Apprimus, 2010.

Gierhake, O. (Integriertes Geschäftsprozessmanagement)
Integriertes Geschäftsprozessmanagement: effektive Organisationsgestaltung mit Workflow-, Workgroup- und Dokumentenmanagement-Systemen. 3. Aufl., Braunschweig: Vieweg, 2000.

Gierth, M. (Selbststeuerung logistischer Prozesse)
Beurteilung der Selbststeuerung logistischer Prozesse in der Werkstattfertigung. Dissertation, RWTH Aachen, 2009.

Gleich, R. (Das System des Performance Measurement)
Das System des Performance Measurement: theoretisches Grundkonzept, Entwicklungs- und Anwendungsstand. München: Vahlen, 2001.

Gleissner, H./Femerling, C. (Logistik)
Logistik: Grundlagen – Übungen – Fallbeispiele. Wiesbaden: Gabler, 2008.

Glinz, M./Müller-Luschnat, G. (Modellierung 2002)
Modellierung 2002. Tutzing: 2002.

Göpfert, J. (Modulare Produktentwicklung)
Modulare Produktentwicklung. 2. Aufl., Norderstedt: Books on Demand, 2009a.

Göpfert, J. (Modulare Produktentwicklung)
Modulare Produktentwicklung – Zur gemeinsamen Gestaltung von Technik und Organisation. 2. Aufl., Norderstedt: Books on Demand, 2009b.

Gottschalk, S. (Dedicated Flexibility)
Dedicated Flexibility – Komplexitätsoptimale Gestaltung manueller Serienmontage. Dissertation, RWTH Aachen, 2006.

Grosse-Oetringhaus, W. F. (Fertigungstypologie)
Fertigungstypologie unter dem Gesichtspunkt der Fertigungsablaufplanung. Berlin: Drucker & Humboldt Verlag, 1974.

Grunwald, S. (Produktentwicklung und Montageplanung)
Methoden zur Anwendung der flexiblen integrierten Produktentwicklung und Montageplanung. München: Herbert Utz, 2002.

Gudehus, T. (Logistik)
Logistik: Grundlagen, Strategien, Anwendungen. 4. Aufl., Berlin: Springer, 2010.

Gulden, A. (Wertorientierte Gestaltung)
Wertorientierte Gestaltung kundenindividueller Kleinserienproduktion. Dissertation, RWTH Aachen, 2009.

Gutenberg, E. (Die Produktion)
Die Produktion. 16. Aufl., Berlin: Springer, 1951.

Gutenberg, E. (Betriebswirtschaftslehre)
Grundlagen der Betriebswirtschaftslehre – Der Absatz. Berlin: Springer, 1970.

Güthenke, G. (Center-Konzeption für Unternehmen)
Center-Konzeption für produzierende Unternehmen: Ein Entscheidungsmodell zur kontextspezifischen Gestaltung technologieintensiver Geschäftseinheiten. Dissertation, RWTH Aachen, 2000.

Haasler, B. (Hochtechnologie und Handarbeit)
Hochtechnologie und Handarbeit. Eine Studie zur Facharbeit im Werkzeugbau der Automobilindustrie. Dissertation, Universität Bremen, 2004.

Haberfellner, R./Nagel, P. et al. (Systems Engineering)
Systems Engineering: Methodik und Praxis. Zürich: Verlag Industrielle Organisation, 1999.

Haberfellner, R./Nagel, P. et al. (Systems Engineering)
Systems Engineering. Methodik und Praxis. 11. Aufl., Zürich: Verlag Industrielle Organisation, 2002.

Hachtel, G./Holzbauer, U. (Management für Ingenieure)
Management für Ingenieure. Wiesbaden: GWV Fachverlage GmbH, 2010.

Hambrick, D. (Taxonomic Approaches to Studying Strategy)
Taxonomic Approaches to Studying Strategy: Some Conceptual and Methodological Issues. In: Journal of Management (1984), Nr. 1, S. 27-41.

Hammer, M./Champy, J. (Business Reengineering)
Business Reengineering: Die Radikalkur für das Unternehmen. 2. Aufl., Frankfurt/Main, New York: Campus Verlag, 1994.

Harrington, H. J./Esseling, E. K. C. et al. (Business Improvement Workbook)
Business Improvement Workbook. New York: McGraw-Hill, 1997.

Hellmich, K. P. (Kundenorientierte Auftragsabwicklung)
Kundenorientierte Auftragsabwicklung: Engpassorientierte Planung und Steuerung des Ressourceneinsatzes. Wiesbaden: DUV, 2003.

Hernandez, M. R. (Systematik der Wandlungsfähigkeit)
Systematik der Wandlungsfähigkeit in der Fabrikplanung. Düsseldorf: VDI, 2003.

Hess, T. (Entwurf betrieblicher Prozesse)
Entwurf betrieblicher Prozesse. Wiesbaden: Gabler, 1996.

Hess, T./Brecht, L. (Business Process Redesign)
State of the Art des Business Process Redesign : Darstellung und Vergleich bestehender Methoden. Wiesbaden: Gabler, 1995.

Heusler, K. F. (Supply Chain Management)
Implementierung von Supply Chain Management. Wiesbaden: DUV, 2004.

Hill, A./Boos, W. (Standardisierung im Werkzeugbau)
Standardisierung im Werkzeugbau als strategischer Erfolgsfaktor. In: Der Stahlformenbauer (2008), Nr. 6, S. 10-17.

Hill, W./Ulrich, P. (Betriebswissenschaftliche Konzeptionen)
Wissenschaftliche Aspekte ausgewählter betriebswissenschaftlicher Konzeptionen. In: Raffee, H./Abel, B. (Hrsg.): Wissenschaftstheoretische Grundfragen der Wirtschaftswissenschaften. München: Vahlen, 1979.

Hinterhuber, H./Aichner, H. et al. (Unternehmenswert und Lean Management)
Unternehmenswert und Lean Management: Wie ein Unternehmen den Nutzen für alle Stakeholder erhöht. Wien: Manz, 1994.

Hirsch, B./Kuhlmann, T. et al. (Produktionskoordinierung)
Produktionskoordinierung in der Unikatfertigung. In: ZWF Zeitschrift für wirtschaftlichen Fabrikbetrieb (1992), Nr. 87, S. 673-676.

Hochkeppler, B. (Analyse von Geschäftsprozessen)
Analyse von Geschäftsprozessen: Prozessoptimierung in Theorie und Praxis. Saarbrücken: VDM Dr. Müller, 2007.

Hoffmeister, N. (Das lernende Unternehmen)
Das lernende Unternehmen: Personal- und Organisationsentwicklung in einer kompetenz- und prozessorientierten Organisation. Frankfurt: Lang, 2010.

Hohberger, P. (Prozeßorientierte Reorganisationsmaßnahmen)
Prozeßorientierte Reorganisationsmaßnahmen – Positionierung und umsetzungsrelevante Faktoren. München: LIT, 2000.

Honer, A. (Lebensweltliche Ethnographie)
Lebensweltliche Ethnographie. Ein explorativ-interpretativer Forschungsansatz am Beispiel von Heimwerkerwissen. Wiesbaden: Deutscher Universitätsverlag, 1993.

Horn, S. (Modellierung und Steuerung)
Die schemabasierte Modellierung und Steuerung von Projektvorgängen. Dissertation, Friedrich-Alexander-Universität Erlangen-Nürnberg, 2003.

Horvath, P. (Controlling)
Controlling – Prozesse optimieren. Stuttgart: Schäffer-Poeschel Verlag, 1995.

Horvath, P. (Neuorientierung des Controlling)
Thesen zur Neuorientierung des Controlling. In: Horvath, P. (Hrsg.): Controlling – Prozesse optimieren. Stuttgart: Schäffer-Poeschel Verlag, 1995.

Horvath, P. (Controlling)
Controlling. 8. Aufl., München: Vahlen, 2002.

Horvath, P. (Controlling)
Controlling. 11. Aufl., München: Vahlen, 2008.

Hoyer, H./Knuth, M. (Die Teilautonome Gruppe)
Die Teilautonome Gruppe – Strategie des Kapitals oder Chance für die Arbeiter. In: Kursbuch (1976), Nr. 43, S. 118-132.

Huber, M. (Kollaborative Wertschöpfung)
Kollaborative Wertschöpfung: Kundenaktivitäten als Basis neuer Wertschöpfungskonstellationen für E-Services. Dissertation, Universität München, 2004.

Hungenberg, H. (Strategisches Management)
Strategisches Management im Unternehmen. 3. Aufl., Wiesbaden: Gabler, 2004.

Ittner, T. (Bewertung von Kernkompetenzen)
Quantitative Bewertung von Kernkompetenzen in der Automobilzulieferindustrie am Beispiel des Presswerkzeugbaus. Dissertation, Technische Universität Darmstadt, 2004.

Jabs, A. (Restrukturierung der Auftragsabwicklung)
Methodik zur prozessorientierten Restrukturierung der industriellen Auftragsabwicklung. Dissertation, Technische Universität Carolo-Wilhelmina zu Braunschweig, 2007.

Jaeger, S./Ely, N. (Atlantisbuch der Dirigenten)
Atlantisbuch der Dirigenten: eine Enzyklopädie. Zürich: Atlantis-Musikbuch-Verlag, 1985.

Jochem, R./Knothe, T. et al. (Prozessmanagement)
Prozessmanagement – Strategien, Methoden, Umsetzung. 1. Aufl., Düsseldorf: Symposion, 2010.

Jodlbauer, H. (Produktionsoptimierung)
Produktionsoptimierung – Wertschaffende sowie kundenorientierte Planung und Steuerung. 2. Aufl., Wien: Springer, 2008.

Johansson, H. J./McHugh, P. et al. (Business Process Reengineering)
Business Process Reengineering: Breakpoint Strategies for Market Dominance. Chichester: John Wiley & Sons, 1993.

Jung, H. (Allgemeine Betriebswirtschaftslehre)
Allgemeine Betriebswirtschaftslehre. 10. Aufl., München: Oldenbourg, 2006.

Jurklies, I. (Prozessketten für den Werkzeugbau)
Generierung und Bewertung von Prozessketten für den Werkzeug- und Formenbau. Dissertation, TU Chemnitz, 2004.

Kaplan, R./Norton, D. (The balanced scorecard)
The balanced scorecard: translating strategy into action. New York: McGraw-Hill, 1996.

Kerzner, H. (Projektmanagement)
Projektmanagement. 2. Aufl., Heidelberg: mitp, 2008.

Kieser, A. (Handwörterbuch der Führung)
Handwörterbuch der Führung. Stuttgart: Schäffer-Poeschel Verlag, 1987.

Kieser, A./Kubicek, H. (Organisation)
Organisation. 3. Aufl., Berlin u. a.: de Gruyter, 1992.

Kirchhof, R. (Ganzheitliches Komplexitätsmanagement)
Ganzheitliches Komplexitätsmanagement. Grundlagen und Methodik des Umgangs mit Komplexität im Unternehmen. Wiesbaden: Gabler, 2003.

Klocke, F./Schuh, G. (Werkzeugbau mit Zukunft)
Tagungsband 4. Internationales Kolloquium „Werkzeugbau mit Zukunft“. Aachen: WZL (Eigendruck), 2004.

Klocke, F./Schuh, G. et al. (Zukunftsstudie Werkzeug- und Formenbau)
Zukunftsstudie Werkzeug- und Formenbau. Aachen: WZL (Eigendruck), 2005.

Klocke, F./Schuh, G. et al. (Werkzeugbau in China)
Werkzeugbau in China – Chance oder Bedrohung. Aachen: WZL (Eigendruck), 2006.

Klotzbach, C. (Industrieller Werkzeugbau)
Gestaltungsmodell für den industriellen Werkzeugbau. Dissertation, RWTH Aachen, 2006.

Klug, F. (Fertigungssegmentplanung)
Konzepte zur Fertigungssegmentplanung unter der besonderen Berücksichtigung von Kostenaspekten. München: Utz, Wiss., 2000.

Kluge, S. (Typenbildung)
Empirisch begründete Typenbildung: zur Konstruktion von Typen und Typologien in der qualitativen Sozialforschung. Dissertation, Universität Bremen, 1999.

Knoblich, H. (Betriebswirtschaftliche Warentypologie)
Betriebswirtschaftliche Warentypologie. Köln: Westdeutscher Verlag, 1969.

Kobler, M. (Qualität von Prozessmodellen)
Qualität von Prozessmodellen: Kennzahlen zur analytischen Qualitätssicherung bei der Prozessmodellierung. Berlin: Logos, 2010.

Koether, R. (Verringerung von Mix-Modell-Verlusten)
Verfahren zur Verringerung von Mix-Modell-Verlusten in Fließmontage. Berlin: Springer, 1985.

Konz, H. (Steuerung der Standplatzmontage)
Steuerung der Standplatzmontage komplexer Produkte. Entwickeln einer Methode zur EDV-gestützten Steuerung von Standplatzmontagen in der auftragsgebundenen Kleinserien- und Serienproduktion. Dissertation, RWTH Aachen, 1989.

Kortzfleisch, G. (Betriebswirtschaftslehre)
Wissenschaftsprogramme und Ausbildungsziele der Betriebswirtschaftslehre. Berlin: 1971.

Kosiol, E. (Organisationsforschung)
Grundlagen und Methoden der Organisationsforschung. 2. Aufl., Berlin: Duncker & Humboldt, 1968.

Kosiol, E. (Organisation)
Organisation der Unternehmung. 2. Aufl., Wiesbaden: Gabler, 1976.

Kosmider, A. (Controlling im Mittelstand)
Controlling im Mittelstand. Eine Untersuchung der Gestaltung und Anwendung des Controllings in mittelständischen Industrieunternehmen. Stuttgart: C.E. Poeschel, 1991.

Koubek, N. (Innovation und Internationalisierung)
Innovation und Internationalisierung – Festschrift für Norbert Koubek. 1. Aufl., Wiesbaden: Gabler, 2010.

Kozielski, S. (Integratives Kennzahlensystem für den Werkzeugbau)
Integratives Kennzahlensystem für den Werkzeugbau. Dissertation, RWTH Aachen, 2010.

Krah, O. (Prozessmodell)
Prozessmodell zur Unterstützung umfassender Veränderungsprojekte. Dissertation, RWTH Aachen, 1998.

Krause, L. (Produktdatenmanagement)
Methode zur Implementierung von integriertem Produktdatenmanagement. 2. Aufl., Berlin: GITO, 2008.

Krause, O. (Performance Management)
Performance Management. Eine Stakeholder-Nutzen-orientierte und Geschäftsprozess-basierte Methode. Wiesbaden: Deutscher Universitäts-Verlag, 2006.

Kromrey, H. (Empirische Sozialforschung)
Empirische Sozialforschung: Modelle und Methoden der Datenerhebung und Datenauswertung. 5. Aufl., Opladen: Leske & Budrich, 1991.

Krüger, R. (Logistikprozesse)
Das Just-in-Time-Konzept für globale Logistikprozesse. 1. Aufl., Wiesbaden: Dt. Univ.-Verl., 2004.

Krüger, W. (Excellence in Change)
Excellence in Change: Wege zur strategischen Erneuerung. Wiesbaden: Gabler, 2009.

Kubicek, H./Köhler, R. (Heuristische Bezugsrahmen)
Heuristische Bezugsrahmen und heuristische angelegte Forschungsdesigns als Elemente der Konstruktionsstrategie empirischer Forschung. Stuttgart: Poeschel Verlag, 1977.

Kugeler, M. (Organisationsgestaltung)
Informationsmodellbasierte Organisationsgestaltung. Modellierungskonventionen und Referenzvorgehensmodell zur prozessorientierten Reorganisation. Berlin: Logos, 2000.

Kuhlmann, K. (Gestaltung von Geschäftsprozessen)
Methodik zur Gestaltung von Geschäftsprozessen im industriellen Werkzeugbau. Dissertation, RWTH Aachen, 2011.

Kühnle, H. (Paradigmenwechsel in der Produktion)
Paradigmenwechsel in der Produktion. In: Management Circle (1995), Nr. 19

Küng, P. (Process performance measurement system)
Process performance measurement system: a tool to support process-based organizations. In: Total Quality Management (2000), Nr. 1, S. 67-85.

Küpper, H./Weber, J. et al. (Controlling)
Zum Verständnis und Selbstverständnis des Controlling – Thesen zur Konsensbildung. In: Zeitschrift für Betriebswirtschaft (ZfB) (1990), Nr. 1, S. 281-293.

Kuster, J./Huber, E. et al. (Handbuch Projektmanagement)
Handbuch Projektmanagement. 2. Aufl., Berlin: Springer, 2008.

Lackes, R./Siepermann, M. (Gabler Wirtschaftslexikon)
Gabler Wirtschaftslexikon – Auftrag. 17. Aufl., Wiesbaden: Gabler, 2010.

Lamnek, S. (Qualitative Sozialforschung)
Qualitative Sozialforschung – Lehrbuch. 4. Aufl., Weinheim: Beltz PVU, 2005.

Lang, R. (Technologiekombination durch Modularisierung)
Technologiekombination durch Modularisierung. Dissertation, Universität St. Gallen, 2000.

Laufenberg, L. (Simultaneous Engineering)
Methodik zur integrierten Projektgestaltung für die situative Umsetzung des Simultaneous Engineering. Dissertation, RWTH Aachen, 1996.

Leipold, D./Zwicker, R. (Planung und Steuerung im Werkzeugbau)
Einsatzmöglichkeiten einer Software zur Planung und Steuerung im Werkzeug- und Formenbau. In: Der Stahlformenbauer (2009), Nr. 1, S. 60-62.

Liker, J. K. (The Toyota way)
The Toyota way: 14 management principles from the world's greatest manufacturer. New York: McGraw-Hill, 2004.

Litke, H. D. (Projektmanagement)
Projektmanagement: Methoden, Techniken, Verhaltensweisen. Evolutionäres Projektmanagement. 5. Aufl., München: Carl Hanser, 2007.

Lödding, H. (Fertigungssteuerung)
Verfahren der Fertigungssteuerung. Grundlagen, Beschreibung, Konfiguration. Berlin: Springer Verlag, 2005.

Ludewig, J. (Modelle im Software Engineering)
Modelle im Software Engineering – eine Einführung und Kritik. In: Glinz, M./Müller-Luschnat, G. (Hrsg.): Modellierung 2002. Tutzing: 2002, S. 7-22.

Lynch, R./Cross, K. (Measure up)
Measure up: yardsticks for continuous improvement. 2. Aufl., Malden und Oxford: Wiley-Blackwell, 1995.

Mählck, H./Panskus, G. (Herausforderung Lean Production)
Herausforderung Lean Production. 2. Aufl., Berlin: Springer, 1993.

Maier, F. (Komplexität und Dynamik)
Komplexität und Dynamik als Herausforderung für das Management. Wiesbaden: Gabler, 2004.

Margit Osterloh/Jetta Frost (Prozessmanagement als Kernkompetenz)
Prozessmanagement als Kernkompetenz: Wie Sie Business Reengineering strategisch nutzen können. 5. Auflage, Wiesbaden: Gabler, 2006.

Maus, H./Fürstenberg, F. et al. (Logik der Sozialwissenschaften)
Die Logik der Sozialwissenschaften. Neuwied: Hermann Luchterhand, 1969.

Mayer, A. (Modularisierung der Logistik)
Modularisierung der Logistik: Ein Gestaltungsmodell zum Management von Komplexität in der industriellen Logistik. Dissertation, Technische Universität Berlin, 2007.

Meise, V. (Ordnungsrahmen zur prozessorientierten Organisationsgestaltung)
Ordnungsrahmen zur prozessorientierten Organisationsgestaltung, Modelle für das Management komplexer Reorganisationsprojekte. Hamburg: Verlag Dr. Kovac, 2001.

Menezes, J. (Mold Making)
European Mold Making: Towards a New Competitive Positioning. In: Klocke, F./Schuh, G. (Hrsg.): Tagungsband 4. Internationales Kolloquium „Werkzeugbau mit Zukunft“. Aachen: WZL (Eigendruck), 2004.

Mertens, P./Back, A. (Lexikon der Wirtschaftsinformatik)
Lexikon der Wirtschaftsinformatik. 4. Aufl., Berlin, New York: Springer, 2001.

Möhring, H. (Instandsetzung von Formen)
Reaktionsschnelle Instandsetzung von Formen mit einer transportablen hybridkinematischen Bearbeitungseinheit. Dissertation, Universität Hannover, 2008.

Möller, K. (Werkzeug- und Formenbau)
Der deutsche Werkzeug- und Formenbau in der Statistik. In: Der Stahlformenbauer (2005), Nr. 3, S. 1-2.

Montanus, S. (Digitale Business-Strategien)
Digitale Business-Strategien für den Mittelstand: Mit neuen Technologien unternehmensübergreifende Geschäftsprozesse optimieren. Berlin u. a: Springer, 2004.

Mou, G./Tanik, M. (Project Management)
Transdisciplinary Project Management Through Process Modeling. In: Journal of Integrated Design & Process Science (2002), Nr. 3, S. 45-62.

Much, D. (Auftragsabwicklung und Produktionsplanung und -steuerung)
Harmonisierung von technischer Auftragsabwicklung und Produktionsplanung und -steuerung bei Unternehmenszusammenschlüssen. Dissertation, RWTH Aachen, 1997.

Müller, M. (Prozessorientierte Veränderungsprojekte)
Prozessorientierte Veränderungsprojekte: Fallbeispiele des Unternehmenswandels. Dissertation, Universität St. Gallen, 1999.

Neely, A. (Performance measurement system design)
Performance measurement system design: developing and testing a process-based approach. In: International Journal of Operations & Production Management (2000), Nr. 10, S. 1119-1145.

Neely, A. (Business performance measurement)
Business performance measurement. Theory and practice. Cambridge: Cambridge University Press, 2007.

Neemann, C. (Methodik zum Schutz gegen Produktimitationen)
Methodik zum Schutz gegen Produktimitationen. Aachen: Shaker, 2007.

Neuhausen, J. (Gestaltung modularer Produktionssysteme)
Methodik zur Gestaltung modularer Produktionssysteme für Unternehmen der Serienproduktion. Dissertation, RWTH Aachen, 2001.

Neumann, K. (Produktions- und Operations-Management)
Produktions- und Operations-Management. Berlin: Springer, 1996.

Niemeyer, G. (System- und Modelltheorie)
Kybernetische System- und Modelltheorie. System Dynamics. München: Vahlen, 1977.

Nippa, M./Picot, A. (Prozeßmanagement und Reengineering)
Prozeßmanagement und Reengineering. 2. Aufl., Frankfurt New York: Campus, 1996.

Nyhuis, P./Wiendahl, H. P. (Logistische Kennlinien)
Logistische Kennlinien – Grundlagen, Werkzeuge und Anwendungen. 2. Aufl., Berlin: Springer, 2003.

o. V. (Systems Organization)
Systems Organization: The Management of Complexity: Themes – Change, Conflict and Control. The Open University, 1981.

o. V. (DIN-69905: Projektabwicklung)
DIN-69905: 1997-05: Projektwirtschaft – Projektabwicklung – Begriffe. Deutsche Gesellschaft für Projektmanagement, 1997.

o. V. (Benchmark)
Benchmark – Lernen von den Besten, Teil 8: Öffnung nach außen. 2004.

o. V. (Kalkulation von Spritzgießwerkzeugen)
Beitrag im Rahmen des DIF-Seminars „Kalkulation von Spritzgießwerkzeugen". Würzburg: 2006.

o. V. (Präzisionswerkzeuge)
Präzisionswerkzeuge – Produkte, Branche und Verband: Kurzcharakterisierung und Struktur der Präzisionswerkzeugbranche. URL: http://www.vdma.org/wps/portal/Home/de/Branchen/P/PWZ/Ueber_uns/Profil (Stand: 11.02.2009).

o. V. (CEO Study)
Unternehmensführung in einer komplexen Welt – Global CEO Study. 2010.

o. V. (Synchronisierung im industriellen Werkzeugbau)
Synchronisierung im industriellen Werkzeugbau. In: Industrieanzeiger (2011), Nr. 11, S. 40.

o. V. (Duden)
Duden, Band 5: Das Fremdwörterbuch. Mannheim: Bibliographisches Institut, 1982.

o. V. (Meyers großes Taschenlexikon)
Meyers großes Taschenlexikon. 5. Aufl., Mannheim: B.I.-Taschenbuchverlag, 1995.

o. V. (Brockhaus)
Brockhaus Die Enzyklopädie. 20. Aufl., Leipzig: Wissensmedia, 2001.

o. V. (Duden)
Duden – Deutsches Universalwörterbuch. Mannheim: Bibliographisches Institut, 2003.

Oeltjenbruns, H. (Vorbild Toyotas)
Organisation der Produktion nach dem Vorbild Toyotas: Analyse, Vorteile und detaillierte Voraussetzungen sowie die Vorgehensweise zur erfolgreichen Einführung am Beispiel eines globalen Automobilkonzerns. Aachen: Shaker, 2000.

Ohno, T. (Das Toyota-Produktionssystem)
Das Toyota-Produktionssystem. Frankfurt a.M.: Campus Verlag, 1993.

Osterloh, M./Frost, J. (Prozeßmanagement als Kernkompetenz)
Prozeßmanagement als Kernkompetenz: Wie Sie Business Reengineering strategisch nutzen können. Wiesbaden: Gabler, 1996.

Osterloh, M./Frost, J. (Prozeßmanagement als Kernkompetenz)
Prozeßmanagement als Kernkompetenz: Wie Sie Business Reengineering strategisch nutzen können. 4. Aufl., Wiesbaden: Gabler, 2003.

Overmeyer, L./Nyhuis, P. et al. (Controlling)
Controlling in der Intralogistik mit Hilfe von PreProcessing Labels. In: Pfohl, H. C./Wimmer, T. (Hrsg.): Wissenschaft und Praxis im Dialog. Steuerung von Logistiksys-

temen auf dem Weg zur Selbststeuerung. Hamburg: Deutscher Verkehrs-Verlag, 2006, S. 205-215.

Patzak, G. (Systemtechnik)
Systemtechnik, Planung komplexer innovativer Systeme. Grundlagen, Methoden, Techniken. Berlin: Springer, 1982.

Paulinyi, A. (Industrielle Revolution)
Industrielle Revolution: Vom Ursprung der modernen Technik. Hamburg: Rowolth-Taschenbuch-Verlag, 1989.

Paulukuhn, L. (Typologisierung von Entwicklungsprojekten)
Typologisierung von Entwicklungsprojekten im Maschinenbau. Aachen: Shaker, 2005.

Pfeifer, T./Hafner, P. (Geschichte vom Messen)
Eine kurze Geschichte vom Messen. In: QZ (2005), Nr. 7, S. 19-22.

Pfohl, H./Wimmer, T. (Logistiksysteme)
Wissenschaft und Praxis im Dialog. Steuerung von Logistiksystemen auf dem Weg zur Selbststeuerung. Hamburg: Deutscher Verkehrs-Verlag, 2006.

Pfohl, H.-C. (Logistikmanagement)
Logistikmanagement: Konzeption und Funktionen. Berlin: Springer, 2004.

Pfohl, H.-C. (Logistiksysteme)
Logistiksysteme – Betriebswirtschaftliche Grundlagen. 8. Aufl., Heidelberg: Springer, 2010.

Pietsch, G. (Reflexionsorientiertes Controlling)
Reflexionsorientiertes Controlling. Konzeption und Gestaltung. Wiesbaden: Deutscher Universitäts-Verlag, 2003.

Plümer, T. (Logistik und Produktion)
Logistik und Produktion. München: Oldenbourg Wissenschaftsverlag GmbH, 2003.

Pollack, A. (Strategische Planung)
Entwicklung eines Informationssystems zur strategischen Planung des Werkzeugbaus. Dissertation, RWTH Aachen, 1995.

Porter, M. E. (Competitive Advantage)
Competitive Advantage: Creating And Sustaining Superior Performance. New York: Free Press, 1985.

Porter, M. E. (Globaler Wettbewerb)
Globaler Wettbewerb. Strategien der neuen Internationalisierung. Wiesbaden: Gabler Verlag, 1989.

Porter, M. E. (Nationale Wettbewerbsvorteile)
Nationale Wettbewerbsvorteile. Erfolgreich konkurrieren auf dem Weltmarkt. Wien: Ueberreuter, 1993.

Porter, M. E. (Wettbewerbsstrategie)
Wettbewerbsstrategie: Methoden zur Analyse von Branchen und Konkurrenten. Frankfurt/Main: Campus-Verlag, 1999.

Pümpin, C. (Erfolgspositionen)
Strategische Erfolgspositionen – Methodik der dynamischen strategischen Unternehmensführung. Bern, Stuttgart, Wien: Haupt-Verlag, 1992.

Purle, E. (Management von Komplexität)
Management von Komplexität in jungen Wachstumsunternehmen. Eine fallstudiengestütze Analyse. Köln: Josef Eul Verlag GmbH, 2004.

Radmann, F. (Filmsynchronisation)
Urheberrechtliche Fragen der Filmsynchronisation. Berlin: BWV – Berliner Wissenschafts-Verlag, 2003.

Raffee, H./Abel, B. (Grundfragen der Wirtschaftswissenschaften)
Wissenschaftstheoretische Grundfragen der Wirtschaftswissenschaften. München: Vahlen, 1979.

Rank, S./Scheinpflug, R. (Change Management)
Change Management in der Praxis: Beispiele, Methoden, Instrumente. Berlin: Schmidt, 2008.

Reichmann, T. (Controlling)
Controlling mit Kennzahlen und Management-Tools: die systemgestützte Controlling-Konzeption. 7. Aufl., München: Vahlen, 2006.

Reinertsen, D./Schiff, D. (Interface)
Why worry about interface margins. In: Electronic Design (1998), Nr. 15, S. 64.

Richert, J. (Performance Measurement in Supply Chains)
Performance Measurement in Supply Chains – Balanced Scorecard in Wertschöpfungsnetzwerken. Wiesbaden: Gabler, 2006.

Ripp, S. (Komplexitätsbeherrschung)
Komplexitätsbeherrschung der dispositiven Produktionslogistik durch permanente Synchronisation. Dissertation, RWTH Aachen, 2011.

Ritz, P. (Änderungen im Werkzeugbau)
Bewertung technischer Änderungen im Werkzeugbau. Dissertation, RWTH Aachen, 1999.

Ropohl, G. (Allgemeine Technologie)
Allgemeine Technologie. Eine Systemtheorie der Technik. 2. Aufl., Leipzig: Fachbuchverlag Leipzig, 1999.

Rother, M./Harris, R. (Kontinuierliche Fließfertigung organisieren)
Kontinuierliche Fließfertigung organisieren – Praxisleitfaden zur Einzelstück Fließfertigung für Manager, Ingenieure und Meister in der Produktion. Mannheim: Lean Management Institute, 2004.

Rothlauf, J. (Total-quality-Management)
Total-quality-Management in Theorie und Praxis. Zum ganzheitlichen Unternehmensverständnis. 3. Aufl., München: Oldenbourg, 2010.

Rudorfer, W. (Qualifizierung von produzierenden Unternehmen)
Eine Methode zur Qualifizierung von produzierenden Unternehmen für Kompetenznetzwerke. Dissertation, Technische Universität München, 2001.

Sabisch, H./Tintelnot, C. (Integriertes Benchmarking)
Integriertes Benchmarking für Produkte und Produktentwicklungsprozesse. Berlin: Springer, 1997.

Salzgeber, F. (Kunden- und Prozessorientierung)
Kunden- und Prozessorientierung im Versicherungsunternehmen. Karlsruhe: VVW, 1996.

Schantin, D. (Makromodellierung von Geschäftsprozessen)
Makromodellierung von Geschäftsprozessen: kundenorientierte Prozessgestaltung durch Segmentierung und Kaskadierung. Wiesbaden: DUV, 2004.

Schanz, G. (Führungsforschung)
Wissenschaftstheoretische Grundfragen der Führungsforschung. In: Kieser, A. e. a. (Hrsg.): Handwörterbuch der Führung. Stuttgart: Schäffer-Poeschel Verlag, 1987, S. 2189-2197.

Schanz, G. (Methodologie für Betriebswirte)
Methodologie für Betriebswirte. Stuttgart: Schäffer Poeschel, 1988.

Scheer, A. W. (ARIS)
ARIS – vom Geschäftsprozess zum Anwendungssystem. Berlin: Springer, 1999.

Scheer, A.-W./Boczanski, M. et al. (PLM)
Prozessorientiertes Product Lifecycle Management. Berlin: Springer, 2006.

Schenk, M./Wirth, S. (Fabrikplanung und Fabrikbetrieb)
Fabrikplanung und Fabrikbetrieb: Methoden für die wandlungsfähige und vernetzte Fabrik. Berlin, Heidelberg: Springer, 2004.

Scherer, E. (Auftragsabwicklung in der Produktion)
Auftragsabwicklung in der Produktion – Ein Leitfaden für die erfolgreiche Reorganisation im KMU. Zürich: Vdf Hochschulverlag AG an der ETH Zürich, 1998.

Schiemenz, B./Schönert, O. (Entscheidung und Produktion)
Entscheidung und Produktion. 3. Aufl., Oldenbourg: Wissenschaftsverlag GmbH, 2005.

Schierenbeck, H. (Grundzüge der Betriebswirtschaftslehre)
Grundzüge der Betriebswirtschaftslehre. München: Oldenbourg, 2003.

Schierenbeck, H./Lister, M. (Value Controlling)
Value Controlling: Grundlagen wertorientierter Unternehmensführung. München: Oldenbourg Verlag, 2003.

Schleyer, C. (Kooperationsmanagement im WZB)
Erfolgreiches Kooperationsmanagement im Werkzeugbau. Dissertation, RWTH Aachen, 2006.

Schlüter, H. (Vorkalkulationsmethoden von Spritzgießwerkzeugen)
Vorkalkulationsmethoden von Spritzgießwerkzeugen auf Basis der Ähnlichkeitsbetrachtung. In: o. V. (Hrsg.): Beitrag im Rahmen des DIF-Seminars „Kalkulation von Spritzgießwerkzeugen". Würzburg: 2006, S. 1ff.

Schmelzer, H. J./Sesselmann, W. (Geschäftsprozessmanagement)
Geschäftsprozessmanagement in der Praxis: Kunden zufrieden stellen – Produktivität steigern – Wert erhöhen. 6. Aufl., München: Hanser, 2008.

Schmelzer, H./Sesselmann, W. (Geschäftsprozessmanagement)
Geschäftsprozessmanagement in der Praxis: Kunden zufrieden stellen – Produktivität steigern – Wert erhöhen. 6. Aufl., München: Hanser, 2008.

Schmidt, C. (Koordinationsprozesse in der Auftragsabwicklung)
Konfiguration überbetrieblicher Koordinationsprozesse in der Auftragsabwicklung des Maschinen- und Anlagenbaus. Aachen: Shaker, 2008.

Schmidt, V. (Arbeitsstrukturen für die Montage)
Entwicklung und Planung gruppenorientierter Arbeitsstrukturen für die Montage komplexer und variantenreicher Produkte in der Automobilproduktion. Dissertation, Universität Braunschweig, 1990.

Schober, H. (Prozessorganisation)
Prozessorganisation: Theoretische Grundlagen und Gestaltungsoptionen. Wiesbaden: DUV, 2002.

Scholz, R. (Geschäftsprozeßoptimierung)
Geschäftsprozeßoptimierung. Bergisch Gladbach: Eul, 1995.

Schönberger, R. (Dimensionen der Logistik)
Dimensionen der Logistik: Funktionen, Institutionen und Handlungsebenen. Wiesbaden: Gabler, 2010.

Schönsleben, P. (Integrales Logistikmanagement)
Integrales Logistikmanagement. Operations und Supply Chain Management in umfassenden Wertschöpfungsnetzwerken. 5. Aufl., Berlin: Springer Verlag, 2007.

Schuh, G. (Produktkomplexität managen)
Produktkomplexität managen. Strategien-Methoden-Tools. 2. Aufl., München: Carl Hanser Verlag, 2005.

Schuh, G. (Change Management)
Change Management – Prozesse strategiekonform gestalten. Berlin: Springer, 2006.

Schuh, G. (Produktionsplanung und -steuerung)
Produktionsplanung und -steuerung: Grundlagen, Gestaltung und Konzepte. 3. Aufl., Berlin, Heidelberg, New York: Springer, 2006.

Schuh, G. (Effiziente Auftragsabwicklung)
Effiziente Auftragsabwicklung mit myOpenFactory. München: Carl Hanser, 2008.

Schuh, G. (Partizipativer Ansatz)
Aixperanto: Partizipativer Ansatz zur Geschäftsprozessverbesserung, Broschüre. Aachen: 2009.

Schuh, G. (Werkzeuge sind Kunstwerke)
Werkzeuge sind Kunstwerke – Werkzeugbau ist Wissensverkauf. Nussbach: 2009.

Schuh, G. (Geschäftsmodelle für Dienstleistungen)
Geschäftsmodelle für technologieunterstützte, produktionsnahe Dienstleistungen des Werkzeug- und Formenbaus. Aachen: Apprimus Verlag, 2010.

Schuh, G. (Werkzeugbau 2.0)
Werkzeugbau 2.0 – Generation „Industrieller Werkzeugbau". Tagungsband 10. Internationales Kolloquium „Werkzeugbau mit Zukunft", Aachen: WZL (Eigendruck), 2010.

Schuh, G. (Grußwort zum Jubiläum)
Grußwort zum Jubiläum. München: Carl Hanser, 2011.

Schuh, G./Boos, W. et. al. (Operative Exzellenz)
Operative Exzellenz im Werkzeug- und Formenbau. Aachen: Apprimus, 2010.

Schuh, G./Boos, W. et al. (Komplexitätsmanagement im WZB)
Komplexitätsmanagement im Werkzeugbau. In: WZL (Hrsg.): Tagungsband 8. Internationales Kolloquium „Werkzeugbau mit Zukunft". Aachen: WZL (Eigendruck), 2008, S. V11.

Schuh, G./Boos, W. et al. (Synchronisierung im industriellen WZB)
Synchronisierung im industriellen Werkzeugbau. In: Brecher, C./Klocke, F./ et al. (Hrsg.): Wettbewerbsfaktor Produktionstechnik – Aachener Perspektiven. AWK Aachener Werkzeugmaschinen-Kolloquium. Aachen: Shaker, 2011, S. 373-403.

Schuh, G./Brecher, C. et al. (Wettbewerbsfaktor Produktionstechnik)
Wettbewerbsfaktor Produktionstechnik – Integrative Produktionstechnik für Hochlohnländer: Aachener Perspektiven. Tagungsband zum Aachener Werkzeugmaschinen Kolloquium AWK 2008. Aachen: Apprimus-Verlag, 2008.

Schuh, G./Friedli, T. et al. (Prozessorientierte Reorganisation)
Prozessorientierte Reorganisation: Reengineering-Projekte professionell gestalten und umsetzen. München, Wien: Hanser, 2007.

Schuh, G./Gierth, A. (Einführung)
Einführung. In: Schuh, G. (Hrsg.): Produktionsplanung und -steuerung: Grundlagen, Gestaltung und Konzepte. 3. Aufl., Berlin, Heidelberg, New York: Springer, 2006, S. 3-27.

Schuh, G./Gottschalk, S. et al. (Strategien im Maschinen- und Anlagenbau)
Effizient, schnell und erfolgreich: Strategien im Maschinen- und Anlagenbau. Frankfurt am Main: VDMA Verlag, 2007.

Schuh, G./Haefke, B. et al. (Strategien im Werkzeugbau)
Strategien im Werkzeugbau – Handwerk oder getaktete Fließfertigung. In: Schuh, G./Brecher, C./ et al. (Hrsg.): Wettbewerbsfaktor Produktionstechnik – Integrative Produktionstechnik für Hochlohnländer: Aachener Perspektiven. Tagungsband zum Aachener Werkzeugmaschinen Kolloquium AWK 2008. Aachen: Apprimus-Verlag, 2008, S. 419-449.

Schuh, G./Kampker, A. (Strategie und Management)
Strategie und Management produzierender Unternehmen. 2. Aufl., Berlin: Springer, 2011.

Schuh, G./Kampker, A. et al. (Prozessmanagement)
Prozessmanagement. 2. Aufl., Berlin: Springer, 2010.

Schuh, G./Roesgen, R. (Aufgaben)
Aufgaben. In: Schuh, G. (Hrsg.): Produktionsplanung und -steuerung: Grundlagen, Gestaltung und Konzepte. 3. Aufl., Berlin, Heidelberg, New York: Springer, 2006, S. 28-80.

Schuh, G./Schittny, S. et al. (Komplexitätsmanagement)
Komplexitätsmanagement in der produzierenden Industrie. Aachen: 2004.

Schuh, G./Westkämper, E. (Liefertreue)
Liefertreue im Maschinen- und Anlagenbau. Aachen: WZL (Eigendruck), 2006.

Schuh, G./Wiegand, B. (4. Lean Management Summit)
4. Lean Management Summit: Aachener Management Tage. 7.-9. November. Aachen: Apprimus-Verlag, 2007.

Schülein, J. A./Mikl-Horke, G. et al. (Soziologie für Wirtschaftswissenschaftler)
Soziologie für Wirtschaftswissenschaftler. 4. Aufl., Wien: WUV, 2006.

Schulte, G. (Material- und Logistikmanagement)
Material- und Logistikmanagement. 2. Aufl., München: Oldenbourg, 2001.

Schulte-Zurhausen, M. (Organisation)
Organisation. 3. Aufl., München: Franz Vahlen Verlag, 2002.

Schulte-Zurhausen, M. (Organisation)
Organisation. 4. Aufl., München: Franz Vahlen Verlag, 2005.

Schultheiß, W. (Lean Management)
Lean Management: Strukturwandel im Industriebetrieb durch Umsetzung des Management-Ansatzes. Renningen-Malmsheim: expert, 1995.

Seghezzi, H. (Ganzheitliche Unternehmensführung)
Ganzheitliche Unternehmensführung. Stuttgart: Schäffer-Poeschel, 1997.

Seitz, K. (Die japanisch-amerikanische Herausforderung)
Die japanisch-amerikanische Herausforderung: Deutschlands Hochtechnologie-Industrien kämpfen ums Überleben. Berlin: Ullstein, 1994.

Sibbel, R. (Produktion integrativer Dienstleistungen)
Produktion integrativer Dienstleistungen: Kapazitätsplanung und Organisationsgestaltung am Beispiel von Krankenhäusern. Wiesbaden: Deutscher Universitäts-Verlag, 2004.

Sichler, R. (Autonomie in der Arbeitswelt)
Autonomie in der Arbeitswelt. Göttingen: Vandenhoeck & Ruprecht, 2006.

Siebiera, G. (Prozessorientierung)
Wie weit ist ihre Prozeßorientierung? Ein Ansatz zur Beurteilung der aktuellen Entwicklungsstufe der Prozeßorganisation. In: Forschungsinstitut für Rationalisierung – FIR (Hrsg.): Der Betriebsleiter. Aachen: 1996, S. 36-41.

Siegert, W. (Expert Praxis)
Expert Praxis – Lexikon Management Training. Renningen: expert, 2001.

Sodeik, N. (Projektmanagement)
Projektmanagement wertorientierter Mergers & Acquisitions. Lohmar: Eul, 2008.

Specht, G./Fritz, W. (Distributionsmanagement)
Distributionsmanagement. 4. Aufl., Stuttgart: Kohlhammer, 2005.

Spennemann, F. (Organisationsstrukturen im Werkzeugbau)
Gestaltung von Organisationsstrukturen im Werkzeugbau. Dissertation, RWTH Aachen, 2001.

Spitta, T. (Schnittstellengestaltung)
Schnittstellengestaltung in modularen Unternehmen. Bielefeld: Universität Bielefeld, Fak. für Wirtschaftswiss., 1998.

Spur, G. (Produktionssysteme)
Optionen zukünftiger industrieller Produktionssysteme. Berlin: Akad.-Verl., 1997.

Spur, G./Mertins, K. et al. (Integrierte Unternehmensmodellierung)
Integrierte Unternehmensmodellierung. Berlin: Beuth, 1993.

Stachowiak, H. (Allgemeine Modelltheorie)
Allgemeine Modelltheorie. Wien: Springer, 1973.

Steven, M. (Handbuch Produktion)
Handbuch Produktion: Theorie – Management – Logistik – Controlling. Stuttgart: Kohlhammer, 2007.

Stöger, R. (Prozessmanagement)
Prozessmanagement: Qualität, Produktivität, Konkurrenzfähigkeit. Stuttgart: Schäffer-Poeschel, 2009.

Studt, J. F. (Nachhaltigkeit in der Post Merger Integration)
Nachhaltigkeit in der Post Merger Integration. Wiesbaden: Gabler, 2008.

Takeda, H. (Das synchrone Produktionssystem)
Das synchrone Produktionssystem. 5. Aufl., Landsberg am Lech: mi-Fachverlag, 2006.

Taylor, F. W. (The principles of scientific management)
The principles of scientific management. New York: Harper, 1911.

Thielmann, L. (Das Ur-Gesetz des Lebens)
Das Ur-Gesetz des Lebens: Fundament für Gesundheit, Erfolg + Frieden. 2003.

Tomczak, T. (Forschungsmethoden)
Forschungsmethoden in der Marketingwissenschaft. In: Marketing ZfB (1992), Nr. 2, S. 77-87.

Töpfer, A. (Betriebswirtschaftslehre)
Betriebswirtschaftslehre. 2. Aufl., Berlin: Springer, 2007.

Tracht, K. (Planung und Steuerung des WZB)
Planung und Steuerung des Werkzeug- und Formenbaus auf Basis eines integrierten Prozessmodells. Dissertation, Universität Hannover, 2001.

Träckner, J. (Auftragsabwicklung)
Entwicklung eines prozeß- und elementorientierten Modells zur Analyse und Gestaltung der technischen Auftragsabwicklung von komplexen Produkten. Dissertation, RWTH Aachen, 1990.

Tuomi, J./Suutala, K. et al. (Tool Manufacturing Business)
Survey of the International Tool Manufacturing Business. BIT Research Center, 2005.

Ulrich, H. (Die Unternehmung als produktives soziales System)
Die Unternehmung als produktives soziales System. Bern: Haupt, 1968.

Ulrich, H. (Betriebswirtschaftslehre)
Der Systemorientierte Ansatz der Betriebswirtschaftslehre. In: Kortzfleisch, G. V. (Hrsg.): Wissenschaftsprogramme und Ausbildungsziele der Betriebswirtschaftslehre. Berlin: 1971, S. 43-60.

Ulrich, H. (Management)
Management. Bern: Paul Haupt Verlag, 1984.

Ulrich, H. (Systemorientiertes Management)
Systemorientiertes Management. Studienausg., Bern: Haupt, 2001.

Ulrich, H./Probst, G. J. B. (Denken und Handeln)
Anleitung zum ganzheitlichen Denken und Handeln – Ein Brevier für Führungskräfte. Bern: Haupt-Verlag, 1995.

Ulrich, P./Hill, W. (Wissenschaftstheoretische Grundlagen)
Wissenschaftstheoretische Grundlagen der Betriebswirtschaftslehre (Teil I). In: Wirtschaftswissenschaftliches Studium: Zeitschrift für Ausbildung und Hochschulkontakt (1976), Nr. 7, S. 304-350.

Utz, H. (Strategien für die Produktion der Zukunft)
Innovative Strategien für die Produktion der Zukunft – Münchener Kolloquium 2006. München: 2006.

Vaahs, D. (Organisation)
Organisation: Einführung in die Organisationstheorie und -praxis. 6. Aufl., Stuttgart: Schäffer-Poeschel, 2007.

Vahrenkamp, R. (Produktionsmanagement)
Produktionsmanagement. 6. Aufl., München: Oldenbourg Wissenschaftsverlag GmbH, 2008.

Vahs, D./Leiser, W. (Change Management)
Change Management in schwierigen Zeiten: Erfolgsfaktoren und Handlungsempfehlungen für die Gestaltung von Veränderungsprozessen. Wiesbaden: Deutscher Universitäts-Verlag, 2007.

VDI (VDI-Richtlinie 2815)
VDI-Richtlinie 2815 : Begriffe für die Produktionsplanung und -steuerung: Betriebsmittel, Blatt 5. VDI-Verlag, 1978.

VDI (Auftragsabwicklung)
Auftragsabwicklung im Maschinen- und Anlagenbau: Technik und Wirtschaft, integriertes Management. Düsseldorf: VDI, 1991.

VDMA (Branchenentwicklung Werkzeugbau)
Werkzeugbau: Die Entwicklung der Branche in Zahl und Bild. Unveröffentlichte Darstellung auf Basis der amtl. deutschen Produktionsstatistik. Düsseldorf: VDMA, 2009.

Venkatachalam, T. A./Sellappan, C. M. (Business Process)
Business Process. New Delhi: PHI, 2011.

Vogel, F. (Technische Auftragsabwicklung)
Technische Auftragsabwicklung unter Einsatz dialogfähiger Rechenanlagen. Dissertation, RWTH Aachen, 1976.

Voigt, K. I. (Gabler Wirtschaftslexikon)
Gabler Wirtschaftslexikon. 17. Aufl., Wiesbaden: Gabler, 2010.

Voppel, G. (Die Industrialisierung der Erde)
Die Industrialisierung der Erde. Stuttgart: Teubner, 1990.

Warnecke, H. J. (Die Fraktale Fabrik)
Die Fraktale Fabrik: Revolution der Unternehmenskultur. Berlin Heidelberg: Springer, 1992.

Weber, J./Schäffer, U. (Einführung in das Controlling)
Einführung in das Controlling. Stuttgart: Schäffer-Poeschel Verlag, 2006.

Wenger, W./Habenicht, W. (Business Excellence in Produktion und Logistik)
Business Excellence in Produktion und Logistik: Festschrift für Prof. Dr. Walter Habenicht. Wiesbaden: Gabler, 2011.

Werner, H. (Supply Chain Management)
Supply Chain Management. 4. Aufl., Wiesbaden: Gabler, 2010.

Westekemper, M. (Methodik zur Angebotspreisbildung)
Methodik zur Angebotspreisbildung: Am Beispiel des Werkzeug- und Formenbaus. Dissertation, RWTH Aachen, 2002.

Westkämper, E. (Organisation der Produktion)
Einführung in die Organisation der Produktion. Berlin: Springer, 2006.

Westkämper, E./Bullinger, H.-J. et al. (Montageplanung)
Montageplanung – effizient und marktgerecht. Berlin: Springer, 2001.

Westkämper, E./Zahn, E. (Wandlungsfähige Produktionsunternehmen)
Wandlungsfähige Produktionsunternehmen. Berlin: Springer, 2009.

Westphal, J. R. (Komplexität in der Produktionslogistik)
Komplexität in der Produktionslogistik. Ein Ansatz zur flussorientierten Gestaltung und Lenkung heterogener Produktionssysteme. Wiesbaden: Gabler, 2001.

Weth, M. (Reorganisation zur Prozeßorientierung)
Reorganisation zur Prozeßorientierung. Frankfurt: Lang, 1997.

Wiegand, B./Franck, P. (Lean-Administration)
Lean-Administration I: So werden Geschäftsprozesse transparent. 2. Aufl., Aachen: Lean-Management-Inst., 2006.

Wiegand, B./Langmaack, R. et al. (Lean-maintenance-System)
Lean-maintenance-System: Instandhaltungszeit null – volle Wertschöpfung. Aachen: Lean-Management-Inst, 2005.

Wiegershaus, U. (Synchronisation)
Entwicklung einer Methodik zur Synchronisation heterogener Fertigungsstrukturen in der Einzel- und Kleinserienproduktion. Dissertation, RWTH Aachen, 1990.

Wiendahl, H. (Lieferterminermittlung und -erfüllung)
Stolpersteine der Lieferterminermittlung und -erfüllung. In: Schuh, G. (Hrsg.): Effiziente Auftragsabwicklung mit myOpenFactory. München: Carl Hanser, 2008, S. 31-51.

Wiendahl, H. P. (Betriebsorganisation für Ingenieure)
Betriebsorganisation für Ingenieure. 5. Aufl., München: Hanser Verlag, 2005.

Wiendahl, H. P. (Handbuch Fabrikplanung)
Handbuch Fabrikplanung. München Wien: Hanser, 2009.

Wiendahl, H.-H. (Situative Konfiguration des Auftragsmanagements)
Situative Konfiguration des Auftragsmanagements im turbulenten Umfeld. Dissertation, Universität Stuttgart, 2002.

Wildemann, H. (Die modulare Fabrik)
Die modulare Fabrik – Kundennahe Produktion durch Fertigungssegmente. München: TCW, 1994.

Wildemann, H. (Komplexitätsmanagement)
Komplexitätsmanagement durch Prozess- und Produktgestaltung. In: Adam, D. (Hrsg.): Komplexitätsmanagement. Wiesbaden: Gabler, 1998, S. 47-68.

Wildemann, H. (Logistik Prozeßmanagement)
Logistik Prozeßmanagement. 2. Aufl., München: TCW Transfer-Centrum-Verlag GmbH, 2001.

Willrett, H. (Komplexitätsmanagement)
Komplexitätsmanagement: Chance im globalen Wettbewerb. In: Industrieanzeiger (2008), Nr. 48, S. 47-49.

Willrett, H. (Im Takt)
Im Takt den Vorsprung sichern. In: Industrieanzeiger (2011), Nr. 5, S. 30-33.

Wöhe, G. (Allgemeine Betriebswirtschaftslehre)
Einführung in die allgemeine Betriebswirtschaftslehre. 23. Aufl., München: Vahlen, 2008.

Wöhe, G./Döring, U. (Allgemeine Betriebswirtschaftslehre)
Einführung in die allgemeine Betriebswirtschaftslehre. München: Vahlen, 2002.

Womack, J. P./Jones, D. T. (Lean thinking)
Lean thinking: Ballast abwerfen, Unternehmensgewinne steigern. Frankfurt am Main: Campus-Verlag, 2004.

Wundt, W. M. (Einführung in die Psychologie)
Einführung in die Psychologie. Leipzig: Dürr`sche Buchhandlung, 1920.

WZL (Werkzeugbau mit Zukunft)
Tagungsband 8. Internationales Kolloquium „Werkzeugbau mit Zukunft“. Aachen: WZL (Eigendruck), 2008.

Yagyu, S. (Das synchrone Managementsystem)
Das synchrone Managementsystem. Wegweiser zur Neugestaltung der Produktion auf Grundlage des synchronen Produktionssystems. Landsberg am Lech: mi-Fachverlag, 2007.

Yamasaki, Y. (Parametrische Konstruktion)
Konstruktionshilfsmittel für die parametrische Konstruktion. Dissertation, RWTH Aachen, 2008.

Zahn, E./Dillerup, R. et al. (Ansätze eines Produktionsmanagement)
Ansätze eines ganzheitlichen strategischen Produktionsmanagement. In: Seghezzi, H. D. (Hrsg.): Ganzheitliche Unternehmensführung. Stuttgart: Schäffer-Poeschel, 1997, S. 129-166.

Zohm, F. (Management von Diskontinuitäten)
Management von Diskontinuitäten – Das Beispiel der Mechatronik in der Automobilzulieferindustrie. Dissertation, RWTH Aachen, 2003.

Zwanzig, F. (Taktung der Unikatfertigung)
Taktung der Unikatfertigung am Beispiel des Werkzeugbaus. Dissertation, RWTH Aachen, 2009.

Zwicker, R. (Interne Werkzeugbau)
Kostenfaktor oder Erfolgsgeheimnis – Der interne Werkzeugbau als Keimzelle des Unternehmenserfolgs. In: Plastverarbeiter (2009), Nr. 8, S. 12-14.

In der Reihe **Ergebnisse aus der Produktionstechnik** zuletzt erschienen:

Wellmann, Frederik:
Datengetriebene, kontextadaptive Produktivitätssteigerung von NC-Zerspanprozessen
ISBN: 978-3-86359-781-8
Erscheinungsdatum: 15.11.2019

von Cube, Philipp:
Model to Monetarily Aggregate Risks of Procurement to Support Decision Makers of Manufacturing Enterprises
ISBN: 978-3-86359-717-7
Erscheinungsdatum: 05.11.2019

Geradts, Peter:
NVH Optimization of Ground Bevel Gears
ISBN: 978-3-86359-772-6
Erscheinungsdatum: 30.10.2019

Lung, Sven:
Erklärungsmodell für die spanende Bearbeitung von ausferritischen Gusseisen mit Lamellengraphit
ISBN: 978-3-86359-780-1
Erscheinungsdatum: 25.10.2019

Seimann, Martin:
Prädiktive Werkzeug- und Prozessauslegung für das Räumen von Nickelbasislegierungen mit Hartmetallwerkzeugen
ISBN: 978-3-86359-759-7
Erscheinungsdatum: 10.09.2019

Kretschmer, Arne:
Modellierung des Schleifprozesses beim Einsatz von gummigebundenen Schleifscheiben
ISBN: 978-3-86359-742-9
Erscheinungsdatum: 05.09.2019

Ophey, Matthias:
Modellierung des Schleifschneckenprofilverschleißes beim kontinuierlichen Wälzschleifen
ISBN: 978-3-86359-777-1
Erscheinungsdatum: 08.11.2019

Kopp, Alexander:
Biokompatibilität plasma-elektrolytisch oxidierter Magnesiumwerkstoffe
ISBN: 978-3-86359-725-2
Erscheinungsdatum: 30.10.2019

Witthohn, Carsten:
Konfiguration globaler Produktionsnetzwerke im Spannungsfeld von Kosten- und Risikominimierung
ISBN: 978-3-86359-767-2
Erscheinungsdatum: 30.10.2019

Nittinger, Johannes:
Automatisierte Bahnplanung für komplexe Bauteile und Prozesse
ISBN: 978-3-86359-753-5
Erscheinungsdatum: 07.10.2019

Klatte, Michel:
Korrekturmodelle thermisch bedingter TCP-Verlagerungen mit Hilfe maschinen-integrierter Verformungssensoren
ISBN: 978-3-86359-760-3
Erscheinungsdatum: 05.09.2019

Berners, Thomas:
Anforderungsspezifische Lageregelung von Vorschubantrieben in Werkzeugmaschinen
ISBN: 978-3-86359-765-8
Erscheinungsdatum: 30.08.2019

Rekers, Simon:
Correction of Systematic Errors in Piezoelectric Cutting Force Measurement
ISBN: ISBN 978-3-86359-747-4
Erscheinungsdatum: 30.08.2019

Harnisch, Emely:
Two-Photon Polymerization on Metal Surfaces for Structuring Moulding Tools
ISBN: 978-3-86359-741-2
Erscheinungsdatum: 23.08.2019

Wagner, Johannes:
Wirtschaftliche Störungsprävention in der Kleinserienmontage
ISBN: 978-3-86359-751-1
Erscheinungsdatum: 09.08.2019

du Bois-Reymond, Frédéric:
Untersuchungen zu den Auswirkungen der Strahlausbreitung durch die Integration leistungsstarker Laserbearbeitungseinheiten in Werkzeugmaschinen
ISBN: 978-3-86359-738-2
Erscheinungsdatum: 05.08.2019

Basse, Felix:
Gestaltung eines adaptiven Änderungssystems für einen beherrschten Serienhochlauf
ISBN: 978-3-86359-735-1
Erscheinungsdatum: 18.07.2019

Exner, Robin:
Ein quantitatives Modell zur Unterstützung des Fehlermanagements in der manuellen Montage
ISBN: 978-3-86359-730-6
Erscheinungsdatum: 11.07.2019

Schmidt, Simo:
Verteilte Mehrmassendämpfer für Werkzeugmaschinen
ISBN: 978-3-86359-754-2
Erscheinungsdatum: 29.08.2019

Isenberg, Christopher:
Auf spektraler Kodierung basierendes, ortsauflösendes Messverfahren - λ-GPS
ISBN: 978-3-86359-749-8
Erscheinungsdatum: 16.08.2019

Harst, Simon:
Entwicklung einer Prozesssignatur für die elektrochemische Metallbearbeitung
ISBN: 978-3-86359-750-4
Erscheinungsdatum: 05.08.2019

Ohlenforst, Markus:
Model-Based Thermoelastic State Evaluation of Large Workpieces for Geometric Inspection
ISBN: 978-3-86359-752-8
Erscheinungsdatum: 05.08.2019

Kreimeier, Matthias:
Gestaltung des Technologieeinkaufs für Start-ups und mittelständische Unternehmen
ISBN: 978-3-86359-740-5
Erscheinungsdatum: 18.07.2019

Doetz, Marius:
Ultrapräzisionszerspanung von Hartmetall mit monokristallinen Diamantwerkzeugen
ISBN: 978-3-86359-733-7
Erscheinungsdatum: 10.07.2019

FSC
www.fsc.org
MIX
Papier | Fördert gute Waldnutzung
FSC® C083411

Kolibri 360 GmbH
Ferdinand-Jühlke-Straße 7
99095 Erfurt, Deutschland
produktsicherheit@kolibri360.de